# 猪禽重点疫病防控与操作

张洪让　金　松　主编

学苑出版社

图书在版编目（CIP）数据

猪禽重点疫病的防控与操作 / 张洪让，金松主编 . — 北京：学苑出版社，2021.2
ISBN 978-7-5077-6140-5

Ⅰ. ①猪… Ⅱ. ①张… ②金… Ⅲ. ①猪病—防治②禽病—防治 Ⅳ. ① S858

中国版本图书馆 CIP 数据核字（2021）第 036218 号

**责任编辑**：周　鼎
**出版发行**：学苑出版社
**社　　址**：北京市丰台区南方庄 2 号院 1 号楼
**邮政编码**：100079
**网　　址**：www.book001.com
**电子信箱**：xueyuanpress@163.com
**联系电话**：010-67601101（营销部）、010-67603091（总编室）
**印 刷 厂**：英格拉姆印刷(固安)有限公司
**开本尺寸**：787×1192　1/16
**印　　张**：20.75
**字　　数**：350 千字
**版　　次**：2021 年 3 月第 1 版
**印　　次**：2021 年 3 月第 1 次印刷
**定　　价**：68.00 元

主　　编　张洪让　金　松

副主编　孙信仁　盛　瑜　贾月楼　朱　侠
　　　　司　怡　孙　波　张湘华

编　　者　林长军　王　姣　李　宁　柴文娴　祁　键
　　　　焦　虎　桑颜颜　李堂云　朱　侠　司　怡
　　　　盛　瑜　孙信仁　贾月楼　孙　波　张湘华
　　　　金　松　张洪让

**编写设计与总审校**　张洪让

（常州市动物疫病预防控制中心参与本书编写设计）

# 编者的话

我国畜牧业主要以饲养猪禽为主，据2012年国家农业部公布的数据，当年生猪出栏达10亿头，家禽出栏188亿羽，均居世界第一位。猪肉、禽肉产量为10743万吨，占当年全部肉类产品总量的87%。

畜牧业历来是大农业的重要组成部分，全国多数地区的畜牧业产值历来占农业总产值的20%左右，有些地区占比高达1/3。俗话说"猪粮安天下"，农业稳，则天下安。猪和粮无疑是我国农业的两大支柱。习近平总书记强调，越是面对风险挑战，越要稳住农业，越要确保粮食和重要副食品安全。生猪产业的健康发展不仅事关三农，还事关市场供应的主体和副食品安全的主体，是我国大农业上牵一发而动全局的大产业。

据粗略统计，全国有2亿多户农民养猪，有3000多万户农民养禽。这些养殖户中，猪禽养殖业的收入大多占他们家庭年总收入的一半以上。而在全社会来说，畜牧业收入占当地大农业总收入的20%左右。改革开放40年来，猪禽养殖业一直是农业的支柱产业，在国民经济中占有不可忽视的地位。

由于非洲猪瘟疫情的影响，全国肉品市场猪肉价格自2019年春起至2020年5月，零售价一直维持在每500克30多元的高价位，并由此造成牛羊肉及其他副食品的涨价。

这场非洲猪瘟疫情，直接导致全国生猪年出栏量减产2亿到3亿头，全国畜牧业损失达数千个亿。2013年至2016年H7N9亚型禽流感（人畜共患）的发生和流行，每年给我国养禽业造成几百个亿的巨大损失。

据原农业部公布的资料显示，近几年来，全国猪的总死亡率一直未能低于8%，禽总死亡率未能低于12%，每年死亡的猪禽造成的直接经济损失达100多亿元。每一个百分点的死亡率标志着有500万头猪或5000万只禽的死亡与损失。

到20世纪末，在我国已发现的200余种猪禽传染病中，经防治已达消灭标准的仅2种，达到稳定控制和控制的约占1/3，其余约2/3的传染病和寄生虫病目前仍未达到控制标准。

如此高的猪禽发病率和死亡率，直接影响到农民的增收和农业的增效。

随着养殖业的快速发展，畜禽及其产品流动量的加大，猪禽养殖的疫病防控，其严重性和复杂性不断递增。这导致许多原先一般性传染病和寄生虫病，均可形成流行，毒株菌株变异性增强，垂直性传播方式在加剧，使得许多地区动物疫病防控难度加大。

因此，2020年《中华人民共和国动物防疫法（修订草案）》，对沿用几十年的国家动物防疫以预防为主的总方针做出了重大调整。

最新动物防疫法在责任、保障、制度三个方面做出了具体规定。明确了生产经营者的主体责任，行业部门的监管责任，和地方政府的属地管理责任；明确了重大疫病防控的社会分工与责任分担；强化保障，重点动物疫病净化、消灭补助及管理经费纳入政府预算；规定和建立兽医体制与兽医管理制度。

本书以最新动物防疫法的具体条款为依据，用这条主线贯穿全书，对猪禽的重大疫病和重点疫病的防控概念与具体措施，疫情的确诊与报告，重点疫病的临床诊断与鉴别，防疫和检疫的具体规定与具体操作，以及病害动物尸体及产品的无害化处理要求等，都进行了具体而通俗的阐述。

本书的宗旨：一是让它能帮助基层第一线工作的动物疫病防治员在掌握畜禽防疫的法律、法规和规章的同时，能掌握猪禽重点疫病的发生和流行特点，以及猪禽常见多发病的临床诊断、类症鉴别、防控、诊治的具体操作规程与方法。二是让本书帮助县乡两级官方兽医和动物检疫员能依法行使好防疫、检疫职能，熟练掌握猪禽的产地、宰前、宰后、运输等环节的检疫操作规程和各种临场鉴别检查方法，掌握病、死猪禽及其染疫产品的无害化处理方法，如此才能把猪禽疫病控制在最小范围和消灭在萌芽状态。

本书突出实用性和临床操作性。它可作为县乡官方兽医的指导用书、养殖大户日常防疫的指导用书，也可作为畜牧兽医专业学员学习临床课程的参考用书。

编写者<br>
2020年8月于江苏连云港

# 目　　录

编者的话 …………………………………………………………………………… 001

**第一章　猪禽重点疫病防控的概念** ………………………………………… 001

　　第一节　猪禽重点疫病防控的概念 ………………………………………… 003
　　第二节　猪禽重点疫病的防控 ……………………………………………… 005
　　第三节　猪禽养殖在国民经济及民生中的地位 …………………………… 010
　　第四节　猪禽重大疫病造成的损失触目惊心 ……………………………… 013
　　第五节　某些重点疫病缘何久控不止 ……………………………………… 018
　　第六节　动物重点疫病防控的有关概念 …………………………………… 022
　　第七节　动物疫病防控的社会分工与责任分担 …………………………… 030
　　第八节　猪禽重大疫病和畜产品的质量安全 ……………………………… 035
　　第九节　猪禽防检疫在国家经济建设中的重要作用 ……………………… 037

**第二章　猪禽重大疫病的流行规律与发展趋势** …………………………… 041

　　第一节　猪病的流行特点与流行规律 ……………………………………… 043
　　第二节　当前猪病的流行趋势是什么？ …………………………………… 045
　　第三节　猪病防控的基础缺失与原因分析 ………………………………… 049
　　第四节　自由化养殖的弊端亟须加强管控 ………………………………… 051
　　第五节　禽病的流行特点与流行规律 ……………………………………… 055

**第三章　抓好防检是控制和消灭猪禽重大疫病的基础** …………………… 065

　　第一节　畜禽防检疫工作的误区 …………………………………………… 067
　　第二节　影响畜禽重大疫病防控的有关因素 ……………………………… 074

第三节　猪禽主要疫病的免疫程序 …………………………………… 078
第四节　机体的免疫与传染病的预防 …………………………………… 087

## 第四章　猪禽重点疫病的检疫 …………………………………… 095
第一节　猪禽检疫 …………………………………………………… 097
第二节　动物防疫监督机构与人员 …………………………………… 100
第三节　猪禽的临场检疫 …………………………………………… 103
第四节　猪禽的产地检疫 …………………………………………… 107
第五节　猪禽的运输检疫 …………………………………………… 108
第六节　猪禽的宰前检疫 …………………………………………… 111
第七节　宰后检疫的概念 …………………………………………… 113
第八节　宰后检疫的要求与要点 …………………………………… 114
第九节　宰后检疫的必检部位 ……………………………………… 115
第十节　淋巴结检查 ………………………………………………… 117
第十一节　动物宰后检疫中的摘除"三腺" ………………………… 120
第十二节　病变组织器官的检验与处理方法 ……………………… 121
第十三节　宰后检疫的处理和肉尸的盖印 ………………………… 125

## 第五章　病、死猪禽及污染产品的无害化处理 …………………………… 127
第一节　病、死猪禽的无害化处理 …………………………………… 129
第二节　病死猪肉的处理 …………………………………………… 131
第三节　病、死猪禽肉品的无害化处理 ……………………………… 135
第四节　可供食用的肉尸及内脏的无害化处理 …………………… 137
第五节　适用的法规、规章 ………………………………………… 139

## 第六章　猪禽重大疫病的常规诊断和防治方法 …………………………… 149
第一节　猪肉禽主要疫病的常用诊断方法 ………………………… 151
第二节　猪禽疫病的病理剖检 ……………………………………… 156
第三节　实验室常用的诊断方法 …………………………………… 164
第四节　猪禽疾病常规治疗方法 …………………………………… 167

**第七章 猪禽重点疫病的临场诊断与防治要点** ········· 171
 第一节 猪主要疫病的诊断与防治 ········· 173
 第二节 禽主要疫病的诊断与防治 ········· 191
 第三节 适用的法规、规章 ········· 202

**第八章 猪禽主要疫病症候群的鉴别诊断** ········· 227
 第一节 猪病症候群 ········· 229
 第二节 禽病症候群 ········· 258

**第九章 猪禽疫病常用生物制品与常用药物** ········· 283
 第一节 兽用生物制品 ········· 285
 第二节 猪禽重大疫病常用防控药物 ········· 286
 第三节 休药期和允许残留量制度 ········· 293
 第四节 猪禽临床用药特点 ········· 294
 第五节 猪禽疫病防控消毒用药 ········· 300

**第十章 猪禽的法定疫病及其防控、扑灭措施** ········· 311
 第一节 猪禽的法定疫病 ········· 313
 第二节 猪禽重大疫病的防控、扑灭措施 ········· 314
 第三节 人畜共患的主要疫病 ········· 315

**参考文献** ········· 319

第一章

# 猪禽重点疫病防控的概念

## 第一节　猪禽重点疫病防控的概念

### 一、动物重大疫病的防控

我国畜牧业主要以饲养猪禽为主，因此，在全国大多数地区农民养殖的主要品种为猪和家禽；所说的猪禽防疫，主要是指猪禽的重大疫病防疫。

2020年《中华人民共和国动物防疫法（修订草案）》规定了动物防疫的总方针为：国家对动物疫病实行预防为主，预防与控制、净化、消灭相结合的方针。建立政府监管、行业自律、社会共治、责任明确的工作机制。

动物防疫不仅关系家禽、家畜和养殖业的健康发展，还关系到人体健康和公共卫生安全。近几年，禽流感、非洲猪瘟等重大动物疫病发生，我国的动物防疫长期面临着复杂、严峻的形势。

### 二、重大动物疫病

所称重大动物疫病，是指高致病性禽流感等发病率或者死亡率高的动物疫病突然发生，迅速传播，给养殖业生产安全造成严重威胁、危害，以及可能对公众身体健康与生命安全造成危害的情形，包括特别重大动物疫病。

2020年《中华人民共和国动物防疫法（修订草案）》规定，根据动物疫病对养殖业生产和人体健康的危害程度，本法规定管理的动物疫病分为三类。

其中，一类疫病法定为动物重大疫病。当二、三类疫病呈暴发流行时，按照一类疫病进行处置。

## 三、发生重大动物疫病时的处置方案

国务院农业农村（畜牧兽医）主管部门根据动物疫病的性质、特点和可能造成的社会危害，制订国家重大动物疫病应急预案并报国务院批准。按照不同动物疫病病种、流行特点及危害程度，分别制订实施方案。

县级以上地方人民政府根据上级重大动物疫病应急预案和本地区的实际情况，制订本行政区域的重大动物疫情应急预案，报上一级人民政府农业农村（畜牧兽医）主管部门备案，并抄送上一级人民政府应急管理部门。县级以上地方人民政府农业农村（畜牧兽医）主管部门按照不同动物疫病病种、流行特点及危害程度，分别制订实施方案。

重大动物疫病应急预案及实施方案根据疫病状况及时调整。

## 四、发生一类动物疫病时，应当采取下列控制措施

（一）当地县级以上地方人民政府农业农村（畜牧兽医）主管部门应当立即派人到现场，划定疫点、疫区、受威胁区，调查疫源，及时报请本级人民政府对疫区实行封锁。疫区范围涉及两个以上行政区域的，由有关行政区域共同的上一级人民政府对疫区实行封锁，或者由各有关行政区域的上一级人民政府共同对疫区实行封锁。必要时，上级人民政府可以责成下级人民政府对疫区实行封锁。

（二）县级以上地方人民政府应当立即组织有关部门和单位采取封锁、隔离、扑杀、销毁、消毒、无害化处理、紧急免疫接种等强制性措施。

（三）在封锁期间，禁止染疫、疑似染疫和易感染的动物、动物产品流出疫区，禁止非疫区的易感染动物进入疫区，并根据需要对出入疫区的人员、运输工具及有关物品采取消毒和其他限制性措施。

## 五、发生二、三类动物疫病时，应当采取下列控制措施

（一）当地县级以上地方人民政府农业农村（畜牧兽医）主管部门应当划定疫

点、疫区、受威胁区。

（二）县级以上地方人民政府根据需要组织有关部门和单位采取隔离、扑杀、销毁、消毒、无害化处理、紧急免疫接种、限制易感染的动物和动物产品及有关物品出入等措施。

疫点、疫区、受威胁区的撤销和疫区封锁的解除，按照国务院农业农村（畜牧兽医）主管部门规定的标准和程序评估后，由原决定机关决定并宣布。

发生三类动物疫病时，当地县级、乡级人民政府应当按照国务院农业农村（畜牧兽医）主管部门的规定组织防治。

二、三类动物疫病呈暴发性流行时，按照一类动物疫病处理。

发生人畜共患传染病时，卫生健康主管部门应当组织对疫区易感染的人群进行监测，并采取相应的预防、控制措施。

## 第二节　猪禽重点疫病的防控

### 一、何为重点疫病的防控

重点疫病的全面防控，是把全方位的饲养管理和基础防疫措施紧密结合，在饲养周期全程做好做细，确保全程健康安全饲养，获得预期养殖效益，确保畜产品安全。

近年来以高致病性蓝耳病、非洲猪瘟为代表的生猪高热病已成为威胁养猪业的主要疫病，因此，对于规模化猪场和养猪大户来说，高热病已成为夏秋季节乃至全年猪病防控的重点。许多人把生猪高热病的防控寄希望于疫苗上，其实这是一种认识上的误区。莫要说生猪高热病中半数以上的病种目前没有效果确切的疫苗，就是目前有疫苗的病种（比如猪瘟），也未必单靠疫苗就能将其完全防住，所以，要想有效地防控生猪高热病，必须从基础防控抓起，落实精细管理和精细防控的综合措施。

## 二、充分认识饲养管理和全面防控的联系与互补性

规模猪禽场（包括规模养殖大户）由于集中饲养和饲养量大，其饲养管理和疾病防控的难度远比散养户大得多。饲养管理是疾病防控的基础，而疾病防控又是养猪业健康发展的基础。因此，对于规模猪禽场来说，饲养管理与全面防控不仅缺一不可，而且马虎不得。

饲养管理是疾病防控的基础：首先，几乎所有的代谢病都与饲料和饲料喂养方式有关，而许多营养缺乏症又是一些传染病的导火索（由体况下降或生病状态而继发或诱发传染病）。此外，猪体受寒、中暑、中毒等许多疾病都由饲养管理不当引起；从一定意义上讲，所有的疾病都来源于饲养管理。粗犷的管理与精细的管理所产生的结果常有天壤之别。

猪禽场的饲养管理不能仅仅停留在饲喂上：许多人常误认为饲养管理就是饲喂，其实除了饲喂之外，环境卫生、养殖环境改善（防寒防暑通风等）、隔离饲养、门卫消毒、病死动物的无害化处理等设施条件，都属于饲养管理范畴。一旦某个环节出现毛病，都可能引起病的发生和流行。在这方面，一个规模场因传染病传入（如非洲猪瘟、高致病性禽流感）导致全军覆没的例子是屡见不鲜的。

## 三、充分认识规模猪禽场疫病防控的严重性与复杂性

（一）以高热病为例：生猪高热病不是单一的病，所谓高热病是指以高热不退或反复高热为主要临床症状的一类猪病，也可以是猪病中十分常见的以高热为特征的症候群。目前比较常见的病毒病有：猪瘟、蓝耳病、圆环病毒、猪流感、伪狂犬病，细菌病有：猪丹毒、猪肺疫、猪链球菌病、猪传染性胸膜肺炎、仔猪副伤寒，寄生虫病有：弓形体病、附红细胞体病等。

（二）生猪高热病常常混合感染或继发感染：近几年来的疫情实践表明，生猪高热病常常是一种病先发生，接着其他一至两种病紧跟着继发或并发感染。如病毒病和细菌病继发或并发感染、病毒病和病毒病继发或并发感染、细菌病和寄生虫病继发或并发感染等，从而使病情复杂化，加速病猪的死亡。

（三）病种多、防治难度大：由于传染病病种多达200余种，而且其中许多病都是致猪禽于死地的烈性疫病，且临床上这类病又常常继发或并发感染，加上目前我国基层兽医防疫体制不健全，基层兽医人员业务水平不高，使得多种猪禽病在全国范围内诊断和防治难度加大。由于总体上防治水平不高，临床治愈率很低，许多地区该病病死率高达40%，死淘率达60%以上，致使许多养殖户损失惨重。

（四）半数以上的传染病种目前没有效果确切的疫苗可用：在数十种传染病中，目前或者没有疫苗可用或者虽有疫苗但疫苗效果不确切的占一半不到，如除猪瘟以外的多种病毒病，弓形体病、附红细胞体病、猪传染性胸膜肺炎、禽霍乱、禽安卡拉病等疫病都属于这种情况。有些病目前尽管已研制出疫苗，但大多处于田间试用阶段，不仅效果不确切，而且大多养猪户买不到，用不上。

（五）猪禽及其产品流动量加大和提速，常使疫情扩散和长期蔓延：商品经济快速发展和机械化运载工具的普及，使猪禽及其产品流动量加大和提速，这为疫情扩散和异地传播插上了翅膀。近年来的非洲猪瘟在短短半年时间内，引发全国几乎所有地区发生。加上许多地区病死猪尸体得不到无害化处理甚至宰食病死猪，致使疫情此起彼伏，长期蔓延，得不到有效控制。

## 四、从综合管理与防控上抓实抓细

（一）精心饲养管理长年不放松。任何时候、任何养殖场长年做好饲养管理是非常重要的。如在夏秋高温季节时里，不仅仅要让猪禽吃饱吃好，还应在饲料中酌情适当减少能量成分和添加抗热应激的添加剂，有助于动物机体防暑降温，这与冬季在饲料中酌情适当增加能量成分的道理是一样的。

（二）在防控隔离设施上舍得投资。近年来的重大动物疫病疫情，大多发生在那些设施简陋和没有隔离设施的养殖场，尤其是那些中小型规模养殖户。因为他们的饲养场缺少隔离设施，是在一种与人、动物完全相通相混合交叉感染的情况下饲养的。这样的养殖场一则是极易感染发病，二则是一旦发病极易扩散和传播，这也正是疫情多发生在那些经济欠发达地区的原因所在。因此，所有的规模养殖户应下大力气完善养殖场的隔离设施，使动物在隔离状态下进行饲养，这是所有动物疫病防控的重要条件之一。

（三）坚持日常消毒和突击性消毒相结合。相当多的养殖户只是在发生疫情时才想到要消毒，而平时很少或根本不搞消毒。作为养殖户，应该制定和实施日常消毒制度，将日常消毒和当地发生疫情时的突击性消毒相结合，使自家养殖的猪禽长期处在洁净无菌无毒或少菌少毒的环境里生长，这样才能不发病或少发病。

（四）保持通风和防暑降温。在近几年的高热病防控实际中发现，同一圈舍的病猪，按高热病中具体病进行治疗的猪死掉了；而有的在未进行任何治疗的情况下，只是将其放在阴凉环境下，让其自由采食，病却好了。这说明这圈猪得的并非不可治的某种高热病，可能只是因为中暑发烧减食而已，结果用药的猪死于误诊误治。这与调查中发现，越是经济欠发达、圈舍低洼狭小的地区发病越重的情况是完全一致的。因此，夏秋季节保持圈舍通风和落实防暑降温措施，对于防控疫病是十分必要的。

（五）不可忽视病死动物尸体的无害化处理。疫情调查中发现，农村中50斤以上的病死猪仅有20%被埋掉，而80斤以上的病死猪大多数被卖给小刀手宰杀。如此，病死猪肉得以在市面上销售或送到宾馆饭店，泔水再返回农村喂猪。于是，疫情人为传播、四处蔓延、久控不止。因此，各级动物防疫监督机构要把对病死猪尸体的无害化处理的监管、督查以及无害化处理重要性的宣传，作为动物防疫监督工作的重中之重。

（六）坚持自繁自养和全进全出制。异地引进病猪造成发病和疫情传播的事例比比皆是。作为规模养殖户，要长年获得养殖效益，就必须同时养母猪，走自繁自养自我发展壮大之路。全进全出制度有利于平时的消毒和终末（这里指整批出售后）消毒，对于整个猪场的疫病防控十分有利。因此，坚持自繁自养和全进全出制，对于任何一家猪场都是发展的根本之路。

（七）必须重防控轻治疗。防重于治，这是人人皆知的道理，但要所有的猪场和养猪户都能做到却并非易事。因为就大多数地区而言，大多数养猪户都没有认识到重防控轻治疗的重要性。他们中的许多人平时不重视防疫，不重视消毒，一旦猪禽发病则慌了手脚；于是乱投医、乱用药、卖病猪，到头来损失惨重。各级动物防疫监督机构要把重防控轻治疗作为自身职责，搞好一个地区的动物防疫和监督，把道理宣传到每一个农户，把防疫措施服务到每一个农户。

## 五、抓好常规防疫是重大疫病防控的基础

（一）以猪为例，猪的高致病性蓝耳病近年来发生越来越多、越来越凶险，足以让所有从事动物疫病防控的人提高警惕，但要把它说成是高热病之首还是值得讨论的。尽管国家农牧主管部门将其称为高致病性蓝耳病，但其在近年来生猪高热病疫情中，各地的表现形式是大相径庭的。如有的地区以蓝耳病为主，有的地区以链球菌病为主，如有的地区以传染性胸膜肺炎为主，而更多的地区则以非典型猪瘟并发其他病为主，等等。据近几年来的实地调查，凡是猪高热病发病重、流行时间长的地区，都是基层兽医队伍松散严重和以猪瘟为主的防疫没搞好、防疫密度低的地区。由此可见，猪瘟的防疫实实在在是其他猪病防疫的基础。

（二）近年来猪瘟防疫上误区多多。由于近年来许多地区基层兽医站被撤销合并，基层兽医队伍大多呈现一盘散沙，大多数养猪户自己给猪搞防疫，由此在防疫上出现诸多误区。如不按程序免疫、疫苗用量越来越大（有的地区目前已用到10倍量），而更多的散养户是不防和漏防（因为没有兽医给他们的猪防疫）等。这些误区的出现，正是近年来猪病越来越复杂、越来越严重的真正根源。

（三）坚持切实可行的免疫程序。市县两级动物防疫监督机构必须根据当地实际情况，制定适合本地区的猪瘟免疫程序，并在本地区贯彻实施。在过程中，务必保证使本地区每一个兽医人员明了和学会免疫程序及其操作规程，务必保证使本地区每一个养猪户明了本地区猪瘟免疫程序，做到上门宣传，手把手教会才行。

（四）杜绝老母猪的漏防是关键。多数养猪户只知道母猪在留养的第一年要打防疫针，他们认为打过防疫针的母猪永远不需要再打防疫针了。因此在广大农村，老母猪的漏防和带毒现象十分普遍。正是由于老母猪的漏防和带毒，把猪瘟病毒通过血液传播给胎儿，带毒的仔猪在适当时候发病，而且许多以非典型猪瘟形式发病。在许多大大小小猪场，这些漏防和带毒的老母猪常常成为该场猪瘟的毒源，导致猪场猪瘟病年年不断，久控不止。因此，在当前和今后的猪瘟防疫中，必须杜绝老母猪的漏防，在其每个空怀期补防一针。

（五）始终把常规防疫放在第一位；近些年来的防疫实践证明，凡是猪瘟、猪丹毒、猪肺疫三大病，以及鸡新城疫、鸡法氏囊病、禽流感等常规猪禽病防疫搞得

好的地区，其他疫病就很少发生；凡是常规防疫搞得差的地区，其他疫病就发病严重。这充分说明，猪禽重大疫病的常规防疫是其他高疫病防控的基础和前提。做不到这一点，其他猪禽病则不可能得到有效的防控。

## 第三节　猪禽养殖在国民经济及民生中的地位

### 一、猪粮安天下，农业稳，则天下安

#### （一）在我国，牧畜业事关三农

牧畜业历来是大农业的重要组成部分，全国多数地区的牧业产值历来占农业总产值的20%左右，有些地区占比高达三分之一。俗话说，猪粮安天下，农业稳，则天下安。猪禽和粮食无疑是我国农业的两大支柱。习近平总书记强调，越是面对风险挑战，越要稳住农业，越要确保粮食和重要副食品安全。生猪产业的健康发展不仅事关三农，还事关市场供应的主体和副食品安全的主体，是我国大农业上牵一发而动全局的大产业。

#### （二）猪禽和粮食无疑是我国农业的两大支柱

据2020年3月15日《中国畜牧兽医报》报道，当前全国多数地区的猪价依然居高不下，出栏肥猪每市斤在20元左右，猪肉零售价每市斤仍在30元以上，与春节前价格差不多。这说明经过一年来非洲猪瘟疫情流行的肆虐，当前的生猪存栏量和出栏量仍然没有上来，尽管国家贮备肉已经投放市场两个多月，但肉价仍未压下来。同期该报还报道2019全年猪饲料总产量同比下降26.6%，其中仔猪、母猪、育肥猪饲料分别下降39.2%、24.5%、15.9%。显然，仔猪、母猪量都上不来，哪来的肥猪出栏？

我国粮食已经连续10多年获得丰收，但猪禽养殖业却不是这样。有人将其归咎于猪周期的怪圈影响，其实猪周期只是一种现象和表现形式，猪贱伤农和肉贵伤

民的恶性循环，除了市场行情因素原因之外，则主要是近些年来猪禽的一些突发性重大疫病造成的恶果。近年中一场非洲猪瘟疫情，导致全国生猪存栏和出栏减少40%，估计恢复到疫情前（2017年）的水平，没有两三年的努力是不行的。

## 二、猪禽养殖是农业的支柱，猪禽产品是市场的支柱

### （一）猪禽养殖是农业的支柱

据粗略统计，全国有2亿多户农民养猪，有3000多万户农民养禽。这些养殖户中，猪禽养殖业的收入大多占他们家庭年总收入的一半以上。而在全社会来说，畜牧业收入占当地大农业总收入的20%左右。改革开放40年来，猪禽养殖业一直是农业的支柱产业，在国民经济中占有不可忽视的地位。

据农业部2012年公布的统计数字，当年生猪出栏达10亿头，家禽出栏188亿羽。去除统计的水分，当年生猪出栏7亿头以上还是有的。因为据近十多年的深入农村调研，全国平均年消费猪肉的实际需求量折合出栏生猪在6亿头左右。超过6.5亿头，则猪贱伤农；低于6.5亿头，则肉贵伤民（猪肉天价）。

### （二）猪禽产品是市场的支柱

近年来，由于非洲猪瘟疫情的影响，生猪出栏量和存栏量大幅下降，猪肉价长时间居高不下（平均每500克30多元），极大地影响了市场供应和物价稳定。

据不完全调查，全国14亿人口中，有12亿多人常年肉食中以猪肉为主。按农业部2012年公布的统计数字，当年猪肉产量和禽肉蛋产量都在7000万吨以上，全国人均猪肉、禽肉蛋占有量都在50千克以上。尽管统计中带有一定的水分，但依然是个非同小可的数字。由此可见，猪禽产品在市场份额中所占的主导地位，及其在人们生活中的依赖地位。

### （三）市场稳则社会安定

由于非洲猪瘟疫情的影响，全国肉品市场猪肉价格自2019年春起至2020年4月，零售价一直维持在每500克30多元的高价位，并由此造成牛羊肉的涨价，鸡蛋价格一度达到每500克6元，均创历史新高。但由于国家重视，农业农村部、国

家发改委等多部委出台发展养猪优惠政策和市场调控措施，自2020年5月起，市场猪肉价开始下跌，每500克30多元降为20多元，鸡蛋价格随着下降为每500克3.5元，大多数品种蔬菜价格也随之下跌，市场呈现繁荣稳定局面。

## 三、畜产品的质量安全与国计民生密切相关

### （一）畜产品的质量安全关系着人类健康

1. 不安全的畜产品给人类健康造成的危害　畜产品中的有害因素可引起人类疾病、人畜共患病和急性中毒，还可引起慢性中毒和具有致癌、致畸、致突变的潜在威胁，不仅影响消费者的健康，而且会影响到子孙后代的健康。

2. 不安全的畜产品所含的有害因素主要表现在如下几个方面

（1）畜产品中染有病原微生物或寄生虫及其产生的毒素；

（2）工业"三废"（废水、气、渣）对环境及畜产品的污染不断增加，严重超标；

（3）抗生素及兽药的滥用造成在畜产品里的蓄积与残留；

（4）促生长性添加剂导致某些激动剂、性激素、镇静剂、重金属离子在畜产品中的蓄积与残留；

（5）某些真菌、霉菌毒素对畜产品的污染。

### （二）畜产品的质量安全受到国际市场的严峻挑战

疫病的污染及药残的超标，导致我国许多大宗畜产品长期出不去，遭到国际市场的无情封杀，给我国畜产品的对外贸易造成巨大的损失。畜产品要长期打入国际市场就必须无公害生产、无公害加工和运输。无论是国际市场还是国内市场都在呼唤和要求生产出大量的无公害食品，以满足贸易的需要和消费者的需要。为此，国家有关部门近几年来已就无公害食品的生产、加工、销售等问题制定了分门别类的众多的标准。

## 第四节　猪禽重大疫病造成的损失触目惊心

### 一、非洲猪瘟造成的损失

#### （一）扑杀生猪赔偿的损失

据农业农村部2019年7月4日消息，截至7月3日，全国共发生非洲猪瘟疫情143起，扑杀生猪116万余头。当时国家规定，扑杀的生猪每头按800元到1200元的标准进行赔偿，这笔损失估算在20亿元左右。

#### （二）扑杀生猪的有关费用与损失

疫情开始时，农业农村部规定凡疫点（发病的场、户）周围3千米范围内的所有猪一律扑杀。这样大的范围往往都有一两万头猪，须在规定的时间内（如48小时），用不放血的方式扑杀，用专用的密闭的运尸袋封装，用车辆拉到掩埋点进行销毁和深埋。其间需使用的人力、器材、车辆、机械、消毒药、焚烧物品等，其费用往往是扑杀赔偿费的数倍或10多倍。

#### （三）疫区封锁的损失

封锁其实就是与外界完全隔离的措施和方法，由地方政府发布封锁令。划定封锁疫区范围之后，先对疫区内的所有生猪（场、户）进行检测和评估，再对所有圈舍、路道、运输工具等进行周期性大消毒。然后，在经过必要的封锁期（病的最长的潜伏期）后，在没有任何猪发病的情况下，由原发布封锁令的地方政府，宣布解除封锁。

#### （四）非洲猪疫情导致的综合损失

这是一个无法精确统计的数字，虽然该疫情大体控制住，但仍有少量点状发生

（如2020年前5个月全国仍发生13起点状非洲猪瘟疫情），也即2019年6月至年底，全国生猪的存栏和出栏量同比下降了40%。按2017年的正常生猪出栏量7亿多头测算，减少出栏3亿头，全国生猪业的损失达几千个亿。

## 二、高致病性禽流感造成的损失

### （一）H5N1高致病性禽流感

据原农业部公布的数据，2005年全国共发生31起家禽高致病性禽流感疫情，1起候鸟疫情。涉及13个省份、32个县（市、区）。发病家禽共计16.31万只，死亡15.46万只，扑杀2257.12万只。

其中值得一提的是辽宁省黑山县的疫情。据辽宁省政府宣布这场疫情涉及锦州市南站新区、黑山、北宁及阜新阜蒙县的27个乡镇83个村。

2005年11月8日，中共中央政治局常委、国务院总理温家宝和副总理回良玉亲临黑山县疫区视察工作，要求："加强领导，狠抓落实，采取坚决果断措施，控制和扑灭疫情。并要向群众做好宣传解释工作，认真落实补偿政策及时兑现补偿资金，使防控禽流感工作得到群众的理解和支持。"

为阻止疫情向非疫区传播，防止疫情进一步扩散，最大限度减少经济损失和影响，确保疫情彻底尽快扑灭，当地按规定对疫区及周围3千米的家禽全部进行了扑杀。仅黑山县扑杀家禽1000多万只，扑杀信鸽6300羽。其间动用军警数万人次。直到12月1日，辽宁省政府秘书长周立元同志在黑山县举行新闻发布会，宣布在辽宁省发生的高致病禽流感疫情已被扑灭，疫区封锁解除。

国家对高致病性禽流感所扑杀的禽，按每只10元标准进行赔偿。

### （二）H7N9高致病性禽流感疫情

2013年春首次在我国发生人感染H7N9禽流感疫情。据资料显示，我国2013年人感染H7N9禽流感为134例，其中有127例为5月之前发生的，当年后7个月中感染仅7例。截至2014年5月23日，全国已发生300多例（相当于2013年2.5倍！），其中有210多例是在1—2月发生的，而5月23日至年底未有新病例发生。连续两年的人感染H7N9禽流感疫情，主要集中在华东、华南10多个省（市）发生，2014年仅广东、浙江两省发病人数就近200例。①

2014年禽流感疫情在全国11个省区先后交错和持续发生，截至2月28日，全国今年已累计发生人感染禽流感病例228人，死亡82人，发病数和死亡数均相当于2013年全年的两倍。2013年上半年家禽产业直接损失600亿元，2014年截至2月中旬已损失200亿元。当前正是全年孵化育雏关键季节，也是禽流感高发季节。由孵化育雏造成的损失将延续半年以上，可以预测今年由禽流感造成养禽业的损失会在800亿元以上。禽流感持续时间越长，消费者的恐慌心理越加剧，养禽业损失也越深重。②

## 三、生猪高热病造成的损失

### （一）生猪高热病的概念

步入21世纪以来，高热症成为夏秋季节生猪最主要疫病，它使许多地区的生猪养殖遭受毁灭性的打击，在某些地区甚至可以使整个村庄生猪全军覆没（发病死亡及发病淘汰），成为单个的甚至连片的无猪村和无猪地区。有的地区因为年年流行高热症，使得该地区的一些农民因为害怕猪得高热症而多年不敢养猪；许多空置的猪圈被改做羊圈、鸡舍或用来堆放杂物。往往一场生猪"高热症"大流行过后，许多地区的农村猪空圈率高达50%以上；有的省夏秋生猪高热症的发病猪高达几百万头，死亡加淘汰猪占发病数的40%以上。

夏秋季节猪病多以高热或反复高热为其主要特征，临床上以耳朵发紫、皮肤充血（红、紫斑）现象多见。夏、秋季节（简称夏秋季节）对养猪业来讲可从每年5月至11月初，在长达半年的时间里，因诸多原因导致这段时间内猪病常见多发。据粗略统计，夏秋季节的猪病发生率占全年的70%左右。这段时间内猪病的显著特点在临床上以高热为主要特征，体温大多升高到41℃以上，呈稽留热或反复高热。其中常见多发病有：猪瘟、猪高致病性蓝耳病、猪伪狂犬病、猪圆环病毒病、猪丹毒、猪肺疫、仔猪副伤寒、猪败血性链球菌病、猪流行性感冒、猪嗜血杆菌病（亦称猪传染性胸膜肺炎）、猪弓形虫病、猪附红细胞体病等。这些病包括病毒病、细

---

① 张洪让.晚霞报春.北京：学苑出版社，2015：35.
② 张洪让.晚霞报春.北京：学苑出版社，2015：135.

菌病、寄生虫病、临床上常以一种病先发生，而后并发或继发其他一至两种病；诊断不准确常贻误治疗，从而导致病死率和淘汰率大大增加，使基层兽医在临床诊治时陷入困惑，也常给一个地区的养猪业造成惨重的损失。

### （二）生猪高热病的由来

2001年起，在华东地区6省1市出现生猪高热病的跨省连片流行。2003年高热病疫情开始由华东地区向华南、华中地区扩散。2005年四川内江地区出现人感染猪链球菌病突发事件，同时生猪高热病流行范围进一步扩大，大面积发生猪蓝耳病（猪繁殖呼吸综合征），农业部将其命名为生猪高致病性蓝耳病，并在临床上被当作生猪重大疫病对待。

回顾历史是认识当前的有效办法。因为历史上被认为是无名高热的猪病（如猪瘟、猪弓形虫病、猪蓝耳病等）从发生流行到目前，并经过十几年乃至几十年的努力才逐渐被人们认识，但这些猪病至今一个都没有被消灭。进入21世纪以来，几乎不间断的年年夏秋季节发生流感、传染性胸膜肺炎、猪附红细胞体病、猪蓝耳病，猪圆环病毒病，加之20世纪90年代中期以来在某些地区一直未断过的猪败血性链球菌病、猪伪狂犬病，加上原有猪的四大病（猪瘟、猪丹毒、猪肺疫、仔猪副伤寒），形成一个在夏秋季节给养猪业造成灾难性危害的临床上以高热为特征的复杂的猪病症候群。

由此，生猪高热症病种繁多，这一庞大的高热症猪病家族已由原来（20世纪的70—90年代）的一两种所谓的"无名高热"，发展到目前的10多种高热性猪病症候群。

### （三）生猪高热病造成的损失严重

高热症近年来给养猪业造成的灾难性危害

1.发病率高。据2002年第5期《中国兽医科技》杂志报道，在2001年华东地区夏秋季节生猪以流感为主引发的高热症大流行中，仅安徽省发病猪达300多万头，据对当年苏鲁豫皖边界联防地区20多个县的调查了解，平均每县发病猪在10万头以上，部分县（市）发病猪达15万～20万头。其中散养户和中小规模养猪户所养的猪发病数占发病总数的80%以上。

2. 死亡率及淘汰率高。据对苏北地区近年来夏秋季节生猪高热症的调查了解，发病猪中大多死于并发症或继发症，死亡数占发病数的20%左右。农民对100斤以上的猪在连续治疗几天（一般为3天左右）后未见明显好转的情况下，大多采取低价（如几十元至100元左右）卖给个体屠宰户宰杀的做法，致使发病淘汰率大大增加，许多地区这种死亡率加淘汰率超过发病猪的50%。这种死淘率的增加，每年都在一段时期内导致了农村空圈率的增加。

3. 部分农民对养猪失去信心。年复一年的夏秋季节高热症的发生和流行，使相当多的农户对养猪丧失了信心。他们认为，生猪的高热症防不住也没法防，与其发病死亡亏本，不如不养，因为不养就不会亏本。他们不仅对养猪失去了信心，也对当地兽医部门的防控能力失去了信心。

4. 临床兽医对生猪高热症诊治乏术，深感困惑。许多临床兽医对年复一年发生且越来越复杂的生猪高热症的诊治显得力不从心、困惑不解。由于乡镇兽医站大多解体，临床兽医大多下岗，他们一方面为了养家糊口在看病卖药挣钱，另一方面也不可能组织有效的会诊或对疫情进行分析诊断，而是凭借各自的经验在给猪禽防疫治病。他们受到文化、专业技术等多方面的制约，临床诊疗水平有限，对于一些混合感染、继发感染的猪病，往往缺乏鉴别诊断能力；在临床诊治时，有的兽医甚至对近几年来本地区新发生的如蓝耳病、圆环病毒、伪狂犬病等猪病缺乏最基本的认识和防治能力。

5. 疫情周而复始、经久不息。生猪高热症呈现明显的季节性和周期性，即每年6月中下旬开始，7月下旬进入高峰，一般持续到10月中旬前止息。但在局部地区，这种年复一年的周期性疫情，其发病和流行周期可向后延长至10月底甚至11月底，如2001年夏季的生猪高热症疫情在某些地区就从当年6月下旬开始一直延续至11月底。

## 第五节　某些重点疫病缘何久控不止

### 一、生猪高热症的发病因素分析

#### （一）自然因素（环境因素）

夏秋季节气温高、湿度大，微生物（病毒、细菌、支原体、立克次体）寄生虫等病原体在高温高湿的环境里繁殖快，侵袭力强，加之吸血昆虫（蚊、蝇、蠓、虻等）的叮咬，常导致这些病的发生和流行。

这段时期包括2~3个季节交替（如春夏之交、夏秋之交，有时乃至秋冬之交）。在这段时间里气候变化大，冷热不均，酷暑、冷风、暴雨、闷热、高湿等均形成高热症的诱发因素；加上大多数地区的千家万户散养条件下，圈舍简陋、低矮狭小、阴暗潮湿、通风不良，不经常打扫和消毒等，均可引起畜体抵抗力下降，从而导致发病。调查中发现，越是闷热多雨的季节里发病越重，越是低洼的河网地区发病越重，越是饲养条件落后的乡村发病越重。

#### （二）人为因素

1. 放松饲养管理。夏秋季节包括全年最重要的两个农忙季节，即夏收夏种和秋收秋种，散养农户为了田里的庄稼往往对所养的动物无暇顾及。在大忙季节里，忘了给猪打防疫针，饲养管理由平常的精细型变为粗犷型，甚至致猪饱饿不均，很容易引起猪只发病。

2. 免疫接种混乱。养猪户为了省钱，自己买回疫苗给猪打防疫针，几十头猪或几百头猪用一根针头打到底，其中只要有一头猪是潜伏期感染，则很容易造成传染病在猪群中暴发。有的养猪户直到猪在自己手里治不好或出现死亡时才找乡镇兽医来看病，由此造成很大损失。

3. 出售宰食病死猪导致恶性循环。农民将病猪卖给个体屠宰户宰杀，病肉在市场上销售或被送到宾馆饭店。病肉甚至卖到郊区的农民家，宾馆饭店的泔水又被拉回农村喂猪，不仅造成了病的更大面积和远距离的传播，而且造成了疫情此起彼伏的恶性循环和在长时间内难以止息。其次是部分农民将体重小的病死猪尸体到处乱扔，造成疫源的扩散和对环境的深度污染，这些潜伏的病原体在次年一旦环境及气候因素适宜时，则引起疫情的再度发生。

4. 漏防是重要根源因素。近年来许多地方将基层兽医站撤销或合并，兽医人员基本下岗，导致许多地区猪禽防疫针没人打，产地检疫没人搞，疫情报表报不出。于是，猪瘟、猪丹毒、猪肺疫、仔猪副伤寒、猪链球菌病等通过疫苗预防的疫病，多因漏防而发生和流行。

## 二、基层动防体系塌垮是根本原因之一

我国共有 4 万多个乡镇和民族乡，在鼎盛时期（20 世纪 90 年代），每个乡镇都有畜牧兽医站。大约有 40 万名乡镇兽医人员，具体负责辖区内的动物防检治和饲养管理技术推广工作。在 21 世纪初（2000—2003）的行政体制改革中，绝大多数乡镇兽医站被撤销，成立乡镇农业综合服务中心，每个中心内只保留 1 名兽医人员，少数大的乡镇留 2 名兽医，即把原来 10 个人干的事情交给 1 个人去干。体系垮了，队伍散了，整个地区的动防工作没人搞了，那怎能不出问题？

针对具体国情，农业部也多次呼吁，国务院办公厅也多次下文，但地方政府硬顶着不改正，终于形成当前的动物防控的被动局面。

## 三、养殖格局侧结构改革在转型升级过程中

### （一）建设美丽乡村必须取缔庭院养殖

猪禽养殖污染的形式

1. 环境污染。我国的庭院式猪禽养殖目前占农村规模养殖量的 70%～80%（如养几十头至两三百头猪的农户，几千只至一两万只鸡的农户），那些养殖量集中的村庄，恶臭味常可随风传出几千米远。每逢连阴雨天，这类村庄内往往是污水横流，人在村间都无法行走。直接污染周围的水源和土壤。

2. 水源污染。据业内资料显示，一个 10 万只蛋鸡场日产粪量 13～15 吨；一个

1万头猪场，日产粪污在45吨以上。自然净化被污染的地下水需经300年。中小规模猪禽养殖密集的地区，粪污随地堆集，污水随意排入村边池塘或小河中，污水绕村的现象十分普遍。

3. 大气污染。主要指牛的嗳气和放屁污染。联合国粮农组织报告称，1头牛每年可排出9千克可形成烟雾的污染物，其污染程度超过一辆小型汽车。全国目前每年存栏牛达1.4亿头，其仅对空气污染就相当于1.4亿辆小型汽车。而那些露天散放的猪禽粪尿长年向空气中排放臭气和毒物，也成为空气污染的重要来源之一。

4. 土壤污染。主要包括重金属污染和砷污染。饲料中50%～70%的氮、磷、铜、镉、锌、砷等以粪尿形式排出，增加大气中氮含量，形成酸雨，大部分氧化成硝酸盐入地或流入江河，粪尿转化的大量的硝酸盐和磷酸盐，经土壤渗透，造成地表水、地下水污染和土壤污染。

被污染的土壤带有大量的重金属和毒物残留极易被甘薯、马铃薯、多种蔬菜等根茎类农作物吸收，直接对人体造成危害。

据2013年3月3日《中国畜牧兽医报》报道，按现行国家标准生产的饲料喂养，一个万头猪场每年向外界排砷（砒霜）125千克，6～8年即可向外界排砷1吨，每吨砷可污染土地2万亩，同时还污染地下水，而国内外目前尚无自然分解或人为分解土壤中砷及其盐类的方法。

5. 残留污染。主要包括抗生素残留和砷残留。从2012年开始，我国年产21万吨抗生素，其中约有3万吨出口，猪禽饲料添加和疾病防治使用抗生素量达9.7万吨，占比50%以上。大量的抗生素残留一方面随畜产品进入人体，另一方面随猪禽粪尿污染土壤，被根茎类农产品吸收，间接进入人体。全国人均年消费抗生素量达到138克左右，是美国人的10倍，其中超过三分之一是通过肉食性食品进入人体的。

饲料中法定的有机砷添加剂（如氨苯胂酸和洛克沙胂），在猪禽体内一部分被机体吸收，一大部分转化为无机砷（砒霜）随粪尿排出污染土壤，再被植物的根茎叶吸收，形成含砷的农产品（粮、菜、果）。

6. 病原体污染。粪尿及动物尸体对水源和土壤构成的致病菌和寄生虫卵的污染和扩散，形成人畜共患病的传染源。

7. 国家卫生部门报道，全国每分钟增加6名癌症病例，这些高发的癌症与农产品中的重金属和砷残留的内在联系研究目前全世界虽未定论，但现实数据已足以触目惊心！同时，畜产品及自然界中的以抗生素为主的药残对人体的危害除了形成耐药性之外，还可产生与砷相类似的致畸、致癌作用，也是极其严重的。

被污染的土壤、水源中的病原体许多可在其中长期存活，如炭疽梭菌芽孢可在土壤里存活几十年。它们一旦有机会（如被洪水冲出地面），则可引发疫情。

## （二）环境保护卫生治理不能扩大化

取缔庭院养殖方式、落实和完善养殖小区措施。

1. 2018年8月至2019年，一场非洲猪瘟大流行，伴随各地搞环境治理，把各地生猪的庭院养殖方式几乎取缔殆尽，客观上大大加快了农村养猪转型升级的进程。但我们不能无视我国养猪业的客观现实，那就是我国农村中小规模的生猪饲养量始终占总量的一半以上。环境治理要搞，养殖污染要整治，但中小规模养猪还需要扶持和鼓励。让农民走出庭院搞养猪，总得有地方建猪圈才行。为此，2019年9月，为促进生猪产业发展，国家自然资源部、生态环境部、农业农村部接连出手，发布支持养猪新政策，严格规范禁养区划定和管理，允许使用耕地养猪，为生猪生产提供多重保障。

2. 划定猪禽禁养区范围，多地做法不妥，犯盲目扩大化毛病

随着环保力度提升，作为严重污染行业的生猪养殖面临的治污压力也不断加大。目前，各省关于禁养区猪禽养殖场（小区）的关闭及搬迁。至2017年9月，全国共划定猪禽禁养区4.9万个。根据农业部相关负责人介绍，全国每年产生猪禽粪污总量达到近40亿吨，主要分布在586个畜牧大县。今年以来，国家发改委、农业部研究提出在2018年至2020年，集中中央预算内投资、加大投入力度，支持200个以上畜牧大县整县推进猪禽粪污资源化利用工作。截至目前，全国累计划定猪禽养殖禁养区4.9万个，面积63.6万平方千米，累计关闭或搬迁禁养区内猪禽养殖场（小区）21.3万个。

## （三）禁养区扩大化得到纠正

2019年9月5日，为贯彻落实国务院常务会议和全国稳定生猪生产保障市场供应电视电话会议精神，生态环境部、农业农村部联合印发通知，要求进一步规范猪禽养殖禁养区划定和管理，促进生猪生产发展。

通知指出，各地要严格落实《中华人民共和国畜牧法》《猪禽规模养殖污染防治条例》等法律法规对禁养区划定的要求，依法科学划定禁养区。除饮用水水源保

护区、风景名胜区、自然保护区的核心区和缓冲区，城镇居民区、文化教育科学研究区等人口集中区域及法律法规规定的其他禁止养殖区域之外，不得划定禁养区。国家法律法规和地方法规之外的其他规章和规范性文件不得作为禁养区划定依据。

### （四）纠正结果已经初见成效

1. 上述电话电视会议明确，地方要立即取消超出法律法规的猪牛羊禁养、限养规定。

2. "开启绿色通道，高速免费通道"政策范围，降低物流成本。

3. 对关停搬迁的养殖场（户）各地政府应该配合安排用地支持异地重建。

4. 取消生猪生产附属设施用地15亩上限，发展现代化规模化养殖。发展规模养殖，支持农户养猪养禽。加速区域内合法养殖用地的审批程序，推动生猪产能恢复。据2020年3月11日北京晚报消息，生态环境部环境影响评价与排放管理司司长刘志全10日说，生态环境部会同农业农村部督促各地规范禁养区划定和管理，目前该项工作已经完成，全国共调减禁养区1.4万个。

5. 江苏省2020年2月，把原国家发改委扶持奖励的生猪发展规模由5000头改为500头。

解铃还须系铃人，地方政府做错的事显然还需地方政府自己去纠正。县、区政府应明文公布辖区内猪禽禁养和限养的区域范围，乡镇政府划定和兴建猪禽养殖小区，应是最可靠也是最适宜的久治之策。

# 第六节 动物重点疫病防控的有关概念

## 一、猪禽重点疫病防控的概念

### （一）防疫

国家最新动物防疫法修改草案规定：动物防疫是指动物疫病的预防、控制、净化、消灭，动物、动物产品的检疫和病死动物、病害动物产品的无害化处理。

## （二）检疫

检疫是整个防疫工作不可分割的重要组成部分，也是猪禽重大疫病防控的重要组成部分。检疫是指为了预防、控制动物疫病，防止动物疫病的传播、扩散和流行，保护养殖业生产和人体健康，由法定的机构、法定的人员，依照法定的检疫项目、标准和方法，对动物、动物产品进行检查、定性和处理的一项带有强制性的技术行政措施。

通过检疫可以使疫病在发病早期被发现和消灭，防止病猪禽和畜产品进入流通环节，是防止疫情扩散和达到有效控制、扑灭疫情的重要而不可或缺的工作。

常用的检疫方法是临床检查、病理检查、病原学检查、实验室检查等方法。临床检查是指猪禽的活体检查，包括活猪禽的个体检疫、群体检疫、调运的装前卸后检疫和宰前检疫等。病理检查是指对猪禽的尸体、生的畜产品进行检查，主要包括猪禽的宰后检疫、病猪禽尸体的剖检检查。病原学检查、实验室检查则是在前两种检查尚不能定性的情况下进行的检查，经常用于疫情的确诊和病的确诊。

动物卫生监督机构的官方兽医具体实施动物、动物产品检疫。

## （三）诊断与治疗

1. 诊断概念

诊断是治疗的基础，也是疫情确诊后疫点、疫区划定，采取多种形式扑灭疫情、拔点灭源的基础。其在猪禽重大疫病防控及疫病防治上具有十分重要的地位和作用，否则防控和防治都将处于盲目状态。

诊断在大的方面可分为具体病例的临床诊断和确诊疫情的临场诊断，前者是针对个体猪禽而言，后者针对大的疫情定性而言。诊断方法主要有活体的临床检查，尸体的剖检检查，病源学检查，实验室检查，流行病学调查诊断等；在每一种检查上还可分为许多检查方法，如临床检查上可分体表检查、视诊、听诊、叩诊、触诊等，这些在后面章节会有详细叙述。

2. 治疗概念

治疗是指对病猪禽采取多种方法（如用药、手术等），旨在使病畜机体排除病因及病原体损害（如使机体内病原体得到消灭），从而达到健康状态的诊治和调理行为。

治疗的目的是为了使病猪禽康复，所使用的方法和药物均必须以对疾病的确诊为基础，否则治疗是盲目的。因此，不存在所谓的灵丹妙药，只要有确诊为基础，便可准确用药，当然治疗过程中的用药途径、剂量、疗程都是取得预期疗效的重要因素，均不可忽视和马虎。

除了国家法律法规规定的某些人畜共患的烈性传染病（如牲畜的口蹄疫、高致病性禽流感）的猪禽不准治疗（必须就地扑杀销毁）之外，猪禽的一般性传染病、寄生虫病等大多数疾病是可以进行治疗的。

## 二、猪禽重大疫病的扑灭、控制、与净化

### （一）控制

控制一词的本意是指掌握住对象不使任意活动或超出范围；或使其按控制者的意愿活动。是指对事物起因、发展及结果的全过程的一种把握，是能预测和了解并决定事物的结果。掌握住事物不使任意活动或越出范围，操纵，使其处于自己的占有、管理或影响之下。

而对猪禽疫病控制，则指疫情发生和确诊后，采取有效的措施，遏制住不使其发展和蔓延，把病管控在最小的范围内，加以扑杀、紧急预防、检疫检测、治疗、消毒和消灭。

### （二）疫情的诊断与上报

最新修订的动物防疫法第二十九条规定：从事动物疫病监测、检测、检验检疫、研究与诊疗以及动物饲养、屠宰、经营、隔离、运输等活动的单位和个人，发现动物染疫或者疑似染疫的，应当立即向当地动物疫病预防控制机构报告，并迅速采取隔离等控制措施，防止动物疫病扩散。其他单位和个人发现动物染疫或者疑似染疫的，应当及时报告。

动物疫病预防控制机构接到报告后，应当及时按照国家规定的程序上报。

第三十条规定：动物疫情由县级以上人民政府农业农村（畜牧兽医）主管部门认定；其中重大动物疫情由省、自治区、直辖市人民政府农业农村（畜牧兽医）主管部门认定，必要时报国务院农业农村（畜牧兽医）主管部门认定。

在重大动物疫情认定过程中，发生地县级以上人民政府应当迅速采取应急处置措施，防止延误防控时机。

任何单位和个人不得瞒报、谎报、迟报、漏报动物疫情，不得授意他人瞒报、谎报、迟报动物疫情，不得阻碍他人报告动物疫情。

### （三）疫区的划定、封锁与拔点灭源

1. 疫区的划定

在猪禽重大疫病疫情确诊的同时，应该划定疫点、疫区和受威胁区。

疫点即患病动物所在地点，一般指患病动物所在的独立的圈、饲养场、村庄、牧场或仓库、加工厂、屠宰厂（场）、肉类联合加工厂、交易市场等场所，以及车辆、船只、飞机等。

疫区指以疫点为中心一定范围内的地区。

受威胁区指以疫区边界外延一定范围的地带。

疫点、疫区、受威胁区的范围大小，由县级（以上）畜牧兽医行政管理部门根据规定和扑灭疫情的实际需要划定，其他任何单位和个人均无权划定。

2. 疫区的封锁

在发生严重危害人畜健康的动物传染病时，由国家将动物发病地点及其周围一定范围的地区封闭起来，禁止随意出入，以切断动物传染病的传播途径，迅速扑灭疫情的一项严厉的行政措施。

当发生一类法定的动物疫病或二、三类法定的动物疫病呈暴发流行时，均需对疫区实行封锁。对当地新发现的动物疫病呈暴发流行时也需对疫区实行封锁。

3. 实施封锁的程序

由动物防疫监督机构在全面了解、确诊和掌握疫情的情况下，划定疫点、疫区和受威胁区之后，报请同级人民政府发布封锁令；疫区在一个县的由县人民政府发布，疫区涉及两个县以上的，由地市级人民政府发布封锁令，并报省人民政府备案。

4. 拔点灭源（封锁区采取的扑灭措施）

疫点采取的措施：严禁人、动物、车辆出入和动物产品及可能污染的物品运出。对病、死动物及其同群动物，当地县以上地方人民政府有权采取扑杀（或视情况进行隔离治疗）、销毁或无害化处理等措施，当事人不得拒绝。疫点出入口设有

消毒措施，疫点内动物运载工具、用具、圈舍、场地必须进行严格消毒。动物粪便、垫草、受污染的物品，必须在动物防疫人员监督指导下进行无害化处理。

疫区采取的措施：交通要道必须设立临时性检疫、消毒哨卡，设置专人和消毒设备，监视动物、动物产品流动，对出入人员、车辆进行消毒。停止集市贸易和疫区内动物、动物产品的交易。对易感动物，必须进行检疫或者预防免疫接种；饲养的动物必须圈养或者在指定的地点放养，役用动物限制在疫区内使用。

受威胁区采取的措施：对同类动物或共患易感动物由外围向中心紧急免疫接种，按规定对有关场所进行数次大消毒。

5. 封锁的解除

待最后一头病猪禽被扑杀（或治愈后），经过该病的最长潜伏期（如高致病性禽流感为21天）后未再出现新的病例，进行一次彻底的终末大消毒，经上一级业务部门组织专家组验收检查合格后，由原发布封锁令的地方人民政府宣布解除封锁。

## （四）强制免疫、常规免疫与紧急免疫

1. 强制免疫

动物防疫法第十四条规定：国家对严重危害养殖业生产和人体健康的动物疫病实行强制免疫制度。

国务院农业农村（畜牧兽医）主管部门确定强制免疫的动物疫病病种和区域。

省、自治区、直辖市人民政府农业农村（畜牧兽医）主管部门制订本行政区域的强制免疫计划；根据本行政区域内动物疫病流行和控制情况调整实施强制免疫的动物疫病病种和区域，报本级人民政府批准后执行，并报国务院农业农村（畜牧兽医）主管部门备案。

第十五条　饲养动物的单位和个人应当按照强制免疫计划和技术规范，对动物实施免疫接种，建立免疫档案，加施猪禽标识，承担强制免疫主体责任。

用于预防接种的疫苗必须符合国家质量标准和国务院农业农村（畜牧兽医）主管部门的规定。

县级以上地方人民政府农业农村（畜牧兽医）主管部门负责动物疫病强制免疫监督管理。

乡级人民政府、城市街道办事处组织本辖区内饲养动物的单位和个人做好强制

免疫，协助做好监督检查。

2. 常规免疫

动物常规免疫工作由县级以上动物防疫监督机构按计划、按病种和按免疫程序组织实施。一个地区动物的常规免疫包括国家实施强制免疫动物病种的免疫，以及实施强制免疫以外的动物疫病的计划免疫。

饲养、经营动物和生产经营动物产品的单位和个人，应当依法做好动物疫病的计划免疫、预防工作。即服从和配合好当地动物防疫监督机构对动物计划免疫是有关单位和个人的法定义务。

3. 猪禽的紧急免疫

紧急免疫是指在法定的动物疫病发生并流行时，对封锁区内及受威胁区内的易感动物紧急实施的强制性免疫接种。这种免疫一般是使用该病的特异性疫苗对上述区域内的易感动物实行逐头（只）普防，在规定时间内一头（只）不漏地进行强制性免疫接种。这也是控制和扑灭该次疫情的重要措施之一。

紧急免疫接种前应对动物逐头逐只详细观察和检查，对患病动物和潜伏期感染动物，必须立即隔离治疗或扑杀，而不能接种疫苗。

受疫情威胁区的范围大小视具体病种而定，如高致病性禽流感其受威胁区为自疫区向外围半径8千米的区域，口蹄疫的受威胁区则为疫点外围半径10千米的区域，对这一区域动物的紧急免疫接种，在于建立"免疫隔离带"，以有利于就地尽快控制、消灭疫情。

## 三、疫区及污染猪禽群的净化

由于发生疫病，可对疫区内的易感动物构成极大的威胁；由于多种传播途径和传播媒介的存在，疫区内动物则可随时被感染发病或成为带毒（菌）者。因此，疫区及动物的净化是防止所发生的动物疫病进一步传播形成更大规模流行的重要措施。根据所发生动物疫病的病种和性质，疫区及动物的净化要求有很大差别。

### （一）病畜及同群动物全部采取扑杀、销毁、消毒措施

对控制难度大的重大人畜共患病，一般采取病猪禽及同群猪禽全部扑杀销毁的

措施，如口蹄疫；对于像高致病性禽流感那样的烈性传染病，则采取疫区内（疫点外围 3 千米半径内的地区）所有禽类均扑杀销毁的措施，同时配合以反复多次的全面大消毒。采取这种强制性的果断措施，其目的就是杜绝传染源的存在，切断传播途径和传播媒介。而且采取这些强烈的措施达到疫区内地拔点灭源之后（解除封锁后），仍然要经过一段相当长的时间（如高致病性禽流感需经 6 个月）后，方可在原疫区内引进新的易感动物进行饲养。

### （二）紧急预防、隔离及消毒措施

对于法定的其他一、二类动物疫病（指当地常见多发的动物疫病），如猪瘟、猪丹毒、猪肺疫、鸡新城疫、鸡传染性法氏囊病等，由于这些疫病大多有品质优良的疫苗可供疫区内及受威胁区内的易感动物进行紧急预防接种。因而通过扑杀销毁病猪禽，同时采取隔离和反复消毒等措施，即可达到对该次发生的动物疫情地拔点灭源和长期控制的目标。

### （三）净化的概念

1. 什么是净化

狭义的动物疫病净化是指在一个养殖场，通过检测、监测发现患病或感染动物，通过淘汰这些动物根除某种动物疫病的过程，主要是针对种用动物或规模化养殖场。广义则是通过监测、检验检疫、隔离、淘汰、培育健康动物、强化生物安全等综合措施，在特定区域消灭某种动物疫病的过程。

2. 动物疫病净化

就是在养殖场内或者某一个特定的区域内，结合某一特定疫病的流行病学调查结果及其疫病监测结果，对各种形式的感染动物进行及时的发现并淘汰，从而保证动物群中的某种疫病得以被逐渐清除的一种疫病控制方法．动物疫病的净化可以实现疫病的控制、扑灭、消除以及消灭四个水平．做好动物疫病的净化工作，可以有效提高动物的整体健康水平。

3. 国家规定的动物疫病的净化制度

（1）制订动物疫病净化实施方案

（2）加强动物防疫条件监管

（3）强化检疫监督执法

（4）依法开展自主检测

（5）做好阳性家畜淘汰/扑杀工作

（6）完善疫病净化档案

动物疫病净化是符合现阶段疫病防控规律、适应当前畜牧发展方式转变、满足广大生产者和消费者需要的一项系统工程。国家提出了优先防治禽流感等16种国内动物疫病，特别指出要大力开展种猪禽场疫病净化工作，实施种猪禽场疫病净化计划，逐步实现种猪禽场8种主要疫病的净化。高致病性禽流感，非洲猪瘟、口蹄疫，猪瘟，小反刍兽疫等重大动物疫病，严重威胁着畜牧业的健康发展和公共卫生安全，必须得到彻底控制和净化，向逐步消灭目标努力。

### （四）国务院农业农村（畜牧兽医）主管部门制定重点动物疫病净化、消灭规划并组织实施。

县级以上地方人民政府根据国家重点动物疫病净化、消灭规划，制定本行政区域重点动物疫病净化、消灭规划并组织实施。

动物疫病预防控制机构按照重点动物疫病净化、消灭规划，开展动物疫病净化技术指导、培训，对动物疫病净化效果进行监测、评估。

饲养动物的单位和个人对净化、消灭重点动物疫病承担主体责任，达到国务院农业农村（畜牧兽医）主管部门规定的净化标准的，由省级以上人民政府农业农村（畜牧兽医）主管部门予以公布。

国家鼓励并支持饲养动物的单位和个人自行开展动物疫病净化。

### （五）疫区及污染猪禽群的净化

疫区动物的净化与常规的建立SPF猪禽群是完全不等同的两个概念。SPF是指建立无特定病原体的健康猪禽群体，而疫区动物的净化则是指发生过某种动物疫病的地区达到彻底的控制，即经过一段时间的净化措施，该区域内原有的易感动物不感染曾发生过的疫病，新购进的动物通过免疫接种、隔离饲养后进入该地区也不再会发生同种动物疫病。具体采取如下两方面的措施：

### 1. 解除封锁后的严格检测

对原地区内的商品猪禽，在解除封锁后，采取严格检测，检出的阳性动物进行扑杀淘汰等无害化处理措施；确认健康动物采用全进全出制，一次性整体出栏后对场地、圈舍内外进行彻底反复消毒，让环境净化一段时间后再购进新的幼猪禽饲养。

### 2. 不同病种的净化

对原地区内的种用猪禽，当该地区刚发生过的动物疫病如果是能垂直传播的，如猪瘟、猪蓝耳病、细小病毒病、伪狂犬病、牛羊的黏膜病、禽的脑脊髓炎、鸡白痢等，则原猪禽群一律不能再做种用，处理措施与商品猪禽相同。

对乳用动物（奶牛、奶羊）所患的慢性人畜共患疫病，如结核、布氏杆菌病等，则需对畜群反复检测，对查出的阳性动物一律采取扑杀淘汰等无害化处理措施。经多次检测确认健康的动物方可继续做乳用。

对于容易给环境造成深度污染，而且用常规防治措施难以控制的动物疫病，如细小病毒病、气喘病、鸡马立克氏病等，则原有动物群不能再做种用，淘汰或经检测育肥处理后，原场地（含圈舍）需经反复消毒和长时间的断养净化处理（如半年至1年内原场地不再饲养任何动物）后方可使用。

# 第七节　动物疫病防控的社会分工与责任分担

最新动物防疫法中，明确规定了国家对动物疫病实行预防为主，预防与控制、净化、消灭相结合的方针。所称动物防疫，是指动物疫病的预防、控制、净化、消灭，动物、动物产品的检疫和病死动物、病害动物产品的无害化处理。建立政府监管、行业自律、社会共治、责任明确的工作机制。

## 一、调整动物防疫总方针

由原先实行预防为主的动物防疫方针，调整为：实行预防为主，预防与控制、净化、消灭相结合的方针。

以往的预防为主的动物防疫方针，控制了某些重大动物疫病如高致病性禽流感、口蹄疫等在大范围的发生。但从动物疫病流行规律看，单纯预防难以有效遏制动物病原体变异及侵害。有计划控制、净化、消灭对畜牧业和公共卫生安全危害大的重点病种，推进重点病种从免疫临床发病向免疫临床无病例过渡，逐步清除动物机体和环境中存在的病原，降低疫病流行率，是消灭重点动物疫病的科学途径，也是国际上的通行办法。

## 二、明确责任

压实生产经营者的主体责任，行业部门的监管责任，和地方政府的属地管理责任。

### （一）地方政府的属地管理责任

1. 县级以上人民政府对动物防疫工作实行统一领导，加强基层动物防疫机构和队伍建设，建立健全动物防疫体系，制定并组织实施动物疫病防治规划。

乡级人民政府、城市街道办事处，组织群众做好本辖区内的动物疫病预防与控制工作，村民委员会、居民委员会予以协助。

2. 国务院农业农村（畜牧兽医）主管部门主管全国的动物防疫工作。

县级以上地方人民政府农业农村（畜牧兽医）主管部门主管本行政区域内的动物防疫、动物防疫监督管理和执法工作。

县级以上人民政府其他部门在各自的职责范围内做好动物防疫工作。

3. 县级以上人民政府按照国务院的规定，根据统筹规划、合理布局、综合设置的原则建立动物疫病预防控制机构。

动物疫病预防控制机构承担动物疫病的监测、检测、诊断、流行病学调查、疫情报告以及其他预防、控制等技术工作；承担重点动物疫病净化、消灭的技术工作。

4. 鼓励社会力量参与免疫接种、疫病检测、无害化处理、人员培训、宣传教育、志愿服务及捐赠等活动。

各级人民政府及有关部门、新闻媒体，加强对动物防疫法律、法规和动物防疫知识的宣传。

5.动物防疫执法由县级以上地方人民政府农村（畜牧兽医）主管部门承担。地方政府在无规定疫病区建设、重点动物疫病净化消灭、保障动物防疫条件等方面承担属地管理责任。

### （二）规定饲养动物的单位和个人依法承担强制免疫主体责任

从事动物屠宰、经营、隔离、运输以及动物产品生产、经营、加工、贮藏等活动的单位和个人依法承担动物防疫的相关责任。

## 三、强化保障，重点动物疫病净化、消灭补助及管理经费纳入政府预算

（一）拓展了县级以上人民政府财政对动物防疫工作的保障范围，将重点动物疫病的净化、消灭补助及管理经费纳入政府预算。

（二）鼓励县级以上人民政府采取保险费补贴等措施，支持发展猪禽养殖保险。

（三）规定动物防疫工作人员依法参加工作保险，为因公参加动物防疫致残、致病、死亡人员的补助抚恤制度留出接口。增加了动物防疫工作人员依法享受畜牧兽医卫生津贴的规定。

## 四、构建完整的动物防疫管理制度

### （一）国家实行动物疫病区域化、生物安全隔离区划管理和督导制度

国家支持地方建立无规定动物疫病区，鼓励动物饲养场建设无规定动物疫病生物安全隔离区。无规定动物疫病区和无规定动物疫病生物安全隔离区符合国务院农业农村（畜牧兽医）主管部门规定标准的，经国务院农业农村（畜牧兽医）主管部门验收合格予以公布。

国家根据行政区划、动物疫病防控、养殖屠宰产业布局等实施分区督导。

### （二）建立病死动物及病害动物产品无害化处理制度

从事动物饲养、屠宰、经营、隔离以及动物产品生产、经营、加工、贮藏等活

动的单位和个人，应当按照国务院农业农村（畜牧兽医）主管部门的规定做好病死动物、病害动物产品的无害化处理，或者委托动物和动物产品集中无害化处理场所进行处理。

从事动物、动物产品运输的单位和个人，应当配合做好病死动物和病害动物产品的无害化处理。

任何单位和个人不得随意弃置病死动物和病害动物产品。

野外环境自然生长繁殖的陆生野生动物的无害化处理，由所在地林业草原主管部门按照规定，采取焚毁、深埋或者利用当地动物和动物产品无害化处理设施进行处理，防止疫病扩散。

### （三）建立动物疫病风险评估制度

根据评估结果制定净化、消灭及限制动物产品的调运等措施。

国务院农业农村（畜牧兽医）主管部门，在动物疫病风险评估的基础上，可以禁止或者限制特定动物、动物产品由高风险区向低风险区调运。

### （四）建立动物疫源疫病监测预警制度

国务院农业农村（畜牧兽医）主管部门和省、自治区、直辖市人民政府农业农村（畜牧兽医）主管部门根据对动物疫病发生、流行趋势的预测，及时对动物疫情预警。地方各级人民政府接到动物疫情预警后，及时采取预防、控制措施。

国务院农业农村（畜牧兽医）主管部门牵头建立动物、动物产品卫生防疫安全追溯协作机制，对从事动物经营、运输的单位和个人以及动物运输车辆实行备案管理制度。省级人民政府确定并公布动物、动物产品进入本省的指定通道并开展监督检查。

### （五）建立健全动物防疫条件审核制度

兴办动物饲养场和隔离场所、动物屠宰加工场所、动物专业交易市场，以及动物和动物产品无害化处理场所的单位和个人，应当向县级以上地方人民政府农业农村（畜牧兽医）主管部门提出申请，并附具相关材料。受理申请的农业农村（畜牧兽医）主管部门应当依照本法和《中华人民共和国行政许可法》的规定进行审查。

经审查合格的，发给动物防疫条件合格证；不合格的，通知申请人并说明理由。

动物防疫条件合格证应当载明申请人的名称、场（厂）址等事项。

### 五、兽医体制与兽医管理制度

最新动物防疫法规定，国家构建三级兽医体制与兽医管理。

#### （一）三级兽医制度

1. 国家实行官方兽医任命制度

官方兽医应当具备国务院农业农村（畜牧兽医）主管部门规定的条件，由省、自治区、直辖市人民政府农业农村（畜牧兽医）主管部门按程序确认，由所在地县级以上人民政府农业农村（畜牧兽医）主管部门任命，具体办法由国务院农业农村（畜牧兽医）主管部门制定。

海关出具检疫证书的官方兽医，应当具备规定的条件，由海关总署任命，具体办法由海关总署会同国务院农业农村（畜牧兽医）主管部门制定。

官方兽医负责动物、动物产品检疫，出具动物检疫等证明。

官方兽医依法履行职责，受法律保护。任何单位和个人不得拒绝或者阻碍。

2. 国家实行执业兽医制度

从事动物疾病诊疗等活动的人员，应当取得执业兽医资格。

执业兽医开具兽医处方必须亲自诊断，并对诊疗结果负责。

鼓励执业兽医接受继续教育。执业兽医所在机构应当支持执业兽医参加继续教育。

3. 乡村兽医可以在乡村从事动物诊疗服务活动，具体管理办法由国务院农业农村（畜牧兽医）主管部门制定。

4. 兽医行业协会提供兽医信息、技术、培训等服务，维护成员合法权益，按照章程建立健全行业规范和奖惩机制，加强行业自律，推动行业诚信建设，宣传动物防疫和兽医知识。

#### （二）兽医的属地管理

1. 县级以上人民政府农业农村（畜牧兽医）主管部门负责官方兽医、执业兽医、乡村兽医的管理。

2.县级以上人民政府农业农村（畜牧兽医）主管部门制订官方兽医培训计划、提供培训条件，定期对官方兽医进行培训和考核。

3.取得执业兽医资格的人员从事动物诊疗等经营活动，开具兽医处方，应当向当地县级人民政府农业农村（畜牧兽医）主管部门备案。

4.执业兽医、乡村兽医应当按照当地人民政府或者农业农村（畜牧兽医）主管部门的要求，或者通过参与承接政府购买服务项目等方式，参加动物疫病预防、控制和动物疫情扑灭等活动。

# 第八节　猪禽重大疫病和畜产品的质量安全

## 一、猪禽重大疫病事故给人类造成的巨大危害

随着全球经济的快速发展和人类生活水平的提高，猪禽重大疫病危害人类健康的事故发生频率也在逐年增加，人类的安全无时无刻不在受到来自猪禽重大疫病、毒物、污染等多方面的威胁。据2005年5月20日《中国畜牧报》报道，我国每年因疫病造成猪禽死亡的直接经济损失高达238亿元，全国农民人均损失26元，畜牧业从业人员人均损失200～300元。

1997年我国台湾地区发生口蹄疫，短短几个月时间，6050个猪场全部销毁，扑杀生猪380万头，经济损失达60亿美元。

2004—2005年，亚洲几十个国家、地区发生高致病性禽流感，造成数亿只家禽被扑杀；同期造成数百人感染发病，50%以上病人死亡。我国仅辽宁省黑山县就扑杀1000多万只鸡，直接经济损失5个多亿。

2005年我国四川内江、资阳等地发生人、猪链球菌病，造成100多人发病，30多人死亡。

2006年，我国10多个省区发生以高致病性蓝耳病为主的生猪高热病，造成几

百万头生猪发病，几十万头猪死亡。

2012—2014年，我国部分地区连续3年发生人感染H7N9亚型禽流感疫情，每年全国养禽业的损失都在几百亿至上千亿。

2018年8月我国发生非洲猪瘟疫情，在不到半年时间内，全国几乎所有省区发生100多起非瘟疫情，扑杀生猪100多万头。

## 二、畜产品的质量安全事故频发影响到社会安定

与猪禽重大疫病并行的是近年来在全球范围内畜产品的质量安全事故频发，不仅造成人民生命财产的重大损失，而且直接影响到全社会的安定团结，对国家的经济建设也构成威胁。

1996年日本发生O-157型大肠杆菌中毒事件，在全亚洲造成重大影响，震动了当时的日本朝野。

1999年比利时发生二噁英中毒事件，使1400多个养殖场受到污染，导致当时比利时的一届政府辞职。

2001年底至2002年初，我国广东、上海等地发生多起人的瘦肉精中毒事件，造成数百人的急性中毒。

2004年安徽省阜阳百余名儿童因吃了劣质奶粉成了"大头娃娃"，多名儿童不幸死亡。

近10多年来，仅高致病性禽流感H5N1（2015）和H7N9（2013和2014）的发生和流行，不仅造成养禽业年数百亿损失，还造成人的发病和死亡，引起社会一定程度的安定受影响。

我国政府历来高度重视猪禽重大疫病的防治和畜产品质量安全的检测，近年来先后颁布实施了一系列猪禽防疫、检疫和畜产品质量安全检测的法律、法规、标准等，为我国猪禽重大疫病的防疫、检疫、有效防控和畜产品质量安全提供了法律依据和行为准则。

## 第九节　猪禽防检疫在国家经济建设中的重要作用

### 一、农民持续增收致富的保障

我国猪禽饲养量均占世界第一位，猪肉产量占世界总产量的40%以上，占有举足轻重的地位。经有关部门对近年来农民增收情况的实地调查表明，农民靠种粮增收的发展空间已十分有限，而农民要保持每年的持续增收，除了科学种田之外，主要靠发展猪禽养殖业。尤其是改革开放40年来，全国猪禽养殖有了突飞猛进的发展。在许多地区，猪禽养殖业收入已占据农民每年总收入的一半以上，尤其是规模化猪禽养殖户，其养殖业的收入占家庭总收入的80%以上。可以这样说，当前猪禽养殖业已成为农村经济的重要组成部分，全国有许多地区畜牧业的产值占农业总产值的比例都超过30%，有的地区已超过50%；畜牧业在整个农业中占有举足轻重的地位，已成为与种粮同样重要的支柱型产业。

### 二、猪禽重大疫病制约着三农发展与市场

#### （一）猪禽疫病长期困扰着三农（农业、农村、农民）的进步与发展

近20年中，原有的猪禽重大疫病和常见多发病，几乎一个都没有被消灭，而境外猪禽疫病却不断传入境内。这些疫病一旦传入国内之后，有的一开始就给国内养殖业造成毁灭性损失，如非洲猪瘟。有的则先在某些地区发生，而后随时间推移，则毒株变异，毒力增强，流行范围变广，如高致病性猪蓝耳病。还有的在历经几次大流行之后，变异出许多亚型毒株，使疫病变得更加复杂化，而疫苗研制的速度远远跟不上毒株的变异。如高致病性禽流感，时不时有变异毒株冒出来，令人防不胜防。而每一次新的毒株变异，都可能发生新的疫病流行，给养殖业造成重大损失。每一次大的猪禽疫病大流行，都直接影响到农民的增收和农业的增效。

## （二）猪禽发病和死亡影响着畜产品市场

猪禽养殖业的效益一靠市场，二靠规模，市场需求关系着畜产品的流通和销售；没有规模就不能在一个地区形成支柱产业或龙头产业，就不能带动一方经济的发展。

没有养殖规模就没有畜产品市场，没有畜产品市场就没有人民大众的副食品市场，所谓牵一发而动全身。畜牧业是三农的支柱，畜产品则是副食品市场的支柱。所以每一次猪禽疫病的大流行，均直接导致市场物价的波动，均直接影响城乡居民的生活。

## 三、动物疫病威胁畜产品质量安全和人类健康

### （一）突发事件连续发生，不断威胁人类健康

近20年中，继O157大肠杆菌事件之后，国内的瘦肉精事件、问题奶粉事件、高致病性禽流感、高致病性蓝耳病、黄浦江漂死猪事件、非洲猪瘟流行等突发事件，三年两头发生或连续发生，每一次发生或流行，对全国的畜禽养殖业和人的健康，以及社会的安定团结所造成的危害和损失都是十分严重的。如高致病性禽流感H5N1、H7N9的每次流行，全国造成几百个亿的经济损失，还有人的感染死亡，而非洲猪瘟流行仅2018年下半年至2019年上半年一年间就造成数千亿的损失。

### （二）残留污染，威胁着每一个人的健康

重金属、砷制剂等毒物和抗生素在畜禽产品中的残留，直接威胁着人的身体健康，未经处理的猪禽粪便污染的水和土壤，更是将这些残留转化到粮食、蔬菜、水果中，再次被人体吸收。抗生素的残留，砷制剂的残留，均可以引起人体基因的突变，引发肿瘤的产生。

### （三）送走的瘟神为什么还可能会回来

我国是世界上血吸虫病流行最严重的国家之一。新中国成立以来，在党中央和国务院的关怀和领导下，血吸虫病防治工作取得了很大成绩。

从 1956 年到 1958 年，我国仅用三年时间就使大部分疫区的血吸虫病得到控制和消灭，所以毛泽东主席当年写下了"送瘟神二首"的著名诗篇。然而，随着改革开放的推进，到 20 世纪的 90 年代，湖南省、江西省、安徽省等许多地区血吸虫病重新流行成灾，送走的瘟神又卷土重来，血吸虫防控形势重新严峻。到 1986 年底，全国 12 个流行省（自治区、直辖市）中，已有上海、广东、福建在全省（市）范围内达到了消灭血吸虫病的标准。在全国 372 个流行县（市）中，已有 154 个达到基本消灭的标准，有 124 个达到消灭的标准，流行范围大为缩小。但是，在肯定成绩的同时，必须看到今后的血防任务还相当繁重、十分艰巨。

同样情况，在一些牧区，原先大多控制的区域性人畜共患病：布氏杆菌病、结核病，近些年来又重新流行，尤其是结核病，每年都有几十万甚至上百万新的病人产生，防控形势不容乐观。

上述的二、三类动物疫病，一旦形成地方性流行，给当地人类健康的威胁依然十分严重，需要长期坚持防控措施的落实。

第二章

# 猪禽重大疫病的流行规律与发展趋势

# 第一节 猪病的流行特点与流行规律

## 一、近些年来猪病的流行特点

### (一)每次大的疫病流行后面,出栏量降到低谷,然后则猪肉天价。(每次流行都导致全国数千万头猪发病)

1. 2005—2007 年间的猪高致病性蓝耳病,导致 2008 年第一次猪肉天价。

2. 2009—2011 年间的猪副嗜血杆菌病,导致 2011—2012 年初第二次猪肉天价。

3. 2012—2013 年间的猪圆环病毒病。

4. 2014—2015 年间的猪伪狂犬病等,导致 2015 年秋后—2016 年初第三次猪肉天价。

### (二)全国猪总死亡率:含义,现状

1. 全国控制为 5%,每增加 1 个百分点,相当于 1000 万头猪死亡。

2. 局部地区超过 8%。

## 二、猪病对猪周期起到什么作用?

### (一)核心推动作用

1. 猪周期的形成

进入 21 世纪以来,猪周期反复发生,早期 3～4 年一次,后转为 2～3 年,甚或 1～2 年一次,而每次发生,都给广大养殖场户带来严重的经济亏损。市场经济发展,农民行情预测跟不上,养猪业常一哄而上或一哄而下,潮起潮落。

2. 猪周期的危害

农民的严重亏损。散养户退出历史舞台。

3. 出栏量影响猪周期

5.5亿～6.5亿头为平衡点。低于5.5亿头则肉贵伤民，高于6.5亿头则猪贱伤农。当供大于求时，则预示新一波猪周期的到来。许多农民放弃养猪，杀母弃仔，存栏母猪锐减，出栏量大幅下降，则肉贵伤民。业务系统的不真实统计，给领导决策提供误导。如业务系统统计，2012年全国生猪出栏量近10亿头，能繁母猪数量为7359.80万头，1头能繁母猪平均年产仔数为20头以上，于是形成了2013—2015年上半年长达两年多的猪价疲软。

生猪市场如我们去年年报所预测，淘汰过剩产能进度拖至第3年，亏损程度也超2013年，过剩产能终于通过创纪录的全年亏损的惨痛方式而被淘汰。亏损程度也达到了创纪录的 –350 元/头左右。

2014年的中国生猪市场一句话概括为：生猪市场全年亏损创历史记录，资本驱动型惨痛升级进入新一轮猪周期。

## （二）猪周期里离不开重大疫病流行

1. 近10多年来，每次猪周期中猪肉价格由贱变贵的过程中，大多伴随着一次猪重大疫病的发生。如2001—2004年的猪流感和猪传染性胸膜肺炎，2005—2007年的猪高致病性蓝耳病，2009—2011年的猪副嗜血杆菌病，2012—2013年的猪圆环病毒病，2014—2016年的猪伪狂犬病等，而且每次流行都导致全国数千万头猪发病，病死率和发病淘汰率常在10%以上。

2. 高热病为主，流感和口蹄疫在其中推波助澜。

上述疫病均属猪高热性病种，一段流行期内，常常某一或两种病先发生，然后继发或并发其他病种，使疫情复杂化，病死率增加。如2001—2002年，仅安徽省发病猪达300万头。2013年初，黄浦江漂死猪事件，浙江嘉兴一个竹林村就病死10000多头猪。

典型事例：黄浦江漂死猪，2013年3月上旬，两会期间，一周内捞出10000头病死猪。

## 第二节 当前猪病的流行趋势

### 一、流行趋势

**（一）动物疫病包括动物的传染病和寄生虫病，均可形成流行病。为此，谆谆告诫养殖场户：**

1. 传染病可使养殖场全军覆没，寄生虫病可使一期养殖失去效益。
2. 养殖场（含大户）往往只重视传染病而不重视寄生虫病和普通病。
3. 一部分寄生虫病（弓形虫病、附红细胞体病）也有很强的传染性。
4. 动物防疫法规定：本法所称动物疫病，是指动物传染病、寄生虫病。

**（二）以高热病为主，季节性传染病为辅**

共有13种病：猪瘟、猪流行性感冒、猪高致病性蓝耳病、猪伪狂犬病、猪圆环病毒病、猪丹毒、猪肺疫、仔猪副伤寒、猪败血性链球菌病、猪嗜血杆菌病（亦称猪传染性胸膜肺炎）、猪副嗜血杆菌病、猪弓形虫病、猪附红细胞体病等。这些病包括病毒病、细菌病、寄生虫病，临床上常以一种病先发生，而后并发或继发其他一至两种病。

**（三）垂直性传播方式在加剧**

垂直性传播指可通过胎盘将病传给胎儿的疫病，目前已查明的主要有4种：猪瘟、猪蓝耳病、猪伪狂犬病、猪圆环病毒病。

老母猪的带毒已成普遍现象。能通过胎盘将病毒传给胎儿，仔猪一生下来就带毒。大多为断奶后很快发病。

1. 猪瘟

临床症状，潜伏期一般为3～7天，临床症状以急性型为代表。病猪停食、钻草窝、眼结膜潮红或有脓性眼屎；病程稍长时耳、四肢内侧、腹下等皮肤有出血点或斑；公猪常包皮积尿，后期拉稀或与便秘交替发生，体温升至41℃左右；病程3～5天或长达20天。

剖检变化：全身皮肤、浆膜、黏膜、淋巴结等几乎所有脏器出血，淋巴结肿大充血、切面呈外紫内淡的大理石样花纹状；肾不肿、色淡带有稀疏小出血点；脾游离端边缘有暗紫色颗粒状梗死灶；大肠的回盲瓣处出现纽扣状溃疡。

2. 高致病性猪蓝耳病

临床症状，潜伏期人工感染的多为4～7天，母猪感染后发热、厌食、流产、木乃伊胎以及仔猪呼吸困难和高死亡率。部分猪可在耳、躯体末端皮肤发绀变蓝。

剖检变化：气管、支气管内有大量泡沫、淋巴结、肾肿大出血；肺肿大出血，呈弥漫性间质性肺炎。

（1）预防

母猪和苗猪均可接种PRRS灭活苗，15天后重复注射一次；防止病的传入，加强检测、隔离消毒；淘汰阳性猪，建立PRRS健康猪群；发现病猪，全群扑杀，彻底消毒；饲料中添加抗生素，提高抗感染力。

（2）治疗

无特效药物，只能对症治疗和控制继发感染。

3. 猪伪狂犬病

临床症状，潜伏期为3～6天，可长达10天，成猪隐性感染，有轻微的发热、精神沉郁、呕吐、咳嗽等，多在1周内恢复。怀孕母猪流产、木乃伊胎、死胎，一部分猪发生奇痒症状，新生猪及4周龄内仔猪感染后病性严重，可发生大批死亡；发高烧达41℃，发抖、痉挛、运动失调、转圈、倒地四肢划动、麻痹死亡。

剖检变化：有不同程度卡他性胃肠炎，肝脾等实质器官见到灰白色坏死灶，脑充血、水肿，淋巴结充血、水肿。

（1）预防

对疫区猪群注射疫苗

（2）无特效疗法

4. 猪圆环病毒病

临床症状，断奶仔猪患病后表现为多系统衰弱综合征：肌肉衰弱无力、下痢、呼吸困难，黄疸、贫血、生长发育不良，腹股沟淋巴结肿胀明显。皮肤出现紫红色病变斑块，会阴部及四肢明显；皮下水肿；导致繁殖障碍，母猪流产、产死胎、木乃伊胎及弱仔；有的仔猪可发生先天性震颤病。

剖检变化：肉眼病变主要为淋巴结明显肿大，切面硬度增加，见到均匀的白色；肺炎，肺肿胀，坚硬或呈橡皮样，或呈弥漫性间质性肺炎；肝、脾、胸腺萎缩；肾苍白肿大，被膜下有坏死灶；结肠水肿，黏膜充血或淤血；胃溃疡；不同程度肌肉萎缩。

近些年来，苗猪或架子猪感染圆环病毒后拉黄水的很多，临床上与黄痢和流行性腹泻相混淆。

## 二、毒株变异速度在加快

近些年来，一些动物重大疫病不仅没被消灭，甚或没有防控好。其中对生猪健康发展影响极大的病种，如口蹄疫、猪伪狂犬病的病原毒株，由于种种原因，导致毒株变异速度在加快，致临床免疫失效，给全国的养猪业造成重大损失。

（1）口蹄疫病毒毒株的变异

口蹄疫属偶蹄动物（牛、羊、鹿、猪等）和人都能感染的人畜共患病，自20世纪70年代初在我国发生和传播以来，至今没有得到消灭。由于该病传播途径多，潜伏期短，传播极快，发病率高，被污染过的养殖场很难净化，常在次年冬春季节易重复发生流行，且人畜共患，故一直被联合国卫生组织定为一类传染病。

①据《中国畜牧兽医报》2017年1月15日报道自2000年以来，亚洲Ⅰ型等5种新的口蹄疫流行毒株先后传入我国，引起全国24省区，118次疫情暴发，每年有近18亿头猪、牛、羊处于高危状态，原有疫苗不足以应对。

②2009年，武汉的一起口蹄疫疫情，扑杀一万多头奶牛。不久上海又发生一起，江苏的新沂也发生过一起奶牛的口蹄疫疫情。

③病毒可分为O、A、C、亚洲Ⅰ、南非Ⅰ、Ⅱ、Ⅲ等7个不同的血清型和60多个亚型。

④O型：2010年疫情发生18起，2014年2起；A型：2013年疫情发生17起，2013年2起。

⑤我国原旧工艺生产的疫苗，1头份中仅含有1~2微克抗原（灭活苗）。而只有1头份中含有5微克抗原、杂蛋白被去降后，疫苗的免疫效果才会大幅提高。

⑥现在已研制出O型、A型、亚洲Ⅰ型三价灭活疫苗（浓缩苗）用于临床。

（2）猪伪狂犬病病毒变异

《中国畜牧兽医报》2016年12月25日以头版头条刊登了"猪伪狂犬病经典疫苗遭遇新毒株"一文，报道了我国大部分生猪主产区自2011年10月至2015年，包括华北、华中、华东、华南和西南地区部分规模猪场长时期暴发流行猪伪狂犬病的疫情。报道了全国24个地区17456份样品的检测结果平均阳性率41.2%，阳性猪场占比76.08%。还报道了国内多家科研单位已相继分离到该病的变异新毒株。原先沿用的经典疫苗对于多数地区的猪群已失去保护能力。

猪伪狂犬病并非动物重大疫病，也非一类动物疫病，但成年猪感染后可终身带毒。带毒母猪可经胎盘将毒传给胎儿，发生流产、死胎、产弱仔。1—2月龄苗猪感染后有很高死亡率，近几年临床发现70~80斤的小架子猪也可感染该病，死亡率也很高。一个能严重危害母猪和苗猪的高发疫病，长期得不能控制，尤其是多个变异毒株产生，原有疫苗失去保护力的情况下，又找不到有效治疗药物，任其在全国多地区流行长达3年多时间。情况很糟糕。

## 三、猪病当前总体趋势

（一）以高热病为主，混感交错发生。老病未消灭，新病不断传进来，如：新毒株口蹄疫、高致病性蓝耳病、圆环病毒病、传染性胸膜肺炎、副嗜等。

（二）垂直性传播疫病呈扩大趋势，老母猪漏防是主要原因。

（三）病毒变异，防控难度加大。如新毒株口蹄疫、猪伪狂犬病、圆环病毒病等。

# 第三节 猪病防控的基础缺失与原因分析

## 一、基层防疫队伍松散

（一）2000年起，多数地区机构改革中，乡镇畜牧兽医站被撤销、基层防疫队伍解体。目前，只有少数地区由县统管了一部分。大多数地区没有重建基层兽医站。

（二）国家动物防疫法规定，检疫工作是防疫工作的组成部分。2011年11月开始，国家规定全国不再收取检疫费，不利于防疫，不利于动物重大疫病的防控。

（三）无害化处理和消毒工作跟不上。

## 二、生物制品管理不力

（一）当前，虽然农牧主管部门不断努力，但生物制品的管理仍处于失控状态。据实地调研，几乎所有的动物诊所都在不同程度、不同品种地卖疫苗。甚至连好多饲料经销商家都在偷偷地卖疫苗。

（二）还有的县区兽医站，向一些动物诊所发放生物制品经销铜牌，一年向县区站交一定费用，使这些诊所卖疫苗合法化。

（三）少数市县在职兽医人员，参与或直接参与卖兽药和疫苗。

（四）劣假兽药屡禁不止

1.《中国畜牧兽医报》定期刊登公布全国各地兽药抽检情况，每期公布的劣假兽药品种和厂家多达几十种上百种不等。

2.不懂药的人卖药很普遍，调研中发现，一些饲料经销商，他们不仅偷卖疫苗，大多数在公开卖兽药。其中许多人文化水平不高，更未受过培训，完全不懂药理药性，却常年在卖兽药。

（五）疫苗研制跟不上毒株的变异速度

1.当前许多烈性传染病的病原体都在不断地变异，而疫苗研制速度远远跟不上。如前面讲的口蹄疫病毒，猪伪狂犬病毒。对于临床上已经出现的变异毒株、菌株，没有新疫苗预防，又没有特效药物治疗，养猪业损失惨重。

2.许多流行了多少年的烈性传染病至今无有效疫苗可供预防。如圆环病毒、副嗜血杆菌等。

### 三、统计数据不准确

（一）2012年，全国猪出栏数即达到9.93亿头，按照业内统计数的只增不减潜规则，全国凡吃猪肉的恐怕早就达人均一头猪了。这可能吗？

（二）出栏量与肉产量不符。如2012年猪出栏数9.93亿头，按照15头猪屠宰出一吨肉计算，全年猪肉产量应该是6000万吨，可当年的猪肉产量只有4900万吨。而2015年和2016年平均每年全国消费猪肉总量也只有5000万吨，其中还包括年进口猪肉100多万吨。

（三）统计人员不懂专业或专业不精：许多农牧主管部门的业务统计人员，对专业不懂或不精通。

（四）统计来源含混不清：2001年之后，许多地区的基层兽医队伍解体或处于散板状态，留在乡镇农技服务中心的一或两名兽医人员，各类报表应接不暇，在办公室时估算或按同比测算报表的现象比比皆是。基层错则县市错，县市错则全盘错。

### 四、出现一个危险的信号——把防疫工作推给社会

（一）据《中国畜牧兽医报》2017年2月19日头版刊登的《2017年兽医工作要点》（以下简称"要点"），其第二条第二款"推进新型兽医体系能力建设"指出，"加快推进兽医社会化服务体系建设，加大政府'购买'服务力度，鼓励各类合法市场主体组建动物防疫报务队、合作社等多种形式的服务机构，规范整合村级防疫员资源，向饲养场户提供高质量的旬免疫、诊疗、用药等专业化兽医卫生服务。"

（二）基层兽医队伍解体。导致这些地区面上动物防疫工作长期混乱，以猪禽为主的动物重大疫病经常发生，久控不止。原有老病（如猪瘟、鸡新城疫）得不到消灭，新的重大疫病不断传进来和反复发生，给养殖业、给畜产品安全和人体健康，屡屡造成极其严重的损失和威胁，致使许多地区的动物防疫工作在多数时候处于失控状态。

（三）当前，许多地区养殖场（户）自己养猪，自己打防疫针；疫苗满天飞，几乎所有的动物诊所、兽药门市、饲料经销商都在卖疫苗。正是防疫的社会化，才导致了重大疫病的流行。

（四）"要点"没有从下大气力去整顿、组建、加强和提高基层动物防疫队伍着手和努力，而是把动物防疫工作当成一个烫手的山芋，准备撒手不管，撂给社会，这显然是对国家和人民不负责任的做法。

（五）把防疫推向社会，市场化，商品化，自由化。防疫乱象丛生，养殖场（户）家家搞防疫，人人搞防疫。疫苗瓶到处乱扔，弱毒在自然界复壮，和野毒混在一起，混合感染现象普遍存在。这是一种对社会、对国家不负责任的做法，非常危险。

# 第四节　加强管控自由化养殖

## 一、社会环境因素

（一）我国自1984年全面实行家庭联产责任制以来已30多年，其巨大成效在于彻底解决广大农民的温饱问题，全国大多数地区人民不仅摆脱了贫困，而且进入小康生活标准。然而，其间也暴露出许多新的亟须解决的问题，这些问题如长期得不到解决，势必困扰农业现代化的进程。

（二）如众所周知的猪周期、玉米周期、一部分品种的水果周期、蔬菜周期，以及沿海地区的直播稻问题等。每一波周期的到来，都给一大片地区的农民带来严重的经济损失。

（三）在众多农作物秸秆中，适宜用于养牛的主要是玉米秸秆，可国内几家大的乳品公司（如伊利、蒙牛等）纷纷在沿海地区发展分公司，因为这类地区大多以种植稻麦为主，农民很少种玉米。在不种或很少种玉米的地区发展奶牛养殖或肉牛养殖，从地理区域上就非常不合理。

（四）农民一哄而上又一哄而下搞养殖、反映出各级地方政府的农牧主管部门领导，在面对农村当前自由化养殖现象时，缺乏长远和科学的规划，对市场机制缺乏前瞻性的了解。

（五）动物防疫是由法定单位法定人员去执行和实施的，再大的猪场（户）也只是法律管理工作的相对人，位置不能颠倒。

## 二、自由化养殖严重危害农民、农村和市场供应

（一）导致一次次猪周期，在每次猪周期的低潮阶段，每头出栏猪亏损150～300元不等全国猪农总亏损1500亿～3000亿元。

（二）导致动物重大疫病久控不止。近些年来、以高热病为主的重大疫病，反复危害养猪业的健康发展。每一次重大疫病的流行，全国有几千万头猪发病，上千万头猪死亡，发病造成的用药、病死、因病淘汰，直接经济损失总量也在几百至上千亿元。

（三）影响到农民增收致富。以江苏省为例，从2012—2015四年中，年出栏500头以下的养猪户，从91.36万户下降为2015年的50.99万户，减少44.15%。而年出栏500头以上的养猪户，从1.36万户上升为1.61万户，上升18.38%。其中年出栏500头～1000头的养猪户，从7927户上升为10069户，上升27.02%。若与2005年相比，10年中散养户下降近80%。致使全省几十万户农民指望养猪增收致富的梦想成为泡影。

（四）猪肉天价给全国消费者造成的损失更大。这一期的猪肉高价位已持续16个月，期间，以每人吃10～15千克猪肉、每千克猪肉比往常贵6元计算，全国消费者多支出超千亿元。

## 三、加强对规模化饲养的防疫管理

### （一）规模化饲养已成燎原之势和发展方向

1. 全国生猪养殖从2012年进入低价运行，至2014年进入最低谷的4.50元～5.00元/市斤，直到2015年下半年猪价才开始一路攀升。在长达3年的低价运行过程中，散养户猛降。若与2005年相比，10年中散养户下降近80%。

2. 以江苏为例，年出栏500头以上的养猪户，从1.36万户上升为1.61万户，上升18.38%。其中年出栏500头～1000头的养猪户，从7927户上升为10069户，上升27.02%。

### （二）取缔庭院养殖势在必行

1. 环境污染日趋严重

据国家环境保护部、国家统计局、农业部2010年2月6日发布的第一次全国污染源普查公报显示，全国农业排放占全国废水中化学需氧量的47.3%，总氮总磷的57.2%和67.3%，而畜禽养殖排放物的化学需氧量、总氮、总磷又分别占农业污染源的95.8%、37.9%、56.3%。公布的数据表明，地表水污染主要来自农业污染，畜禽养殖已成为农业污染的主要来源。

2. 公共卫生危害

另据2013年3月3日《中国畜牧兽医》报道，当前全国每分钟增加6名癌症病例，而这些病名繁多日益增加的人间癌症与产自重度污染土壤的农产品有直接关系，土壤的污染源又主要来自畜禽所排粪尿中的砷、有机铬、高锌、高铜和抗生素残留物。由此可见，人间的病害与被污染的水源、土壤和畜禽养殖污染，已经形成一条粗大的毒源链条，畜禽养殖污染已到了非治理不可的程度。

### （三）组建基层防疫队伍

1. 把解散的乡村两级兽医人员重新组织起来。队伍散人还在，把这类人员组织起来，实施县动防主管部门制订的辖区内动物强制免疫计划，搞好普防和补防。并解决好他们的劳务报酬。

2. 对乡村两级兽医人员定期培训。解散的乡村两级兽医人员业务知识老化，对新技术新科技了解不多。需要进行定期培训，更新他们防疫观念和操作技能，更好地为农民服务。

3. 对驻场兽医进行定期培训。对年出栏生猪5000头和5000头以上的猪场，应当配备驻场兽医，必须持有签发的动物防治员资格证书。可在县或乡镇兽医站指导下给本场生猪进行防疫注射。

4. 对县乡兽医进行新技术培训。县乡兽医人员应不断更新业务理论和业务操作水平。尤其是国内国际已推广应用的新技术、新理论。如果作为一名官方兽医，技术水平还不如养殖户强，那他怎么去指导工作，怎么去做好防疫工作？

### （四）提高规模养殖门槛，规范规模养殖

1. 设立禁养区和限养区：现在已有好多地方政府下文设立禁养区和限养区，以确保环卫达标。

2. 办猪场需手续齐全：新办猪场必须达标领证，如动物防疫合格证，环境评估合格证。千万不能搞自由化养猪，谁想养谁就养。

3. 新办猪场必须有治污设备或手段：中等规模猪场应该有沼气池处理粪污，年出栏5000头以上猪场，必须有专门粪污处理设备。不具备条件的猪场坚决不能仓促上马。

4. 所有的养殖小区，都必须配备专门粪污处理设备。凡不具备条件的猪场一律停业整顿，凡限期内不能完成专门粪污处理设备配备的，一律予以取缔。

5. 有条件的以县为单位，兴办现代化粪污处理厂，制作有机肥料。

### （五）加强规模养殖户培训，提高辖区内的防疫水平

1. 动物疫病防控工作包括：防、检、消、杀、控管。其中消毒是靠养殖场（户）自己去完成的。

卫生是消毒的基础，消毒又是防疫的基础。防疫要按程序打好防疫针，而消毒也必须按程序消毒。县区兽医站要在培训中增加消毒程序的培训内容，制定适合辖区内使用的消毒程序，要教会基层兽和养殖场（户）按程序消毒。

2. 在疫病流行过程中和结束后，县区兽医站派专业技术人员到场到户指导消毒。

3. 加强督查：经常性定期不定期进行防疫督查，查死角，查漏防，特别是老母猪的漏防。查防疫密度和抗体滴度，查治污运行情况，查消毒效果。

# 第五节　禽病的流行特点与流行规律

## 一、我国家禽养殖和禽病发生的现状

### （一）家禽养殖量大、经济损失严重

我国是家禽业生产大国，近年来家禽饲养量一直居世界前列，存栏量约占世界30%，禽肉产量约占世界总量的45%，居世界首位。家禽业产值在国内仅次于猪，占牧业总产值的29%，在国民经济和农村经济中占有举足轻重的地位。然而，由于我国经济处在世界发展中国家行列，家禽生产水平和禽病防控水平还不够高，尤其是千家万户的散养形式目前在广大农村还占主要成分，致使家禽传染病的防控水平长期上不去，许多地区呈现养得越多死得也越多的尴尬局面。据 2005 年 1 月《中国畜牧报》公布的资料，2004 年全国家禽总发病死亡率高达 20%，全年死亡鸡高达 5 亿只。传染病给养禽场、广大农户带来极其严重的损失。

据资料显示的数字，全国每年因疫病造成家禽死亡的直接经济损失高达 70 个亿，间接损失达 290 个亿。由此可见，家禽传染病的防控已直接关系到国家的经济建设大局，关系到农民的增收致富和社会的安定团结大局。由于家禽诸多疫病得不到控制，我国的禽产品长期在国际市场占有份额太低；尤其是加入 WTO 之后，欧美国家对我国禽产品施以技术封杀，使我国养殖效益遭到重创，这种局面再也不能继续下去了。因此，实施依法制疫，有效地防控家禽传染病成为众心所盼，刻不容缓。

### （二）重大禽类疫病呈上升趋势

近年来，以高致病性禽流感为首的禽类疫病已成为危害人类健康安全的重大动

物疫病的重要组成部分,已受到世界各国政府的高度重视。2004年高致病性禽流感仅在东南亚部分国家流行,2005年该病已冲出亚洲,在澳洲、欧洲、中东、非洲等几十个国家和地区流行,继疯牛病、口蹄疫之后,成为又一个危害人类健康安全的重大疫病。

我国在2003年前,仅于1997年在香港地区发生高致病性禽流感。可到了2004年春季,在1—3月的短短50天中竟有16个省发生了49起高致病性禽流感疫情,扑杀了900多万只家禽,当年的疫情呈点状散发。到了2005年底至2006年春全国又相继有14个省发生39起高致病性禽流感疫情,全国共扑杀2284.9万只家禽。其中仅辽宁省黑山县就扑杀家禽近1000万只,造成极为严重的经济损失,而且疫情在局部地区呈连片发生。

### (三)人类健康安全正在受到威胁

据资料显示,截至2006年4月24日,全球已有204人感染了高致病性禽流感,其中9个国家113人死亡。在这些发病和死亡的人群中,包括我国自2005年底以来,全国共确诊15例人感染高致病性禽流感,死亡9人。

就全球人感染高致病性禽流感的病例来看,凡是发生人感染病例的国家,其死亡人数均超过发病人数的50%以上。由此可见,高致病性禽流感对人类健康安全已构成世人不争的威胁。其他人禽共患的传染病,如鸡新城疫、禽沙门氏菌病、禽结核等对人类健康安全的危害,也日趋严重。

### (四)导致发病的因素与分析

1. 社会因素

随着市场经济的深入发展,家禽及其产品的流通量和速度空前增大,相隔千里的城乡之间的运输,几个小时即可完成。在防疫、检疫工作存在薄弱环节的地区,病禽及其被污染的禽产品很快就从A地传播到B地,导致跨地区的发病和流行。

在近年来的县乡机构和体制改革过程中,相当多地区将乡镇畜牧兽医站撤销或合并,使这些地区的动物防疫体系形成线断网破的局面,基层养殖业技术服务体系遭到破坏。在这些地区近年来处于防疫针没人打、产地检疫没人搞,农民畜禽生病找不到人治的状态。

2. 环境因素

家禽的集约化饲养，人为地改变了家禽的生存和生长环境，只有使家禽的外部环境与机体内环境保持一定的动态平衡，才能使家禽健康生长。目前我国各类养禽场大多密集地散布在农村中，但它们从总体比例上仅占养殖总量的20%以下，即这些规模化养禽场处于农村散养家禽的包围之中。一旦散养禽发生烈性传染病和形成流行，则这些规模化养禽场很难幸免。与此同时，这些规模化养禽场中的大多数本身的管理水平和防疫水平并不高，有的规模化养禽场其实就是规模扩大了的养禽大户；加之家禽生态环境日益恶化和污染日趋严重，从多方面有利于传染病的发生和流行。

3. 人为因素

散养农户和许多中小规模的养禽场，为了省钱，自购疫苗、自充兽医给所养的家禽搞防疫。他们中许多人不懂得家禽防疫技术，不懂得具体疫病的免疫程序，加上不懂得免疫操作规程，致使防疫过的家禽照样发病。

散养农户宰食病死禽的现象在农村屡见不鲜。更有甚者，许多养禽场的老板（规模养禽户）为了减少因发病和死亡而造成的经济损失，私下里将病死禽出售给个体小贩，使之被加工成烧鸡卤鸭之类投放市场。这些违法行为，一方面坑害了消费者；另一方面使得病原得到扩散；养禽场周围病禽尸体、羽毛乱扔，导致了养禽场被病原体深度污染，使得疫情在一个地区此起彼伏，长年得不到控制。

## 二、当前家禽传染病发生、流行特点与流行规律

### （一）频繁发生、发病种类多、死亡率高

据资料显示和不完全统计，家禽的各类疾病多达100多种，其中对养禽业构成危害和严重威胁的疾病达80多种，涉及传染病、寄生虫病、营养代谢病和中毒病，其中危害最为严重的仍为传染病，占禽病总数的70%以上，有的地区高达85%。

由于诸多因素造成近年来禽病频繁发生，在许多地区呈现年年养鸡年年死、许多农民提起养鸡就摇头的局面，使得我国禽病防治的总体水平与先进国家相比还存在相当大的差距。许多地区各类禽病引起的死亡率高达20%以上，经济损失十分严重。

## （二）新病不断引进，老病以新面孔出现

1. 新发生的禽病种类增多

由于养禽业迅猛发展，各地多渠道从国外大量引进种禽，又由于缺乏有效的检测手段，加上各地在饲养管理、防疫技术等方面跟不上发展的形势，致使新的禽病在各地不断发生。影响较大的有：高致病性禽流感、鸡传染性贫血、鸡产蛋下降综合征、鸡病毒性关节炎、肾病变型和腺胃型传染性支气管炎、包涵体肝炎、肉鸡腹水综合征、鸭传染性浆膜炎、番鸭细小病毒病等。在这些新引进的禽病中，目前许多病各地应加强有效研究和防控规划，采取切实有效的防控措施，阻止病的传播蔓延，以保护养禽业的健康发展。

2. 非典型性禽病增多

在疾病流行过程中，病原的毒力常发生变异，有些病原毒力出现减弱，加上禽群中免疫水平不高或不一致，导致某些禽病在流行病学、临床症状和病理变化等方面出现非典型化，发生非典型感染和发病。使某些原有的病种以新的面孔出现，目前各地发生的非典型新城疫即是一个明显的例证。在另一方面，有些病原的毒力出现增强，虽然经过免疫接种，仍常出现免疫失败。即虽经免疫，过后照样发病。如传染性法氏囊病病毒和鸡马立克氏病病毒，目前都有存在超强毒株的报道。对于控制超强毒株感染，除提高改进疫苗免疫质量外，应着重考虑减少病毒对环境造成的污染，加强卫生消毒措施，采用生产管理上的全进全出制。

近年来，一些养禽场盲目大量滥用抗生素，使一些常见病的病原菌产生了很强的耐药性，一旦发病后，许多药物都难以奏效。因此，作为任何一个养禽场，实行科学的饲养管理、经常性地搞好环境卫生和合理用药，对有效地防控细菌性疫病是非常必要的。

## （三）混合感染增多使病情复杂化

在养禽业的实际生产中，常常见到很多病例是由两种甚至两种以上的病原引起的，它们对同一禽体产生致病作用。近年来，禽病中继发感染、并发症和混合感染的病例十分常见，呈上升趋势。特别是一些条件性、环境性病原微生物所致的疾病时有发生。有两种细菌病同时发生，有两种病毒病同时发生，有病毒病和细菌病

同时发生，有细菌病与寄生虫病同时发生等。这些多病原的混合感染往往使病情复杂化，给临床诊断和防治工作带来极大的难度。这就要求临床兽医人员要能分清主次，将现场临床诊断与实验室检验相结合起来进行综合分析，学会鉴别诊断，才能做出正确判断。以便及时确诊疫情，采取针对性的防治措施，有效地控制疫病，减少经济损失。

### （四）预防用生物制品质量跟不上养禽业发展的步伐

兽用生物制品中疫（菌）苗是防控动物传染病的主要武器，近年来随着市场经济的深入发展，预防用生物制品在品种上、质量上、市场管理上均存在诸多问题，致使日益增多的禽病在防控上增加了难度。

1. 品种少

许多新的禽病已发生多少年，甚至在全国各地蔓延和流行了，但定型高效的疫苗还没有研制出来；还有的品种则是因为市场用量不大（部分地区发病），许多药械厂不愿意生产，而养禽实际生产中又非常需要的疫苗。如肾病变型和腺胃型传染性支气管炎、包涵体肝炎、鹅副粘病毒病、鸡传染性贫血等病目前不是没有疫苗就是疫苗质量不过关。

2. 质量参差不齐

目前市场上禽病疫苗最为混乱，有正规厂家生产的，有中间性试验产品的，还有一些小厂家生产的没有批准文号的疫苗。就是正规厂家生产的疫苗，也不是每件包装箱内都附质量检测报告的；有的同一种病的疫苗全国有十多个厂家生产，质量参差不齐，对养禽场来说，真是良莠难分、莫衷一是。

3. 市场管理混乱

当前在生物制品市场管理上存在着"三乱"，即生产源头乱、销售渠道乱、免疫方式乱。这种混乱的局面与基层兽医服务体系解体有很大关系。随着兽医体制改革的推进，动物防检队伍在基层的重新组建，这种混乱局面有望得到彻底整顿和治理。

### （五）免疫抑制性疾病呈上升趋势

1. 鸡群中普遍存在着多种免疫抑制性病毒感染

（1）有许多种病毒感染可以在鸡群中引起免疫抑制：如鸡传染性法氏囊病毒

（IBDV）、鸡传染性贫血病毒（CIAV）、禽网状内皮增生病毒（REV）、禽呼肠孤病毒（ReoV）、鸡马立克氏病毒（MDV）等。这些病毒不仅能分别产生特定的临床症状和病理变化，而其中的REV、ReoV和CIAV等则以诱发鸡的免疫抑制状态为其主要病理作用；又如IBDV、MDV在动物的感染早期即以免疫抑制为其主要致病形式。

（2）上述多种病毒诱发的免疫抑制状态可导致不同的继发感染或二重及多重感染（如继发大肠杆菌病等），导致某些疫苗免疫失败（如新城疫疫苗免疫），使得某些病（如IBDV）的死亡率加重。

（3）在能引起鸡群免疫抑制的病毒中，许多病毒不仅能横向水平传播，而且能通过鸡蛋垂直传播，如REV、CIAV、ReoV等。由垂直传播引起的先天性感染不仅发病严重，而且会带来一系列流行病学上的问题，给传染病的防控加大了难度。

2. 鸡群中免疫抑制性病毒感染已存在着普遍性和严重性

（1）有资料显示，对从全国各地随机采集到的65个鸡法氏囊样品中，经CIAV特异性核酸探针检出40%的样品中有该病毒的存在。

（2）马立克氏病病毒在肉鸡宰前检查中，有31.3%样品感染了该病毒。

（3）禽网状内皮增生病毒（REV）在许多地区的感染率已达21.4%～71.0%。

3. 由免疫抑制病毒感染引起鸡群的多重感染和免疫抑制

在我国，不仅不同种类的免疫抑制性病毒的感染在鸡群中相当普遍，而且由这些病毒造成的鸡群的二重感染及多重感染也相当普遍。如感染MDV的鸡群同时感染CIAV和REV的阳性率达9.6%和21.2%；感染IBDV的鸡群继发（或并发）NDV或大肠杆菌；鸡MDV感染的鸡群同时感腺胃性传支的比例高达到40%～60%等。

## 三、家禽疫病区域性整体防控要点

### （一）防控指挥机构

1. 县（市）级以上地方人民政府分级成立防治重大动物疫病指挥部，由政府的主要领导或主管领导任指挥长，指挥部的成员由相关部门（如农业、卫生、公安、工商、质监、药监、交通、物资、财政等）的主要领导参与，指挥部实行统一领导、分级负责、属地管理、反应及时、措施果断、依靠科学、加强合作的原则，明确各成员单位的责任，有效协调、密切配合，共同搞好辖区内的重大动物疫病防控。

2.在乡镇政府可成立相应的防治重大动物疫病领导小组，由乡镇政府的主要领导或分管领导担任组长，统一指挥本乡镇的重大动物疫病的防控。

### （二）防控体系

1.建立和完善重大动物疫情监测网络

主要有动物防疫监督机构采用法定的检疫方法和操作规程，对饲养的畜禽定期或不定期地进行疫病监测，从而掌握动物疫病发生的种类、规律、趋势的过程。从而能及时掌握重大动物疫情。

2.保证防控经费和防控物资

落实好防疫工作的经费和物资。

3.防控技术服务

由乡镇动物防疫组织在县级动物防疫监督机构指导下认真做好动物疫病预防和控制的技术服务工作，如免疫接种、消毒、隔离、扑杀、无害化处理等一系列防控技术工作。

### （三）队伍建设

1.加强兽医行政管理机构建设

省、市、县三级分别成立畜牧兽医局，负责兽医医政、药政管理工作，指导和监督动物防疫、检疫工作，负责兽医队伍建设与管理，逐步推进官方兽医与执业兽医制度。

2.加强兽医行政执法机构建设

省、市、县三级组建动物卫生监督所，作为行政执法机构，依法负责动物防疫、检疫、动物产品安全的监督管理，以及兽药质量监督、检验、技术仲裁及有关技术标准的制定和实施等行政执法工作。

3.建立健全各级兽医技术支持体系

组建省、市、县三级动物疫病预防控制中心，承担动物防疫、检疫及动物疫病的监测、预警、预报、实验室诊断、流行病学调查研究、疫情报告、重大动物疫病防控技术方案制订、动物疫病技术指导、技术培训、科普宣传工作，作为兽医行政管理和执法监督的重要技术保障和依托。

4. 加强基层动物防疫机构建设

按乡镇或区域重新组建畜牧兽医站，承担动物防疫、检疫和公益性技术推广服务职能。人员、业务、经费等由县级兽医行政主管部门统一管理，纳入政府财政预算。

### （四）强制免疫

1. 平时的强制免疫

（1）实施强制免疫的计划

一般由省级动物防疫监督机构制定，报同级动物防疫行政管理部门核准后，报同级人民政府批准后实施。

（2）实施强制免疫的兽用生物制品

由省级动物防疫监督机构按计划组织供应和统一调拨，由市级动物防疫监督机构负责按计划进行领发，按计划向县、乡（镇）逐级供应。市、县、乡三级及规模化养殖场均不得直接向生产厂家购买实施强制免疫的兽用生物制品。

（3）强制免疫的实施

由县（区）级动物防疫监督机构组织辖区内的乡镇动物防疫机构的兽医人员及村级持证动物防疫员实施免疫接种，村级动物防疫员的免疫接种劳务费用，由乡镇政府按国家《动物防疫法》和《重大动物疫情应急条例》有关规定解决。

2. 发生重大动物疫情时的强制免疫

无论是对受威胁区的动物，还是为了防堵毗邻地区的疫情传入而采取的建立免疫隔离带的动物，所采取的强制免疫均属应急状况下的强制免疫，应在市、县（区）级人民政府的防治重大动物疫病指挥部的统一指挥下进行。其免疫接种的操作规程与平时的强制免疫相同，但往往要求在尽可能短的时间内完成免疫接种和其他消毒等防范措施。

### （五）养禽场的准入制

1. 养殖的准入制

无论是种禽场还是商品禽场，都必须依法取得《种畜禽生产许可证》和《动物防疫合格证》，也即养禽场在场址的选择、禽舍的设计、基础设施、规章制度等许多重大环节上，都必须符合国家有关的防疫规定，经当地县级以上动物防疫监督机构依照法定标准验收合格，发给上述两证，方可进行禽类养殖。禽场的防疫、检疫工作均须纳入当地动物防疫监督机构的防疫规划和计划，场方应依法定期向动物防疫监督机构提交所养家禽的生产、防疫、疫情等报表。

2.调进种禽、种蛋的检疫准入制

（1）实行申请准调制度

养禽场在调进种禽或种蛋之前，须向当地县级以上动物防疫监督机构提出申请，由动物防疫监督机构根据其所掌握的调出地的家禽防疫和疫情情况，经同意后方可实施调进手续。

（2）实行检疫隔离饲养制度

种禽或种蛋运达饲养地后，应接受当地动物防疫监督机构检疫人员的验物查证手续，并对引进种禽进行临床健康的复检手续；在确认没有问题的情况下，需在隔离舍中进行规定时间（如21天）的隔离饲养，隔离期满没有发生问题，方可入场内禽舍饲养。引进的种蛋，需经熏蒸消毒后方可上坑入孵。

第三章

# 抓好防检是控制和消灭猪禽重大疫病的基础

# 第一节　畜禽防检疫工作的误区

## 一、误区主要表现形式

### （一）畜禽漏防现象严重

1. 漏防严重

近年来由于兽医体制因素和人为因素造成了畜禽的漏防严重、防疫密度不高、防疫水平长期上不去，导致多种畜禽疫病的发生和流行，并长期得不到控制。

2. 防疫放任自由

许多农民买了疫苗自己给所养畜禽搞防疫，可他们不懂得防疫灭病的基本知识，缺乏科学的饲养管理和防疫灭病的常识。如不懂得免疫程序，不知道畜禽在什么日龄应该防什么病，用什么疫苗，用多少疫苗，用什么接种途径；又如许多养殖户不懂如何给环境（如圈舍内外环境）消毒，有的农民只是在畜禽发病时或发生死亡后才知道给圈舍消毒；更多的农民给自家所养的畜禽乱用药、滥用药，不仅花了钱，而且起不到预防效果。

### （二）畜禽检疫存在许多问题

1. 私屠滥宰严重、市场补检仍为主要形式

在部分地区生猪为主的畜禽定点屠宰至目前仍未完善，半数以上的个体屠宰户仍在家里或黑窝点上杀猪，其造成的严重后果表现在如下方面：

（1）市场补检

由此造成点上杀的猪肉和点外杀的猪肉等产品在市场补检，否则这些肉品即成为未经检疫肉品，但照样在市场销售。

**（2）逃漏检严重**

许多个体屠户在定点屠宰点上批发 1 头猪肉，再将自己在家中杀的猪肉掺在其中一起销售，以逃避检疫人员的检查。在这些地区，每天逃漏检的肉品占市场销售量的 1/3 以上。

**（3）卖病死肉**

一部分个体屠宰户将在自己家中屠宰的病死猪肉夹杂在从定点屠宰场批发来的经过检疫的猪肉一起销售，以带检疫印讫标记的肉做幌子，以此蒙骗消费者。

**（4）老母猪肉、注水肉随意买卖**

在某些地区，定点外宰杀的老母猪肉、注水肉等堂而皇之地在市场上销售，检疫人员无可奈何，若要处理又缺少法规依据（注水肉不归检疫人员处罚）。

**（5）逃避税费**

个体屠户将私自宰杀的猪（有时甚至是病死猪）产品，直接送到宾馆、饭店、学校或机关食堂等集体伙食单位；不仅常年逃避检疫和国家税费，而且导致这些集体伙食单位的采购人员与其内外勾结，滋生经济犯罪。

2. 一些屠宰单位和个人拒交和少交检疫费

在一些地区大中型屠宰加工单位（年屠宰生猪量少则几万头，多则几十万头），利用地方政府招商引资的扶持优惠政策（免除各种税费），不接受动检部门的检疫或只接受检疫但不交或少交检疫费。

3. 将检疫工作招标承包给小集体或个人

在少数县或乡镇，把动物及其产品的检疫看成是主要创收来源。把检疫收费与门诊收费放在一起管理，每年订出承包数额、规定上交数额；不管其是否懂专业，只要能交足钱额即可中标。而中标的站长由于不懂专业，又调动不了原有检疫人员的积极性，则用社会上的一部分闲散人员为其检疫收费。这种例子虽是个别现象，但其影响很坏。

4. 检疫违法违规违纪现象严重

一些地区的动检主管机构眼里只看到收费，而放松对辖区内的动检监督管理，导致该地区一些检疫违法违规违纪事件时有发生，使发生在基层的一些老毛病长期得不到遏制，具体表现在如下几方面：

转让、买卖检疫票证现象时有发生；只收费不检疫或只收费不出证现象长期存在；重肉品检疫轻产地检疫；按摊位按月收费等。

5. 为屠宰加工病死畜禽的民营企业撑起保护伞

少数民营企业专门收购屠宰病死猪、老母猪，用这些肉品生产火腿肠。可这样一个企业却受到当地政府的支持，当地有关职能部门均为其收宰病死猪大开绿灯，毗邻地区畜禽养殖业深受其害。

6. 检疫设备短缺，检疫手段滞后，检疫队伍总体素质不高

在相当多的地区，县区级兽医站的化验室设备短缺、人才他用，常规检验化验工作已多年不开展；而乡镇一级的动检人员更谈不上有什么检疫设备，日常使用的检疫方法就是肉眼直观检查，能平时动用刀具搞剖检检查的已经算是很好的了。在检疫人员队伍中，就目前而言，大中专毕业生的比例仅占20%，初中以下文化水平的仍占50%左右；而其中人员老化、专业素质低下的现象长期得不到改观。

## 二、误区的原因分析

### （一）防疫误区的原因分析

1. 原有的防疫体系线断网破，新防疫体系尚未建立或健全

自2001年开始，在一些经济欠发达地区，在县乡机构改革中把乡镇畜牧兽医站撤销和合并，使原来健全运转几十年的市县乡村四级畜禽防疫体系毁于一旦。前面讲过的多数地区成立了"乡镇农业技术综合服务中心"，一般保留1名兽医人员在里面。他们平时只能应付着上级检查；而无法面对数万头猪或几十万只禽饲养量的防疫、检疫和报表等实际工作量，显然使原有正常运转的防检疫工作陷入瘫痪状态，而原有的基层站兽医人员成了走乡串户的江湖郎中。因此，在落实国务院关于进行兽医体制改革文件要求、重组重建防疫队伍的同时，如何将基层站原有的人员组织起来从事经营性服务，以解决他们的具体困难和后顾之忧，也是刻不容缓的问题。

2. 放松对规模饲养场的防疫监管

在一些地区，规模化养殖近年来发展迅速，如养几百头至上千头的个体猪场及养千羽至万羽以上的个体禽场，有的地方规模养殖量已占该地区总量1/3以上。这些规模饲养户和饲养场几乎100%都自家搞防疫（目前到处都容易买到畜禽疫苗），

他们拒绝当地兽医部门的防疫计划和措施；许多养殖场自己设计免疫程序，想怎么防就怎么防，不到该养殖场发病死猪死禽时，他们一般是不找当地兽医部门的。近年来的实践证明，导致某个地区新病传入和疫病突发流行的，大多由这些规模养殖场所为。这种情况还导致该地区基层兽医站感到无畜可防，无费可收，严重地干扰和破坏一个地区的动物防疫规划和防疫灭病进程。

3. 疫苗满天飞，防疫失控

目前畜禽疫苗很容易买到，几乎所有兽药门市都在隐蔽地销售疫苗。许多药厂的业务员将疫苗送到这些兽药门市，甚至直接送到规模养殖户或养殖场手里，而且价格优惠，可以赊欠。这种情况导致相当多的农户不要当地兽医人员为其畜禽搞防疫，而是买瓶疫苗回来自己给所养畜禽搞防疫接种，致使当地兽医部门常年防疫计划无法落实，当地畜禽疫病无法控制。

4. 以生猪为主的定点屠宰在一些地区名存实亡

在部分地区，由于地方重视不够，缺乏长效管理力度，定点屠宰场点已纷纷倒闭，多数个体屠宰户依然在家中或3～5人组成的窝点上杀猪。这些地区私屠滥宰长期得不到控制，有个体屠宰户长年屠宰老母猪（将老母猪灌水后宰杀，冒充正常育肥猪肉卖）；还有的个体屠宰户专门收宰病死猪，将病死猪肉加工后送给关系户饭店、宾馆或者加工成肉馅，甚至做成火腿肠之类商品出售。这种现象长期得不到遏制的严重后果是：

（1）国家大量税费流失；

（2）病害肉品使消费者的身体健康受到威胁；

（3）导致疫源扩散传播，使本地区的疫情长时间得不到控制，疫病此起彼伏、延绵不绝；给当地畜禽防疫工作增加很大难度。

5. 基层兽医对异地引进的新病缺乏认识能力和防治方法

近年来由于盲目引种而又忽视了检疫，将国外的或外地的动物疫病引了进来。如蓝舌病、蓝耳病、细小病毒病、非高致死性禽流感等。基层兽医大多对这些当地出现的新病缺乏认识，防治方法上拿不出有效措施，致使在一些地区如蓝耳病、细小病毒病、禽流感等已呈上升扩散趋势，而目前对这些病尚无定型有效的疫苗，基层兽医对此感到束手无策。

## （二）检疫误区的原因分析

1. 执法主体在一些地区不明确

国家动物防疫法规定，动物防疫监督工作由县级以上动物防疫监督机构负责实施，而目前在许多地区市县两级兽医站与兽医卫生监督所是合署办公的，实行两块牌子一套班子，既是运动员又是裁判员。在这些地区，往往监督上的工作被处于应付状态，每年搞几次监督检查，平时逐级发放检疫证和收取平衡调剂费；及时发现问题、及时帮助基层解决工作上的困难和矛盾等则相对做的较差。因此近年来，这些地区基层兽医站对县市的离心作用在逐步加大。

2. 地方忙于招商引资让民营业主钻政策空子

地方政府尤其是县级政府为了招商引资，发展地方经济，在给予民企或个企诸项优惠政策中，有的竟承诺3年之内一切费税全免，这样把畜禽及其产品的检疫费也给免掉了。在这些县区，动检部门只能检疫而无法收取这些民营企业的检疫费用。如此一来，国家的大量税费源源不断地流入这些民企或个企老板的手里，而地方财政并没有得到实惠。

3. 有关法规不健全

对畜禽的恶性传染病和重大人畜共患病在畜禽的宰前和宰后的鉴定及其无害化处理，是畜禽及其产品检疫的重要内容，然而在目前颁布实施的《动物防疫法》及其配套法规上却找不到明确而详细的操作依据。1959年颁布实施的四部规程在几十年的畜禽及其产品检疫中发挥了重要作用，目前尚无其他任一规程或标准可以替代四部规程。然而该规程上有些内容已经老化，与目前实行的某些规定相矛盾，又比如对老母猪肉和注水肉缺乏处理的法律依据，因此四部规程的修改和补充已成为当务之急。

4. 基层队伍不稳定，财政投入少

一些地区在机构改革中乡镇兽医站被撤销，财产平调、人员他用。使历经半个多世纪建立起来的比较健全的市县乡村四级动物防检体系彻底破坏，目前这些地区的防检工作陷于半瘫痪状态。

更有甚者，一些地区将县级畜牧兽医站、兽医卫生监督所的财政拨款断奶、让其自收自支。动物防检是带有政府行为的社会公益性工作，本来财政投入就很少，一旦断奶，让其难以完成好一个地区的动物防检疫工作，也直接影响消费者吃上放心肉。

地方财政投入不足还长期导致动物检疫设备短缺、技术手段滞后、难以在硬件设备上提高动检总体水平。

### 三、建议与对策

要解决畜禽防检工作存在的诸多误区应从如下三方面着手，一是抓机构和队伍建设；二是加大政府投入；三是健全和完善有关法规和规程，具体做法建议如下：

1. 统一动检机构名称和执法主体性质

针对目前全国各地市县两级动检机构名称太多太乱的现状，农业部应依据《中华人民共和国动物防疫法》规定，统一全国市县两级动物防疫监督机构名称。理顺动检机构的名称及其执法主体的性质，有利于动检工作逐步与国际接轨，也有利于国家兽医官制度在未来不久的实施，更有利于当前畜禽检疫工作从根本上向更高水平推进，使目前站所合署办公造成工作上互相扯皮、推诿、敷衍应付的现象得以纠正。

2. 重组重建新形势下的畜禽防检队伍

2002年上半年颁布的农业部第14号令"动物检疫管理办法"已规定了动物检疫工作从乡镇剥离出来，而由县动物防疫监督机构直接负责辖区内的全部动检工作。目前各地在落实兽医体制改革较好的做法是：以县动物防疫监督机构对全县的防检队伍实行统一垂直管理，在一个县可设立几个分站（所），每个分站管理3～5个乡镇，每个乡镇配备3～5名畜禽防检人员，大乡可配4～6名，由县人事、牧医主管部门联合定编定岗不定人（实行聘任制），享受财政拨款；防检疫收费上缴财政，收支两条线。近年来的实践证明这是一个可行的做法，这样做法的核心是对原有的防检队伍进行重建重组，使防检队伍素质得到一次脱胎换骨的提高。

3. 发挥政府在动检工作中的领导作用

根据《中华人民共和国动物防疫法》规定，各级人民政府对辖区内的动物防疫工作负领导责任。因此，应充分发挥政府在动检工作中的领导作用，加大各级政府对防疫工作的投入，彻底改变防检设备短缺、检疫手段滞后的局面，是各级政府工作的重要议事日程。民以食为天，保证人们动物源性食品的健康无害和质量安全应是各项工作中的重中之重。

4. 完善法律法规、坚决取缔私屠滥宰

一些地区以生猪为主的定点屠宰没管理好，个体屠宰户私屠滥宰猖狂的现象说到底是当地政府重视力度不够；当地政府对人民吃上放心肉的问题重视不够，客观上支持和纵容了个体屠宰户的私屠滥宰行为。目前已颁布的有关法律法规都没有对政府不重视定点屠宰的追究责任条款，也没有对个体屠宰户私屠滥宰的刑事追究处罚条款。因此，亟须对有关法律法规进行修改补充；对于一个经济持续高速发展中的国家来讲，无论从防疫灭病，卫生、环保、人民健康等哪个方面，都不允许私屠滥宰的现象存在，必须坚决取缔。工商、税务、卫生等有关部门都应摒弃部门利益，通力配合政府做好定点屠宰和取缔私屠滥宰这项具有战略意义的工作。

5. 各级政府都应加大对畜禽防疫工作的投入

加入世贸组织以后，我国农产品在国际市场上是缺乏竞争力的，但畜产品的竞争力却很强。一个地区单靠种粮食是振兴不了的，而畜牧业却可以兴农、兴县、兴市，这在许多地区都有成功的事例。因此，各级政府都应该把畜禽防疫工作放到政府的重要议事日程。加大对畜禽防疫灭病工作的投入（如畜禽防疫工作所需的疫苗费、消毒费等），担负起畜禽防疫工作的领导责任，把畜牧业作为一个县、市发展的支柱产业。只有农民持续增收、广大农民富裕了，一个地区才能谈得上全面建设小康社会。

6. 把住源头管理

目前社会上兽药、疫苗满天飞，一些科研院所、单位个人仍在公开或隐蔽地生产兽用生物制品；供销渠道更是多种多样，业务员、药贩子、兽药门市部都在以各种形式推销兽药、疫苗，真是良莠不齐、真假难辨。到头来吃亏的仍是养殖户，遭受损失的是畜牧业和国家经济发展。在这个问题上，必须把住源头管理。各省市必须抛开地方保护主义，下决心把未经农业部认可的生物制品的厂家（特别是各科研院所开办的小厂）坚决取缔。规范兽用生物制品及兽药的供货渠道，实行专营和主渠道供应。非此，无法纠正目前生物制品及兽药市场的混乱局面。

7. 加大科普推广和科技普及的力度

目前虽然农民缺医少药的局面已有很大改观，但农民缺少科技、农民缺乏科学饲养和科学防疫灭病知识的情况仍十分严重。许多农民盼望发家致富，希望通过发展养殖业来扩大增收，但他们缺少科普知识，缺少良种良法。他们中有的人在苦苦摸索，更多的人是一次又一次遭受疫病给养殖业带来的灾难损失。因此，尽快健全农村中基层科技推广体系，通过他们作为桥梁和纽带，手把手地教会新一代农民掌握科学养殖和防疫灭病的技术。从基础上为早日在每一个地区控制和消灭动物重大疫病和人畜共患疾病做出贡献，整个畜牧业发展的进程将会大大加快。

# 第二节　影响畜禽重大疫病防控的有关因素

## 一、自然因素

### （一）自然疫源地因素

由野生动物携带或保留的疫源，一有机会就传播给畜禽，引起动物甚至人畜共患的传染病、寄生虫病的发生和流行。

如山东省某些山区、林地，当地存在的狼、狐、野犬等把狂犬病毒传给家犬，引起当地狂犬病的流行（1977年）。

湖南、湖北、江西、安徽、江苏等省的临湖（洞庭湖）沿江（长江）地区，存在钉螺，历来作为日本血吸虫的中间宿主，一旦发生江水泛滥或治理不当时，则容易引发血吸虫病的流行。

云南省边境地区的口蹄疫由当地的恒河猴、马鹿等动物带毒和发病引起。

一些梭菌芽孢或杆菌可在土壤中存活许多年，往往水涝过后，被洪水冲出来的芽孢杆菌可引起诸如炭疽、破伤风、恶性水肿、坏死杆菌、猪丹毒等病的发生甚至流行。

山坡、草地、沼泽地带的蜱可传播多种血液寄生虫（如双芽巴贝西虫病、泰勒焦虫病等）。

### （二）气候、季节等因素

许多种动物疫病发生与自然条件下或人为条件下的气候、季节、温湿度等因素有密切关系。

1. 低温低湿

低温低湿的条件，不但可以使飞沫传播媒介的作用延长，同时还可使易感动物由于受凉（我国每年冬春有3~4次强寒潮，许多地区早春有倒春寒天气）而降低呼吸道黏膜的屏障作用，促使某些呼吸道性传染病（如某些病毒病、支原体病、嗜血杆菌病等）暴发和流行。

2. 高温高湿

在高温高湿的条件下，动物肠道的杀菌作用降低，使肠道传染病增加，如动物的大肠杆菌病（仔猪黄、白痢、水肿病）、沙门氏菌病（仔猪副伤寒）、幼畜的病毒性腹泻等在夏秋季节的发生率较高。

夏秋季节温度高、雨水多，有利于吸血昆虫的滋生和活动，许多能通过它们传播的疾病，如马传染性贫血、日本乙型脑炎、牛羊的蓝舌病、猪的蓝耳病等则发生较多。又如家畜的布氏杆菌病、附红细胞体病、伊氏锥虫病等的传播均与吸血昆虫如蚊、蠓的活动有关。

## 二、环境因素

### （一）环境污染越来越重

随着工农业生产的发展，工业的"三废"及农牧业生产过程中排放的污染废弃物逐年增多（全国全年畜禽排粪量超过20亿吨），造成严重的环境污染（大气污染、水污染、农田污染、草资源污染等），不仅严重地阻碍了动物疫病的预防和控制，常常导致一些新的畜禽疾病和人畜共患病产生。如目前许多水域已鱼虾绝迹。

目前我国大部分省市都出现酸雨问题。氟污染、重金属污染使得水、草、饲料中的有毒成分超标几十倍甚至上百倍。化肥、农药的污染使得牧草作物籽实中的硝酸盐含量大大增加，而这些硝酸盐在一定条件下即可还原为亚硝酸盐，引起动物和人的致癌、致畸，危害极大。

草地的污染和不合理开发利用，使得草地沙漠化。目前全国草地已有1/3退化，导致许多牧区的牛羊无草地可牧，无净水可饮。

## （二）畜禽生长需要良好的环境

畜禽吃带有污染的草，饮被污染的水，重者发生急性中毒，轻者发生蓄积性中毒，身体抵抗力下降，很容易引起发病。

经济欠发达地区的农民把猪、羊等动物养在低矮、潮湿、泥泞肮脏的圈舍里，冬不能御寒，夏不能防暑。尤其是在夏秋季节，细菌和寄生虫等病原体极易繁殖、滋生，在炎热、潮湿、冷雨、吸血昆虫叮咬等不利条件下，动物机体抵抗力极易下降，则诸如流感、传染性胸膜肺炎、附红细胞体病、链球菌病等畜禽疫病很容易发生。

## 三、人为因素

### （一）农民的侥幸心理阻碍了防疫工作的开展

一部分农民对防疫灭病缺乏科学认识，认为养畜禽防疫不防疫一个样。还有的见别人养的畜禽没防疫也未发生疫病，则认为自家的畜禽搞防疫吃了亏，下一年再养畜禽便不再愿意搞防疫接种了。也有的农民是因为不愿意掏防疫费，他们认为如侥幸不发病那钱不是白花了，但这些农民一旦遇到疫病流行所养畜禽发病死亡时，则往往后悔莫及。

### （二）养殖户自充兽医给自家养的畜禽搞防疫

相当多的规模养殖户甚至个体养殖场，他们怕花防疫费，又因目前市场上到处都可以买到畜禽疫苗，他们通常的做法是到兽药门市或个体兽医手里买回疫苗，凭着对疫苗和防疫一知半解的认识，自充兽医给自家养殖的畜禽搞防疫，他们往往不懂得防疫操作规程和注意事项，也不懂得科学的免疫程序，更不知道买回的疫苗是否质量可靠；他们的出发点只是为了省钱，可这样的防疫如何能保证质量和效果，又如何能不出乱子呢？

### （三）宰卖病死畜禽现象较为常见

无论是一般农户还是个体养殖场，对于病畜禽或死畜禽往往不愿意埋掉，而是低价卖给个体屠宰或加工户，尤其是发病后期的育肥猪或成批病死的家禽；而个体屠宰加工户则将低价收购来的病死畜禽加工成卤肉、烧鸡、烤鸭等，大发昧心财。这种现象在许多地方长年查禁不绝，其后果造成该地区环境被病原体深度污染，往往造成疫病的流行或在一个地区此起彼伏，多年控制不了，形成疫病的快速和更大范围传播，在很短时间内即可造成大面积流行。

### （四）盲目引种将异地畜禽疫病引进来

畜禽的异地引种时，许多单位或个体农民往往不懂得检疫的重要性，有的在外地引进畜禽时根本未搞检疫，也不懂得隔离观察饲养，直接入群入舍饲养，常常容易将许多本地原来没有的动物疫病引了进来。

## 四、体制因素

前面所讲过的基层兽医站在机构改革中被撤并，县以下服务体系已线断网破，导致防疫针没人打，畜禽产地检疫没人搞，肉品没人检、防疫报表报不出。尽管目前省市两级政府的兽医主管部门正在努力扭转这种局面，但已造成的防疫不力现实在短期内仍难于彻底改观。

因此，尽快重新组建基层畜禽防检队伍，是上述地区政府和农牧主管部门的当务之急。为此，国务院在2005年颁发了《关于进一步推进兽医管理体制改革的意见》的文件。还有许多地区进展缓慢，辖区内基层兽医队伍还处于松散和一盘散沙状态。这些地区的地方政府应认识到畜牧业在地方经济建设中的重要地位，加快兽医体制改革的步伐，尽早完成该项工作。

## 第三节 猪禽主要疫病的免疫程序

### 一、疫苗及其使用方法

#### （一）疫苗及其种类

农业部（原农牧渔业部）1989年发布的"生物制品命名原则"规定：由特定细菌、病毒、立克次体、螺旋体、支原体等微生物以及寄生虫制成的主动免疫制品一律称为疫苗。但一般来说，利用病原细菌制成的叫菌苗；利用病毒、立克次体、支原体等制成的叫疫苗；用细菌的毒素经脱毒制成的叫类毒素，用特定的抗原免疫动物采血分离的血清称为抗血清。故疫（菌）苗有死疫（菌）苗、活疫（菌）苗、类毒素及抗血清四类。

1. 死疫（菌）苗

指病原物质用物理的或化学的方法处理，如用福尔马林、酚或 B- 丙内酯等物质灭活（将病原杀死）而制成的疫（菌）苗。这种苗中的抗原没有致病能力，但保存其抗原的免疫特性，能够防止感染。死苗具有两个优点：一是具有安全性，因其已丧失了病原致病能力，不会引起易感猪禽的发病；二是其稳定性高，不易因管理不当而失效，容易保管。

死苗可分以下几种类型：

（1）提纯苗

提纯苗指用病原经纯培养或其病原培养物经提纯再经灭活后加佐剂制成的苗，其优点是可形成批量生产。目前使用的死苗大多属此种类型。

（2）脏器灭活苗

脏器灭活苗也称组织灭活苗或"自家疫苗"，系由病禽的特征性病变脏器（如患禽霍乱鸡的肝、脾，患传染性法氏囊病的法氏囊）经研磨稀释灭活做成的苗。其优点是免疫后产生的抗体滴度高，菌（毒）型一致，免疫效果好；缺点是接种的量较大、接种部位容易产生短时间的反应。

（3）油佐剂灭活苗

近几年兴起已大批量生产的剂型，也称乳化苗，系由病毒经灭活后与药用白油按一定乳化法和比例配制而成。其优点是免疫后能产生高而一致的抗体，并维持较长的时间，目前已投放市场的品种颇受大型鸡场的欢迎。

2. 活疫（菌）苗

用人工处理的方法，使病原（细菌、病毒等微生物及寄生虫）的致病能力减弱，成为弱毒株，或者自然发生的无毒株（异源毒）。用这种方法制成的苗保存了充分的感染力，但又没有强毒株那样的致病作用。活苗具有以下特点：

（1）由于弱毒株进入猪禽机体中能繁殖，对免疫系统有持续的刺激作用，所以只要注入机体少量苗就可产生保护能力，并且免疫期较长；但保存期较短，为此多做成冻干苗，以延长活苗的保存期限，也有利于大批量生产和运输保存；由弱毒株制成的活疫苗就其毒力而言仍可分为弱毒力疫苗和中等毒力疫苗，其弱毒力疫苗多用于幼猪禽，中等毒力疫苗多用于成年猪禽。

（2）疫苗中的病毒株，有时因猪禽年龄、品种而出现种种不良的现象。如小鹅瘟病毒对成年鹅获得强有力的免疫力，具有很高的实用价值，但不宜用于雏鹅；又如鸡新城疫Ⅰ系苗不宜用于雏鸡防疫，否则不安全。

3. 类毒素

细菌的外毒素经甲醛溶液处理后，毒性消失而免疫原性保留，即为类毒素。类毒素应该属于灭活苗范畴。在类毒素中加入适量的磷酸铝或氢氧化铝胶等，即成吸附精制类毒素，注射到体内吸收慢，可长久刺激机体产生高滴度抗体，以增强免疫效果。

4. 抗血清

也叫高免血清，指将处于高度免疫状态下的动物进行采血后分离到含抗体滴度较高的血清，可用于特异性疫病的紧急预防和治疗。如抗猪瘟血清、鸡传染性法氏囊高免血清等，由于其直接增加机体内的抗体含量，故产生的防治效果快；但因其不能刺激机体继续产生抗体，故其在机体内维持时间不长，免疫期较短；但对发病早期的家畜家禽其特异性疗效显著。

除上述的疫（菌）苗、类毒素、抗血清外，用于防治的生物制品还有血液制品、诊断试剂及其他如干扰素、转移因子等。其中在临床防治上用途广泛的是诊断用生物制品，凡用于诊断疫病、检测免疫状态以及鉴定病原微生物的生物制品都包括在内。主要有诊断菌液或抗原、诊断血清和分型血清、诊断用毒素及菌素、单克隆抗体等都属于诊断用生物制品范畴。

## （二）联苗与多价苗

1. 联苗

由两种或两种以上的病原体分别制成的疫苗，然后将其混合在一起配制成的疫苗，则称为联苗。如新城疫-传染性支气管炎二联疫苗，新城疫-传染性支气管炎-传染性法氏囊病三联灭活疫苗等。联苗的优点是接种一次可以防止两种或多种疫病，减少免疫接种手续，省工省时；缺点是免疫抗体产生速度不如单苗来得快；联苗对其中某一种疫病的免疫效果也往往不如单苗好，因其用后在一定程度上存在着抗原竞争和干扰现象，特别是病毒病联苗中，干扰现象更为突出。

2. 多价苗

即应用同一种疫病的病原微生物不同的血清型制成的疫苗。如香港英特威公司生产的鸡马立克氏病的CA+SBI冻干双价苗等。多价苗的优点是克服因毒株多型性而造成的免疫效果不高的缺点，但目前国内尚未大批量生产，许多疫病的多价苗尚在研制中。

## （三）疫苗的使用方法与注意事项

家禽的防疫接种工作主要由乡（镇）兽医和村级防疫员去完成，而疫（菌）苗的正确使用与否，决定着能否达到预期免疫效果。疫苗的正确使用注意事项主要有如下方面：

1. 疫苗的稀释

（1）疫苗使用前，应检查批号、说明和有效期，大多数疫苗须用规定的稀释液按说明要求的倍数进行稀释，同时充分振荡，使其完全溶解。

（2）疫苗从出厂到临床使用，应做到冷运冷藏冷稀释，高温季节的防疫注射工作应在早晚时间内进行。基层兽医走村串户搞补防，应将疫苗和稀释液放在冰瓶或冷藏箱中，同时放入冰块，稀释好的疫苗不能放在阳光下暴晒，而且应在当天用完（有的疫苗稀释后应在规定的时间内用完）。当天用剩的稀释好的疫苗应废弃深埋，不准放回待用。

2. 正确掌握接种途径和剂量

（1）疫苗使用前必须按照说明书上规定，掌握接种途径和接种的剂量。在注射接种时，必须防止猪禽的骚动而造成疫苗注入量的不足。家禽饮水免疫前应停水2～4小时，要使每只禽均能饮到稀释后的疫苗水。

（2）猪禽注射时应做到每户或每群换1个针头（大、中家畜每头换1个针头），以防针头感染。

3. 做好消毒工作

（1）器械消毒

接种使用的注射器、针头、滴管、饮水器等均应认真消毒，基层多使用煮沸消毒。饮水免疫的器皿充分洗净后用开水反复烫洗，待冷却后备用，千万不能用消毒液消毒这些器皿。

（2）注射部位的消毒

尽可能做到对注射部位用酒精棉球或0.1%的新洁尔灭棉球消毒后再行注射。

4. 特殊情况下的免疫接种

（1）对极度瘦弱、体温升高的猪禽应暂缓注射接种，待情况改变后再行补防。

（2）对疫病正在流行地区的紧急预防接种，应该在做好消毒、隔离的基础上，按由外围向中心，先健康群后受威胁群的顺序进行预防接种，对正在患病的猪禽，有条件的应用抗血清或特效药进行治疗抢救。

## 二、免疫程序与免疫操作规程

### （一）免疫程序

猪禽传染病，一般都有特定的病原和流行规律，因而在病的免疫预防上必须按照其内在的规律进行。一般来说，国家对实行计划免疫的动物疫病，都有法定的兽用生物制品（疫苗）来进行预防。因此，免疫程序是指使用法定的特异性疫苗，按照一定的动物日龄，以一定的剂量和接种方法，以及一定的接种次数，针对具体的动物传染病进行免疫接种的规程。

### （二）遵守免疫操作规程

免疫操作规程是为了保证某种特定传染病预防接种效果而制定的临床操作标准和要求。其内容包括免疫接种所使用疫苗的稀释、接种方法与接种途径、接种部位、接种剂量、接种次数等诸方面的具体操作要求。如不同的疫苗其稀释方法、稀释液选用、稀释倍数、稀释后的疫苗应在多长时间内用完等，都是为了保证疫苗的质量效果而采用的，是免疫接种的前提。接种方法、接种途径、接种部位及其消毒、针头的消毒和更换等，也都是为保证免疫效果而制定，非此则可能免疫接种效果将大打折扣，甚至失去效果。因此，每种疫苗的免疫接种，都必须执行法定的或地方动物防疫监督机构制定的操作规程。

### （三）免疫接种注意事项

1. 接种前仔细阅读疫苗使用说明书，注射器和针头用沸水煮沸 10～15 分钟后使用。最好是 1 头（只）猪禽用 1 个针头。

2. 疫苗稀释或开瓶后，最好在尽量短的时间内用完。如马立克氏病疫苗要求在稀释后 1 小时内用完。切忌稀释好的疫苗放在直射阳光下。

3. 接种前应对疫苗质量进行严格检查。对于没有瓶签的疫苗、瓶塞松动的疫苗、过期失效的疫苗、没有按规定保存的疫苗应废弃不用。

4. 接种前要对预定接种猪禽的健康情况做详细认真的了解。猪禽处于传染病发病期间，则不宜进行疫苗接种，应先控制原发病，推迟接种。

5. 接种后半个月内应经常检查猪禽的临床表现和进行抗体监测，发现问题及时解决。

6. 接种部位应先行消毒后再接种疫苗，严格掌握疫苗的稀释度和接种剂量，切莫将疫苗漏滴在体外；用剩的疫苗不能随地乱扔，应作深埋或作无害化处理。

## 三、猪主要疫病的免疫程序

### （一）通用免疫程序

**猪主要疫病通用免疫程序表**

| 病名 | 疫苗名称 | 免疫对象 | 免疫方法与程序 | 免疫期限 |
| --- | --- | --- | --- | --- |
| 猪瘟 | 猪瘟兔化弱毒苗 | 猪 | 1. 养猪欠发达地区，育肥猪45～55日龄肌肉注射，终生1针，种公猪每年加强1针，老母猪每空怀期加强1针<br>2. 养猪水平发达地区仔猪30～35天断奶，同时肌注，终生打1针<br>3. 疫情多发地区，仔猪20日龄首免后于60日龄再二免1针，用2倍剂量，种公、母猪加强1针为2～3倍量 | 猪瘟苗1年<br>猪丹毒和猪肺疫苗均为6个月<br>注射后7～14天产生免疫力 |
| 口蹄疫 | 猪口蹄疫疫苗 | 猪 | 于仔猪注射猪瘟二联苗时于另一侧颈部肌注1头份，15天后二免，注射量与首免相同 | 注射后14天产生免疫力，免疫期3～6个月 |
| 仔猪副伤寒 | 弱毒冻菌苗 | 猪 | 30日龄以上仔猪，浅层肌注1头份或拌入少量冷饲料，让仔猪内服5～10头分量 | 注射后7～14天产生免疫力，免疫期6个月 |
| 猪链球菌病 | C群猪链球菌 | 猪 | 肌注或皮下注射5毫升，浓缩苗为3毫升 | 注射后14～21天产生免疫力，免疫期6个月 |
| 猪大肠杆菌病 | 基因工程苗K88、K99 | 猪 | 母猪分娩前1个月和半个月，分2次肌肉注射 | 可防仔猪黄、白痢及水肿病的发生 |

### （二）猪群的整体免疫程序（供参考，针对生猪高热病流行地区）

1. 能繁殖母猪

（1）头胎母猪或第一次使用此免疫方法的

配种前：

①猪瘟苗（2头份/头）+口蹄疫疫苗（3毫升/头）；

②间隔2周，高致病性蓝耳病苗4毫升/头。

配种后：

①产前 8 周（约配种后 57 天）防伪狂犬病，用"扑伪佳"2 毫升/头；

②产前 5 周（约配种后 78 天）防仔猪黄白痢，用"利特佳"1 头份/头；

③产前 4 周（约配种后 85 天）防伪狂犬病（强免），用"扑伪佳"2 毫升/头；

④产前 2 周（约配种后 99 天）防仔猪黄白痢（强免），用"利特佳"1 头份。

（2）已经按照以上程序免疫的经产母猪免疫方法

①在仔猪阉割时母猪用猪瘟苗（2 头份/头）+口蹄疫苗（3 毫升/头）；

②配种前高致病性蓝耳病苗 4 毫升/头；

③产前 4 周（约配种后 85 天）防伪狂犬病（强免），用"扑伪佳"2 毫升/头；

④产前 2 周（约配种后 99 天）防仔猪黄白痢（强免）用"利特佳"1 头份/头。

2. 仔猪

①7 日龄　防气喘病，用"瑞倍适-旺"2 毫升/头；

②21 日龄　防气喘病（强免），用"瑞倍适-旺"2 毫升/头；

③30～40 日龄　防猪瘟，用猪瘟苗（2 头份/头）+口蹄疫苗（1 毫升/头）（仔猪阉割时）；

④45～55 日龄　高致病性蓝耳病苗 2 毫升/头；

⑤55～65 日龄　防伪狂犬病，用"扑伪佳"2 毫升/头；

⑥60～70 日龄　猪瘟、猪丹毒二联苗（3 头份/头）+口蹄疫苗（2 毫升/头）；

⑦70～80 日龄左右　C 型猪链球菌苗（2 头份/头）+2 型猪链球菌苗（2 毫升/头）；间隔 20 天，用 2 型猪链球菌苗加强免疫 1 次（根据各场的实际情况自行选择）。

3. 外购苗猪

（1）体重<30 千克/头

①进栏第 7 天　猪瘟苗（2 头份/头）+口蹄疫苗（1～2 毫升/头）；

②进栏第 13 天　防气喘病，用"瑞倍适-旺"2 毫升/头份；

③进栏第 18 天　防伪狂犬病，用"扑伪佳"2 毫升/头；

④进栏第 25 天　高致病性蓝耳病苗 2 毫升/头；

⑤C 型猪链球菌苗（2 头份/头）+2 型猪链球菌苗（2 毫升/头）；间隔 20 天，用 2 型猪链球菌苗加强免疫 1 次（根据各场的实际情况自行选择）。

（2）体重>30千克/头：除气喘病（瑞倍适-旺）不防外，其他同上。

## 四、禽主要疫病的免疫程序

### （一）通用免疫程序

**禽主要疫病通用免疫程序表**

| 病名 | 疫苗名称 | 免疫对象 | 免疫方法与程序 | 免疫期限 |
| --- | --- | --- | --- | --- |
| 新城疫 | Ⅳ系苗 | 雏鸡 | 7～10日龄首免滴鼻或滴眼，10天后二免再以2倍量饮水 | 注射后3～5天产生免疫力，免疫期1年 |
| 鸡传染性法氏囊病 | 传染性法氏囊弱毒苗 | 鸡（1～120日龄） | 7～14日龄首免饮水或滴鼻，14天后二免饮水，120日龄左右以油苗肌注 | 注射后21天产生免疫力，免疫期半年 |
| 鸡传染性支气管炎 | 弱毒苗 | 鸡 | 7～10日龄，首免以H120滴鼻，10天后二免饮水；30日龄H52以2倍量饮水 | 免疫后5～8天产生免疫力，免疫期H120为2个月，H52为6个月 |
| 鸡马立克氏病 | 火鸡疱疹病毒疫苗 | 鸡 | 出壳24小时内，以专用稀释液稀释，皮下注射0.2毫升 | 注射后10～14天产生免疫力，免疫期6个月至1年 |
| 鸡痘 | 鸡痘鹌鹑化弱毒冻干疫苗 | 鸡 | 翅下无血管处，以消毒钢笔尖蘸取稀释好的疫苗每鸡刺种1至2针（1月龄内1针，1月龄以上2针，20天内鸡不刺种） | 刺种后4～6天产生免疫力，免疫期1年 |
| 鸭瘟 | 弱毒苗 | 鸭 | 生理盐水稀释200倍，胸肌注射1毫升，5～10日龄雏鸭腿肌注射0.25毫升 | 注射后3～4天产生免疫力，雏鸭免疫期1个月，2月龄以上鸭为9个月 |
| 小鹅瘟 | 小鹅瘟鸭胚化弱毒疫苗 | 鹅 | 产蛋前，母鹅以生理盐水稀释100倍，每只肌注1毫升 | 注射后，270日龄母鹅的种蛋出雏有免疫力 |

### （二）鸡群的整体免疫程序方案

在制订禽群整体免疫程序方案时，必须根据本场的具体情况，尤其是具体疫病的发生和流行情况、母源抗体水平的情况来综合分析，还必须考虑到选用疫苗方面的因素。如新城疫Ⅰ系苗属中等毒力疫苗，且近来报道其有一定的病原性，尤其在育雏早期不宜使用。有的养鸡场目前已不再使用中等毒力疫苗，全部改用克隆苗取代Ⅱ系苗，用油剂灭活苗取代Ⅰ系苗。新城疫Ⅳ系苗（LaSota）不宜用于20日龄前的雏鸡，也不宜与传染性支气管炎苗同用。传染性支气管炎 H52 苗具有一定病原性，不能作首免用，开产后的鸡不宜使用。

1. 肉用鸡

方案一：

4日龄：传染性支气管炎 H120（或传染性支气管炎 Ma5）滴眼或饮水，也可用肾性传染性支气管炎油苗一次性肌注。

10日龄：NDIV 系苗，滴眼或滴鼻（ND 为新城疫代号）；

18日龄：IBD 中等毒力弱毒苗滴眼或饮水（IBD 为传染性法氏囊病代号）；

28日龄：IBD 中等毒力弱毒苗滴眼或饮水；

30日龄：传染性支气管炎 H52，滴眼或饮水；

35日龄：NDIV 系苗或 ND-79 苗滴眼或饮水。

方案二：

4日龄：传染性支气管炎 H120 苗滴眼或滴鼻；

10日龄：clone30 苗滴眼，同时 ND 油剂灭活苗皮下注射每羽0.3毫升；

18日龄：IBD 中等毒力弱毒苗滴眼或饮水；

28日龄：IBD 中等毒力弱毒苗滴眼或饮水；

30日龄：传染性支气管炎 H52，滴眼或饮水。

2. 种鸡或蛋鸡

方案一：

1日龄：用马立克氏病疫苗每鸡2羽分量肌注；

4日龄：传染性支气管炎 H120 滴眼、滴鼻或饮水；

10日龄：NDIV 系苗，滴眼或滴鼻；

18日龄：IBD 中等毒力弱毒苗滴眼或饮水；

28日龄：IBD 中等毒力弱毒苗滴眼或饮水；

30日龄：用鸡痘鹌鹑化弱毒苗刺种；

35日龄：用 NDIV 系苗或 ND-79 苗滴眼、滴鼻或饮水；

40 日龄：用传染性支气管炎 H52 苗滴眼或饮水；

45 日龄：用喉气管炎弱毒苗滴鼻或滴眼（未发生过该病的鸡场禁用）；

70 日龄：用 NDIV 系苗或油苗肌注或皮下注射；

120 日龄：用 EDS-76 或 ND-EDS-76 油剂联苗肌肉注射；

130～140 日龄：用 IBD 油剂灭活苗肌注或皮下注射。

方案二：

1 日龄：用 NDclone30+ 传染性支气管炎 Ma5（英特威传染性支气管炎苗）滴眼；

16 日龄：用 NDclone+Ma5 滴眼；

18 日龄：IBD 中等毒力弱毒苗滴眼或饮水；

25 日龄：用鸡痘鹌鹑化弱毒苗刺种；

28 日龄：IBD 中等毒力的弱毒苗滴眼或饮水；

40 日龄：用 Ma5 苗滴眼；

45 日龄：用传染性喉气管炎毒苗滴鼻；

8 周龄：用 NDIV 系苗滴眼或饮水；

70 日龄：用 NDIV 系苗饮水，同时肌注 ND 油苗灭活苗；

每隔 6～8 周龄：用 IV 系苗饮水或气雾免疫一次；

130～140 日龄：用 IBD 油剂灭活苗肌注；

35～40 周龄：用 NDIV 系苗饮水，同时肌注 ND 油剂灭活苗。

# 第四节　机体的免疫与传染病的预防

## 一、机体的免疫机能

### （一）抗原与抗体

1. 抗原

凡能刺激动物机体产生特异性免疫的物质称为抗原。

2. 抗原的性质

抗原必须是异体物质，是大分子胶体（分子量在 10000 以上）、具有特异性和类属性（具有相同的抗原成分）。

3. 抗体

抗体是机体在抗原刺激下，由免疫系统产生，主要存在于体液中的一种能与相应抗原发生特异性结合的免疫球蛋白。

4. 抗体具有双重性

指抗体可以和特异性抗原结合发挥免疫功能特性，同时抗体又是蛋白质，进入异种动物体内具有免疫原性（抗原性）。

## （二）免疫与免疫应答

1. 免疫

免疫是动物长期进化中形成和完善起来的一种识别和清除非自身物质（抗原），保持机体内外环境稳定和平衡的生理机能。免疫的作用或基本功能有抗感染、机体自身稳定和免疫监测三项。

2. 免疫应答

免疫应答是指抗原进入机体后，免疫活性细胞对抗原的识别，并被激活、分化、增生和最后产生一系列免疫效应的生物学过程。它包括免疫感应、免疫反应和免疫效应三个阶段。

3. 特异性免疫

特异性免疫是指机体感染了某种病原微生物或接种某种疫苗后，产生一种明显针对该病原微生物或该种疫苗的免疫。

4. 自动免疫

自动免疫是指机体感染病原微生物或人工注射疫苗后，机体与病原微生物（抗原）直接斗争过程中产生的一种特异性免疫。

5. 被动免疫

被动免疫是指借用具有高度免疫力的异体动物提供的一种免疫，不是机体自身与病原微生物直接斗争而产生的，如注射高免血清。

6. 机体的非特异性免疫防御功能

机体的非特异性免疫防御功能包括：皮肤黏膜的保护作用，生物抵抗作用，细胞吞噬作用，炎症反应，血脑和胎盘屏障作用，激素的作用，机体组织的不感受性和正常体液中杀菌因子等。

### （三）体液免疫与细胞免疫

1. 体液免疫

体液免疫是指 B 淋巴细胞在抗原刺激下，激活、增殖、分化成浆细胞，经血液流到机体各部位，合成和分泌各种抗体（lgE、lgM、lgG、lgA 等）于体液中，再次接触相同抗原时，抗体发挥效应作用。由于抗体主要存在体液中，故称为体液免疫。

2. 细胞免疫

细胞免疫是指 T 淋巴细胞在抗原刺激下增殖、分化成效应细胞，经血液到达机体各部位，两次接触相同抗原时，效应细胞可直接杀伤靶细胞，或释放各种淋巴因子扩大免疫效应的作用。

3. 免疫效应细胞

免疫效应细胞是指 T 细胞在抗原刺激后形成的一种主导细胞免疫应答的细胞，又称为致敏淋巴细胞。

4. 免疫活性细胞

免疫活性细胞是指 T 淋巴细胞和 B 淋巴细胞。与免疫细胞不同，后者是泛指所有参与免疫反应的细胞。包括造血干细胞、淋巴细胞、单核巨噬细胞、各种粒细胞和辅助细胞。

### （四）免疫类型归纳

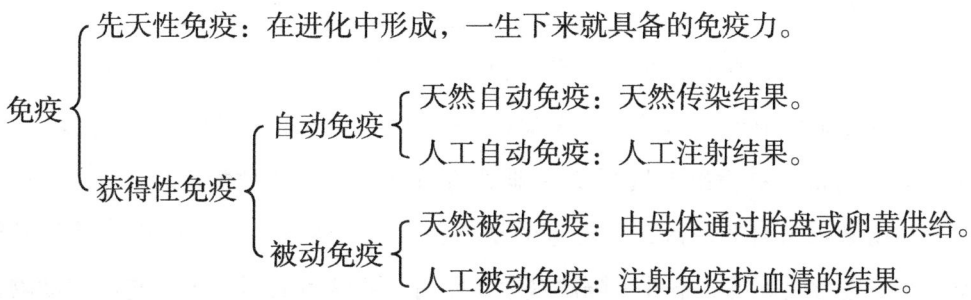

## 二、猪禽病防疫的基本原则

### （一）贯彻"预防为主，预防与防控、净化、消灭相结合"的方针

1. "预防为主"是我国动物防疫工作的一贯基本方针，但现在已经作出重大调整。因为动物传染病具有传染扩散的特点，传染病的流行往往给国家经济建设造成灾难性的后果。因此，必须防止重大动物疫病的发生和流行，做好预防工作则事半而功倍；反之，等到动物疫病暴发后再去扑灭，则将代价惨重、事倍功半。

2. 控制、扑灭动物疫病，要因时因地制宜。要根据具体的传染病在不同时间、不同地区的具体流行特点而采取相应的具体的措施。

### （二）防疫的基本措施

传染病的流行有三个基本环节：传染源、传播途径和易感动物。这三个环节形成传染病传播和流行的链接。因此，要想防止传染病的发生和流行，则必须破坏这三个基本环节，破坏它的流行的链接。

1. 管理和消灭传染源

管理传染源的主要措施是对病的早发现、早诊断、早报告、早管理。

（1）及时报告疫情

了解疫情、确诊疫情、掌握疫情，是控制、扑灭动物疫病的首要条件，必须建立疫情报告制度。在动物防疫监督机构人员尚未到达现场和尚未做出诊断之前，应将疑似传染病的动物隔离、派专人管理；未经兽医卫生监督员或检疫人员许可，不得剖检尸体，不准宰食动物；若疑为人畜共患疫病，还应防范传染给人。

（2）加强检疫

猪禽检疫是发现传染病的一项重要措施。因为加强检疫可以及早发现疫病，防止动物疫病扩散、蔓延，也可以防止疫病的传入。平时要加强对该地区的动物的疫情监测和定期地进行临场的健康检查，采取必要的血清学反应和变态反应方法，及时检出病畜。对检出的病畜要立即隔离治疗，并报请动物防疫监督机构处理。购进动物必须来自非疫区，对购进的动物要经过免疫接种。新引进的动物必须在隔离舍中进行同等饲养条件下隔离观察1个月，确诊健康后，方可与原有动物合群

饲养。

（3）无害化处理

对病死猪禽以及按规定进行扑杀的染疫动物尸体，应做好无害化处理。

2. 切断传播途径

（1）消灭病原体

主要是运用消毒、杀虫、灭鼠等办法，消灭病原体和病媒昆虫（如蚊、蝇、蠓、虻等），消除外界环境中的传播因素。

（2）消毒与分类

分疫源地消毒（包括随时消毒和终末消毒）和预防性消毒（含定期消毒和临时消毒）两类，有物理的、化学的和生化的三种消毒方法；杀虫和灭鼠也有物理的、药物的、生物的方法。开展以除四害为中心的爱国卫生运动，是消、杀、灭方法的综合运用，也是切断传播途径的最有效的措施。

（3）切断传播途径

每种猪禽传染病都有其一种或几种传播途径，应制定切实可行的措施，来切断这些不同的传播途径。如预防经消化道传播的传染病时，应着重抓好饲料、饮水、饲养用具和粪尿的卫生管理；预防呼吸道传播的传染病时，应保持圈舍空气流通、多晒阳光、定期或不定期进行空气消毒、适当降低饲养密度等；预防虫媒传染病时，则应改善环境卫生，采取防虫、驱虫、杀虫措施等。

3. 保护易感群

（1）加强科学的饲养管理和遵守严格的兽医卫生制度，提高动物机体的抵抗力。

（2）搞好以疫（菌）苗为主的免疫接种，目前几乎所有猪禽重大传染病都有自身的疫（菌）苗，应根据各地的具体疫情情况，安排好各种猪禽疫病的免疫计划，落实具体的免疫接种方案，提高机体免疫水平。

4. 实施科学的免疫程序

（1）免疫程序

免疫程序是指根据传染病的流行规律和猪禽群的免疫状态，结合当地具体情况而制订的预防接种计划。它包括对猪禽群计划接种哪些疫（菌）苗，什么时间接种、接种几次及间隔期多长等内容。免疫程序可以是一种病的，如猪瘟免疫程序，也可以是指猪禽群生命全期的，如肉鸡免疫程序、种鸡免疫程序等。

（2）制定免疫程序的依据

制定免疫程序的主要依据：包括当地的疫情，疾病的性质，动物的用途，母源抗体水平的高低，疫（菌）苗的性质等。

## 三、防检结合

### （一）检疫是防疫工作的重要组成部分

《中华人民共和国动物防疫法》第三条规定：本法所称动物防疫，包括动物疫病的预防、控制、扑灭和动物、动物产品的检疫。

检疫就是应用各种诊断方法，对猪禽及其产品进行疫病检查，并采取相应的措施，防止疫病的发生和传播。这是一项重要的经常进行的防疫措施，直接关系到畜牧业的健康发展、人民身体健康和维护对外贸易信誉等。

国家动物防疫法规定的检疫是指中华人民共和国境内的动物和动物产品的检疫。

### （二）实行以防为主、以检促防、防检结合的综合防制措施

1. 防疫

防疫是预防、控制和消灭猪禽重大疫病的根本和基础。对于法定的猪禽疫病国家实行强制性免疫，对于法定疫病外的其他动物病种，国家实行计划性免疫。任何单位和个人饲养的动物均必须接受各地区的防疫计划，都有接受防疫的义务。

按计划按免疫程序对猪禽进行防疫注射接种、保证防疫密度和不断提高防疫质量，消灭传染源、切断传播途径，以及变易感群为不易感群是预防和控制猪禽疫病的根本措施。

2. 检疫工作是防疫工作的补充和促进

依法对猪禽和猪禽产品实行检查，在产地检疫、运输检疫、屠宰检疫和市场流通环节严格把关，随时发现问题，随时采取相应措施，严防动物疫病和人畜共患病的发生和传播。

同时，在经常性的检查中，可以发现一些防疫工作的薄弱环节，如猪禽漏防问题、免疫措施（如缺少免疫标识、缺少免疫档案）不到位不落实问题，除对违规违章问题依法进行处罚外，及时敦促防疫机构采取补救措施，切实提高防疫密度和防

疫质量，提高总体基础动物防疫水平，达到预防、控制和消灭猪禽疫病的目标。

3.依法开展督查是防检工作的生命线

猪禽防疫和猪禽及其产品的检疫工作是互相促进互为补充的，而两者都离不开督查。开展经常性的督查不仅是针对猪禽饲养、收购、屠宰加工、运输销售等单位和个人的行为是否合法，而且也是针对动物防检机构所属的防检队伍的工作是否依法按章执行进行督查，发现问题及时纠正，及时查处，有利于促进工作，加快动物防疫灭病工作的进程，有利于保障畜牧业的发展和人民身体健康。实践经验证明，离开了经常性的督查，防检工作就失去活力，随时都会出现这样那样的问题，而不及时解决这些问题，则会给猪禽防疫灭病工作造成损失。

## 第四章

# 猪禽重点疫病的检疫

# 第一节 猪禽检疫

## 一、猪禽检疫的性质

### (一) 猪禽检疫的概念

检疫是指为了预防、控制猪禽疫病,防止猪禽疫病的传播、扩散和流行,保护养殖业生产和人体健康,由法定的机构、法定的人员,依照法定的检疫项目、标准和方法,对动物、动物产品进行检查、定性和处理的一项带有强制性的技术行政措施。

### (二) 猪禽检疫的性质

1. 检疫是一种以技术为依托的政府监督管理职能而不是职业行为或经营行为。
2. 检疫是由法律、行政法规规定的具有强制性的技术行政措施,而不是一种可做可不做,或愿做不愿做的行为。
3. 检疫具有技术方法标准和处理方式的规范性和法律效力的时效性。

### (三) 猪禽检疫的特点

1. 强制性;
2. 须由法定的机构和人员实施;
3. 须按照法定的检疫项目和检疫对象进行检查;
4. 须按照法定的检疫标准和方法进行操作;
5. 须按照法定的处理方式处理检疫结果;
6. 须出具法定的检疫证、章及标志。

## 二、猪禽检疫的分类

### （一）猪禽检疫的分类

根据我国现行的动物检疫法律规定，我国猪禽检疫分为进出境检疫和国内检疫两大类。

### （二）进出境猪禽检疫

进出境猪禽检疫是指进出我国国境的猪禽、猪禽产品，由口岸动物检疫机关实施的检疫。进出境检疫的管理、分类又具体划分为：

1. 进境猪禽、猪禽产品检疫；
2. 出境猪禽、猪禽产品检疫；
3. 过境猪禽、猪禽产品检疫。

### （三）国内猪禽检疫

国内猪禽检疫系指对国内流动的猪禽、猪禽产品所进行的检疫。其具体划分为：

1. 产地检疫；
2. 运输检疫；
3. 屠宰检疫；
4. 猪禽产品检疫。

## 三、常用的猪禽检疫方法

### （一）概述

常用的猪禽检疫是采用临床检查、病理检查、病原学检查等方法。

1. 临床检查

临床检查也称临床健康检查，一般通过观察猪禽体表、行为表现、大小便、测量体温、呼吸、脉搏等方法，来确定猪禽是否健康或生病。多用于猪禽的产地检疫和运输检疫。

2. 病理检查

通常是指检疫人员使用刀具等解剖器械，对猪禽尸体进行剖检，通过检查尸体的脏器组织是否正常，来确定屠宰或死亡猪禽是否患病的检查方法。经常用于猪禽的宰后检疫和临床诊断。

3. 病原学检查

病原学检查指通过查找病原体的方法来确定猪禽生前患什么病，一般是在经临床检查和病理检查对患病猪禽或猪禽产品有所怀疑时所做的确诊检查。多用于临床诊断和对发生疫情时的确诊。

4. 实验室检查

实验室检查是指通过使用实验室仪器设备和有关的实验方法来确诊疾病和疫情的检查方法。多用于典型病例和疫情的确诊，也常用于对辖区内猪禽防疫水平（防疫效果）的检测。

### （二）种猪禽法定的检疫方法和检疫项目

1. 种猪的法定检疫对象

种猪的法定检疫对象有：口蹄疫、猪瘟、猪传染性水疱病、布氏杆菌病、猪霉形体肺炎、猪密螺旋体痢疾。

2. 种禽采用临床检查和实验室检验方法检疫

种禽的法定检疫对象有：新城疫、雏白痢、鸭瘟、小鹅瘟、白血病、霉形体病。

### （三）对即将屠宰的猪禽的检疫方法和检疫项目

1. 对即将屠宰的猪一般采用临床检查的方法检疫

即将屠宰的猪法定检疫对象有：口蹄疫、猪传染性水疱病、猪瘟、猪丹毒、猪肺疫、炭疽。

2. 对即将屠宰的禽一般采用临床检查的方法检疫

即将屠宰的禽法定检疫对象由各省（市、区）规定，一般有：鸡新城疫、鸭瘟、白血病、霉形体病。

## （四）种蛋、精液及动物皮张、毛、骨、角的检疫方法

1. 种蛋

通常采用临床检查和实验室检验，通常用检查种蛋供体——种禽的方法来检疫。对于可垂直传播的重大动物疫病，则须根据规定进行实验室检验。

2. 精液

通常采用临床检查和实验室检验精液供体——种畜的方法来检疫。对于可垂直传播的重大动物疫病，则须根据规定进行实验室检验。

3. 皮张

大、中动物皮张常采用实验室炭疽沉淀实验方法来检疫，或者经环氧乙烷熏蒸消毒检疫。

4. 小动物皮张

须按法定方法消毒。

5. 毛、蹄、骨、角

毛、蹄、骨、角的检疫方法一般要求是来自非疫区，采样检验，对外包装消毒。

# 第二节　动物防疫监督机构与人员

## 一、动物防疫监督机构

### （一）动物防疫监督机构的性质

1. 动物防疫监督机构包括两种情况

（1）县级以上人民政府所属的动物防疫监督机构，它负责实施本行政区域内动物防疫和动物防疫监督的实施。

（2）军队的动物防疫监督机构负责军队现役动物及军队饲养自用动物的防疫工作。

2.动物防疫监督机构的性质

动物防疫监督机构实施的监督和管理，既具有行政上的强制性，同时又具有技术上的权威性，它是集技术与行政措施为一体的专业执法机构，是法定的猪禽防疫行政执法主体。其工作人员要以熟悉法律知识的兽医专业技术人员为主体，该机构的执法要以专业技术措施为依托，以技术鉴定结论、客观事实为依据，以动物防疫法律为准绳。

动物防疫监督机构行使职权以地域管理为主，级别管理为辅。

### （二）动物防疫监督机构的职责

1.在猪禽疫病预防中的职责

（1）负责对猪禽疫病预防的宣传教育、技术指导、培训，组织实施疫病免疫计划。

（2）组织扑灭动物疫情，按照规定报告疫情。

（3）为控制、扑灭重大动物疫情，可以派人参加当地依法设立的检查站执行监督检查任务；必要时经省政府批准，可以设立临时性的动物防疫监督检查站，执行监督检查任务。

（4）设动物检疫员。按照国家标准、行业标准、检疫管理办法和检疫对象，依法对猪禽、动物产品实施检疫。

（5）依法对猪禽防疫工作进行监督。在执行监测、检疫、监督任务时，可以对动物和产品采样、留验、抽检，对没有检疫证明的猪禽和猪禽产品进行补检和重检，对染疫或者疑似染疫的进行隔离、封存和处理。

（6）对猪禽及其产品运输依法进行监督检查。

（7）对猪禽饲养场、屠宰厂、肉类联合加工厂和其他定点屠宰场（点）等从事生产、经营活动是否符合规定的动物防疫条件进行监督检查。

（8）行使动物防疫法法律责任一章规定的行政处罚和行政措施的决定权。

2.在动物检疫中的职责

依法对猪禽、动物产品进行检疫，依法出具检疫证明；依法监督处理检疫不合格的动物及其产品；依法收取检疫费。

落实国内检疫审批制度，主要是为了防止疫病的传入和减少不必要的损失，由种用动物引进者向引进地的动物防疫监督机构事先提出申请，由动物防疫监督机构根据掌握的被引进地区的疫情状况和本地区的实际情况，决定是否同意引进的制度。对决定引进的种用动物发放检疫审批单，不同意引进的说明理由。

## 二、动物防疫监督员与动物检疫员

### （一）概述

县级以上动物防疫监督机构设动物防疫监督员和动物检疫员。动物防疫监督员不得兼任动物检疫员。实验室检验员、动物检疫员不得担任防疫监督员。

### （二）动物防疫执法人员的任职条件

1. 动物防疫监督员

动物防疫监督员必须是动物防疫监督机构的正式工作人员或者主管部门相关领导。动物防疫监督员应具有兽医师以上职称，或者畜牧兽医专业大专以上学历或者相当同等学力水平，并连续从事动物防疫工作3年以上。

2. 动物检疫员

动物检疫员应具有兽医专业中专以上学历或同等学力水平，并取得动物检疫员《职业资格证书》，连续从事动物防疫工作3年以上。

### （三）动物防疫执法人员的审批程序

1. 动物防疫监督员

由所在单位推荐，经市级动物防疫监督机构考核，报市级畜牧兽医行政管理部门审核合格后，送省畜牧兽医行政管理部门审查批准，由国务院畜牧兽医行政管理部门核发《动物防疫监督员证》。

2. 动物检疫员

县级动物防疫监督机构根据检疫员任职条件和工作实际需要，考核、提名、申报，经市畜牧兽医行政管理部门审核批准，由省畜牧兽医主管部门发给《动物检疫员证》。

动物防疫监督员、动物检疫员均由官方兽医担任，但职责不同。

## （四）职权

**1. 动物防疫监督员职权**

（1）对辖区内饲养、经营动物和生产、经营动物产品，以及与动物防疫活动有关的单位和个人遵守动物防疫法律、法规、规章和其他规范性文件的情况进行监督检查。

（2）对动物疫病的计划免疫，控制、扑灭动物疫情进行监督监测。

（3）对动物检疫员执行国家标准、行业标准、地方标准以及检疫管理办法等进行监督指导，并对检疫结果和处理情况进行监督检查。

（4）对违反《动物防疫法》《省、市动物防疫条例》等法律法规的单位和个人，按规定给予行政处罚或报所在地动物防疫监督机构处理。

**2. 动物检疫员职权**

（1）实施动物、动物产品检疫，并出具检疫证明，加盖验讫印章或者加施检疫标志。

（2）对检疫不合格的动物、动物产品，责令并监督货主做防疫消毒和其他无害化处理；无法做无害化处理的，予以销毁。

（3）协助动物防疫监督员开展监督检查工作。

（4）对违反《动物防疫法》《省、市动物防疫条例》等法律法规的单位和个人，有权给予批评、警告或报动物防疫监督机构处理。

## 第三节　猪禽的临场检疫

### 一、概述

猪禽的活体检疫是整个检疫工作中的最基本最主要的检疫环节，不仅猪禽如此，其他捕获、驯养的野生动物均如此。活体检疫包括猪禽的产地检疫、售前检疫、集市检疫、运输检疫、宰前检疫等，其检疫的工作量大、覆盖面广，是从事动物检疫兽医工作者的重要工作内容,也是防疫灭病工作的重要环节。

把病猪禽和处于潜伏期的染疫动物在产地、售前、宰前检查出来,进行必要的无害化处理,就可以有效地防止疫病进入流通环节,把疫病扼杀在萌芽状态,防止疫病的传播和流行,使疫病最大限度内在该地区得到控制;也是使该地区人民吃上放心猪禽产品的有力保证。

活体检疫主要分群体检查和个体检查两大类,群体检查是对一个猪禽群的整体健康检查,对其中有值得怀疑的动物从群体中挑出,再进行个体检查,对大群动物则按比例进行抽样后按个体检查程序进行临床健康检查。

## 二、群体检查

群体检查的原则是按静态→动态→饮食状态循序进行。在检查前可以先将活猪禽按来源产地或按圈舍、车船或批次进行分群,然后分别进行检查。

静态检查:应该让动物处于安静休息状态下进行,不要惊扰它们。主要观察动物的站、卧姿势,精神及营养状况,被毛、呼吸状态,有无咳嗽、喘息、呻吟、嗜睡、兴奋、流涎、离群等异常现象。从中检查有无病畜。

动态检查:先看活猪禽的自然动态,再看活猪禽被驱赶时的动作。重点看其起立及行走姿势、精神状态、排泄情况,看其有无行动困难、肢体麻痹、步态蹒跚、弓背弯腰、离群掉队、气喘咳嗽,排泄姿势及排泄物异常等。

饮食检查:注意其自然状态的饮食欲及饮食量,采食姿势,有无吞咽困难、呕吐流涎、退槽鸣叫等异常表现。从中挑出疑似病禽。

## 三、个体检查

个体检查是对群体检查中挑出的疑似病禽进行的全面的临床健康检查,即使是群体检查时没有挑出疑似病禽,也应从大群中挑出10%的活猪禽进行个体检查。个体检查是确定活猪禽个体是否健康的主要方法,也是系统的临床诊断方法。可总结为"看、听、摸、检"四个字。

## （一）看的内容

1. 看精神状态

健康动物精神活泼、膘肥体壮、耳目灵敏，而病畜则低头耷耳、缩颈垂翅、双目无神、呆立一隅、反应迟钝。

2. 看被毛皮肤

健康动物被毛整齐、光亮、皮肤颜色正常、无出血、无肿胀、无溃烂、无水肿等；而病猪禽则被毛粗乱、无光泽，皮肤发红，呈充、出血状，有的皮肤局部水肿、溃疡等。

3. 看运步姿势

健康畜运步稳健，四肢及头尾摆动协调；如出现四肢强直、盲目运动、以头抵墙、转圈运动等则为病禽。

4. 看呼吸动作

健康畜呼吸规则、节律整齐，呈平稳的胸腹式呼吸；如出现单纯的胸式、腹式、犬坐式、阵咳、喘息等则为病畜。

5. 看眼结膜、口色、舌苔、鼻腔、鼻镜、冠、髯、肉垂

健康猪禽口鼻腔及可视黏膜为浅红色、有光泽、湿润，无舌苔，鼻镜光滑有小汗滴；如发现鼻镜干燥龟裂，鼻腔有黏液性、脓性分泌物，口腔及可视黏膜潮红、苍白、黄疸、舌苔重厚、冠髯发紫、肿胀等则为疑似病禽。

6. 看大小便

检查动物大小便的次数、形状、颜色、气味等是否正常，如粪干、拉稀、血便、血尿等则为可疑病猪禽。

## （二）听的内容

利用听觉或听诊器检查动物的心音、呼吸声、胃肠蠕动音，以及会出现的咳嗽、呻吟、磨牙、嘶哑等不正常的声音。

## （三）摸的内容

包括摸动物的耳根、皮肤的弹性、体表是否有水肿、体表淋巴结是否肿大，下

颌及胸下是否有水肿、肿瘤等。

### （四）检的内容

主要是检测体温、呼吸及脉搏的频率。猪正常体温为38℃～40℃，呼吸数为每分钟12次～20次，脉搏为每分钟60次～80次；牛正常体温为37.5℃～39.5℃，呼吸数为每分钟40次～80次，脉搏为每分钟10次～30次；羊正常体温为38℃～40℃，呼吸数为每分钟70次～80次，脉搏为每分钟12次～20次；犬正常体温为37.5℃～39℃，呼吸数为每分钟70次～120次，脉搏为每分钟10次～31次。

## 四、猪禽临场检查的要领

### （一）群体

健康的大群猪禽在一起时常各自摇尾嗅闻或躺卧休息，或强者欺赶弱者；饲喂时则大口吞食；断奶仔动物非常灵活，奔跑迅速，被毛光泽，捉拿时叫声尖锐。

群体中发现精神沉郁、倦怠、孤立一隅、不愿活动、钻草窝、食欲不振或废食等则为病猪禽表现。

### （二）个体

个体检查应以猪瘟、猪丹毒、猪肺疫、猪炭疽、猪萎缩性鼻炎、口蹄疫及水疱病、猪衣原体病、弓形虫病等作为重点检查对象。而这些病大多体温升高或高热稽留，皮肤及体表淋巴结检查、可视黏膜检查及排泄物检查等显得非常重要。

对断奶仔猪应将水肿病及拉稀作为检查重点，叫声嘶哑，肛门部被稀粪污黏等常作为可疑症状。

# 第四节 猪禽的产地检疫

产地检疫是指对县境内流动的动物，在离开饲养生产地之前所实施的检疫，即到户到场检疫。常见的有售前检疫、集市检疫和收购调运前检疫。

## 一、产地检疫的意义和作用

### （一）意义

根据预防为主的方针原则，动物检疫工作的重点应放在动物进入流通环节之前，也即放在离开生产和饲养地之前。开展产地检疫则是为了把住源头，把动物疫情控制和消灭在最小范围之内，最大限度地减少危害。因此产地检疫是检疫工作的基础，也是防止动物疫病进入流通环节的关键，是促进动物疫病预防工作的重要手段。开展产地检疫对保障畜牧业健康发展，维护人类健康，让消费者吃上放心肉等方面具有重要的意义。

### （二）作用

开展产地检疫，能及时发现病源，并及时采取控制措施，消灭传染源和切断传播途径，防止疫源扩散和传播；减少在流通环节检疫的压力，提高检疫的效果；有力地促进基层的猪禽防疫工作，做到以检促防，防检结合。

## 二、产地检疫的主要方法和内容

参见上一节（见猪禽的临场检疫）以及国家标准中"猪禽产地检疫规范"其核心内容主要是"群体检查和个体检查"。

对于种猪禽，除临床检查外，尚须按规定检查系谱及必要的实验室检验，并按国家标准中有关"种猪禽检疫规程"中规定的检疫方法进行。

### 三、产地检疫的出证条件

经产地检疫证实为健康的动物，检疫人员应该出具产地检疫证明，货主凭产地检疫证明出售商品猪禽（含苗畜苗禽）；而收购单位和个人则要凭证收购、凭证宰杀；调运检疫前则要查验产地检疫证明。

其出证条件为：

1. 被检猪禽来自非疫区；
2. 临床检查健康（群体检查和个体检查）；
3. 免疫在有效期内（检查防疫记录和防疫耳标号）；
4. 规定的实验室检验结果为阴性。

# 第五节　猪禽的运输检疫

对将要调运到县境之外的活猪禽必须进行装车（船）前的运输检疫。把好运输检疫关，防止疫病借交通运输传播蔓延，具有重要作用和意义。

由于运输检疫工作的特点往往是任务紧急（有时随车收购后即调运县境外）、业务现场复杂，工作中要求快速、准确、及时，检疫人员有时要跟随收购车辆及货主下乡，务必不能漏检。运输检疫一般按三步工作法进行。

### 一、查证验物

#### （一）报检

对待运的活猪禽，货主（收购或调运的单位或个人）应于启运前4小时，种猪禽应于启运前3～5天向当地县级动物防疫监督机构报检，经检疫合格后，发给全国统一的"出县境动物检疫合格证明"和"动物及动物产品运输工具消毒证明"。

### （二）到场检疫

检疫单位在接到报检通知后应及时派检疫人员到场，查验产地检疫证明，同时对待运活猪禽进行复检；对未经产地检疫（货主不持有产地检疫证明的）应一律按产地检疫要求对猪禽群认真进行群体检查和个体检查，检疫合格的发给运输检疫证明和运输工具消毒证明。

### （三）途中检疫

活畜运输途中，经省级人民政府批准设立的交通运输检疫站有权对运畜车辆进行验证查物，必要时进行抽检或复检；对查出的染疫病猪禽应及时进行无害化处理，对无证运输者按规定进行处罚。

### （四）查物检证

活猪禽运抵目的地，当地检疫单位要进行复验，合格者才准入境。如发现可疑病猪禽或检疫证逾期、证物不符或无证明者应进行补检，并出具检疫证明，同时按章处罚。

## 二、群体和个体复检

待运的畜群，一般都是经过产地检疫，明显的病畜多被剔出淘汰处理，如再有病畜则多为隐性感染临床症状不明显的。因此在运输前的检疫时，必须按照规定，认真按群体检查和个体检查方法进行复检。

## 三、检疫后的处理

### （一）合格

检疫合格的，签发运输检疫证明和运输工具消毒证明（在装前卸后均应认真进行消毒），准予运输。检出的病畜作剔出淘汰处理。

## （二）途中发病

运输途中发现动物一类传染病时，押运人员应立即向车船负责人报告，并向附近所在地动物防疫监督机构报告，会同一起采取措施扑灭疫情，严格处理。

货主和押运人员不得中途抛弃病死动物、粪便、饲料、污物，更不准沿途放血宰杀和出售病畜、病肉。

## （三）运载工具消毒

运载工具到达目的地卸货后，应在当地兽医检疫人员监督下进行清扫、洗刷、消毒；扫除的粪便、垫料、污物应作无害化处理。

## 四、操作要领

### （一）准确及时

执行运输检疫时，由于工作的特点往往是任务紧急（有时随车收购后即调运县境外）、业务现场复杂；工作中，要求工作快速、准确、及时。

### （二）按程序进行

执行运输检疫时，必须按程序进行，先行查证验物。对于证物不符、产地检疫证过了有效期、数字涂改等情况，一律按无证处理。即按产地检疫要求对猪禽群认真进行群体检查和个体检查，检疫合格的发给运输检疫证明和运输工具消毒证明。

### （三）抽检

对于猪禽数量大、运载工具多时，应逐车核对数量，逐车按先后群体检查后并按 10% 比例抽检，进行个体检查，必要时还要进行化验检查，绝不能马虎行事。

### （四）两人工作制

执行运输检疫时，一般应由两名动物检疫员到岗。

# 第六节 猪禽的宰前检疫

## 一、宰前检疫的目的与意义

因活猪禽屠宰前，一般经过一两天的运输或仓储饲养，在此期间其健康状况很可能发生改变，因此需进行宰前检疫。该项工作对于及早检出猪禽患烈性传染病及一些急性病很重要，也为宰后检疫打好基础；有利于防止病源扩散和缩小污染面，有利于提高肉品卫生质量和保障人民身体健康。

## 二、宰前检疫的程序和方法

### （一）查物验证

对县境内的猪禽，查看猪禽免疫证和免疫标识（免疫耳标号）、猪禽产地检疫证是否完备和有效，证物是否相符。对县境外的猪禽，则查看运输检疫证和运载工具消毒证是否完备和有效，证物是否相符等。

### （二）认真进行群体检查和个体检查

检查的标准与方法同产地检疫。

### （三）检疫后的处理

宰前检疫后的处理有如下几种情况：
准宰：经宰前检疫合格的。
急宰：经检查无碍肉食卫生的一般性疾病的。
缓宰：未确诊的以及有治愈可能的。
禁宰：患有国家规定的烈性传染病的。

## （四）病健动物的临床鉴别

以猪为例，主要是从静态和动态上进行鉴别检查，详见下表。

**病健动物鉴别表**

| 分项 | 健康动物 | 病动物 |
| --- | --- | --- |
| 精神状态 | 活泼 | 沉郁、委顿 |
| 行动 | 行走平衡、步态矫健、两眼前视、摇头摆尾 | 行动迟缓、步态跟跄、走路靠边、跛行掉队、低头垂尾、弓腰曲背 |
| 叫声 | 洪亮 | 尖细、嘶哑、咳嗽 |
| 休息状态 | 站立平稳、来回走动、拱地寻食、不断发出吭吭声、神态自若、见有人来凝神而视、睡时多侧卧、四肢舒展 | 独立一隅、吻部触地、全身颤抖、独卧一处、体温高时喜卧阴湿处或食槽内、睡时多蜷缩或伏卧，或将头枕在别的动物身上、有的呈犬坐姿势 |
| 呼吸 | 平稳自如、节奏均匀 | 急促、喘息、呈腹式呼吸、身体颤动、有时张口、鼻翼扇动 |
| 食欲 | 吃时争先恐后、大口吞食、嘴直入槽底、鬃毛震动、"喳喳"作响 | 立于槽外或啜饮稀食、吃一两口即自动退槽、吃完后胁部塌陷 |
| 皮肤 | 柔软有弹性、清洁光滑 | 发硬、失去弹性、有红斑、紫斑、烂软或突起 |
| 眼 | 明亮有神 | 发红、有眼屎 |
| 鼻 | 鼻镜湿润、鼻孔清洁 | 鼻镜干燥、流涕或血、口流涎 |
| 排泄物 | 粪便粗圆、有光泽，尿量和色泽正常 | 粪便干或稀、有血或黏液膜、尿少而色棕黄 |
| 体温 | 38℃～40℃ | 38℃以下或40℃以上 |

# 第七节 宰后检疫的概念

## 一、概述

猪禽的宰后检疫，是指按照猪禽的尸体解剖的原理，对屠畜的肉尸和脏器进行卫生质量检验。

活畜经屠宰后变成了肉品，从而进入流通销售环节，进入人们的菜篮子经加工后上了餐桌，与消费者的健康将直接发生关系。

实行宰后检疫，主要是将一些由于病状不明显或处于潜伏期的、经宰前检疫未能剔除而混同于健畜进入加工过程的病畜，进一步检查出来，做出相应的无害化处理，从而防止肉品被污染，保证肉品的安全，维护人体的健康。

## 二、目的与意义

### （一）目的

宰后检疫是动物卫生检疫中的重要环节，也是肉品卫生安全把关的主要手段。通过宰后对猪禽体屠不同部位、不同脏器的病理变化检查，结合宰前活猪禽的个体临床检查，基本上可以判定屠宰猪禽的健康与否，也可以判断其生前曾患过何种疫病；从而可以对肉品的安全、品质有一个准确的鉴定；以确定肉品的质量和等级，为肉品安全地进入流通环节打下坚实的基础。

### （二）意义

经过宰后检疫，畜肉及内脏产品将被确定健康与否，并被定性分级，从而形成原料食品进入流通环节（市场）；有问题的将被分别进行处理、加工或销毁。确保进入市场的肉食品安全无害。宰后检疫也可发现疫情，被确诊为烈性传染病的屠畜肉尸及内脏将被作无害化处理，同时为农牧主管部门的防疫灭病工作提供准确的、科学的依据。

### （三）操作

规模化屠宰场的宰后检疫将由多名兽医检疫人员按解剖部位定员定岗、流水操作去完成，其中一些项目还应进行实验室检验。其操作程序依次为：头部检疫（含甲状腺摘除）、皮肤检疫（体表检疫）、内脏检疫（含旋毛虫检查）、胴体检疫（含淋巴结检查、肾脏检查、肾上腺摘除），分类盖章。

# 第八节　宰后检疫的要求与要点

## 一、基本要求

1. 严格遵守操作程序和方法，不漏检应检部位与项目。做到不漏检、不错检，有怀疑的则应剔出作详细检查。
2. 操作熟练，快速准确，在流水线上一般每分钟检5～8头猪。
3. 注意保证商品质量，刀应顺肌纤维方向切割，深浅适度，只能在规定部位检疫。
4. 在切开脏器和病变部位时，要防止污染产品、刀具、设备及人员。
5. 卫检人员上岗时应备两套刀、钩、磨刀棒，一套使用中若受到污染时应及时更换另一套，污染器械应及时在消毒液及82℃热水中消毒。
6. 修割病变组织等废弃物应集中在有消毒液的专用容器中。

## 二、技术要点

通常以借助刀具剖检和感官检查，必要时须辅以实验室检查。

视检：观察屠体皮肤、肌肉、胸腹膜、脂肪、内脏等的色泽、形态、组织性状等正常与否。

剖检：主要检查淋巴结、肌肉、脂肪、脏器等的病理变化。

触检：用于判定组织、器官的弹性、软硬度，还可发现其内部硬结病灶。

嗅检：检查尿毒症、药物中毒、肌肉腐败等。

### 三、操作要领

1. 左手持钩，右手拿刀。刀锋要快，刀锋尽量不要碰到骨头，注意自身手的保护。
2. 作内脏检查时不要划破肠管，以免污染肉品。
3. 发现可疑病例时，立即将整个屠体做出标记并拉到专用叉道上，以便做详细检查和必要的无害化处理。

## 第九节　宰后检疫的必检部位

猪禽的宰后检疫主要分头部检疫、皮肤检疫、内脏检疫和肉尸检疫四个部分。因淋巴结检验在宰后检疫中占有非常重要的位置，因此将淋巴结检验在后面专门列为一节加以叙述。

### 一、头部检疫

检查两侧颌下淋巴结、咬肌和鼻唇、咽喉、扁桃体等有无局部炭疽和囊虫。有时顺便将甲状腺摘除。

### 二、皮肤检疫（亦称体表检疫）

查皮肤的完整性和颜色，注意一、二类传染病和寄生虫病的皮肤病变，观察皮肤有无发红、出血、疹块、坏死等。如发现传染病时，则应及时盖上标记印章，另行处理。

## 三、内脏检疫

应依照脏器取出的先后次序，先检胃肠，然后依次检脾、肺、心、肝、肾，肾上腺摘除、子宫或会阴部的摘除等。

### 猪内脏检疫

1. 胃肠

注意表面有无细颈囊尾蚴和肠系膜淋巴结有无肠型炭疽、化脓及结节等。

2. 脾

注意有无梗死和急性脾肿。

3. 心

注意有无出血、纤维素、心肌变性坏死、囊尾蚴和心瓣膜赘生物等。

4. 肺

注意有无结节、硬块、炎灶、结核、肺丝虫，甲状腺是否摘除。

5. 肝

注意有无淤血、槟榔肝、脂变、黄疸、大小、硬度、寄生虫包囊和结节等。

## 四、肉尸检验（亦称胴体检验）

### 猪肉尸检验

1. 肌肉

查肌肉色泽，肋骨两侧小血管有无血液潴留和肌断面湿润度，以判断放血程度好坏。

2. 皮、脂、胸腹膜、脊椎断面

查皮肤、脂肪、肌肉、胸腹膜、关节和脊椎断面有无异常，尤其皮肤对猪瘟、猪丹毒、猪肺疫和弓形虫病的检出有重要意义。

3. 淋巴结

查颈浅背侧淋巴结、腹股沟浅淋巴结、髂内侧淋巴结有无病变。

4. 寄生虫检查

囊虫病检查肌肉，如咬肌、心肌、腰肌均有囊尾蚴寄生时，则应再查肩胛外侧肌、膈肌和股内侧肌是否有囊尾蚴。

5. 肾

检查肾时应剥离被膜而不切开肾体，检查是否有出血、脓肿、肾虫结节等以及肾上腺是否摘除。

6. 旋毛虫检查

在左、右膈肌脚取肉样 10～15 克，送实验室作压片检查。

## 五、操作要领

1. 在操作过程中，注意顺着肌肉纤维的方向划，这样不影响到胴体的完整性。

2. 在三腺摘除（甲状腺、肾上腺、病变淋巴结）时，发现严重的病变淋巴结时应追查该病例的内脏、头、蹄等，便于一并做无害化处理，同时做好记录。

# 第十节　淋巴结检查

## 一、淋巴结在猪禽宰后检疫中的地位

### （一）淋巴结的防御机能

淋巴结是机体的外周免疫器官和防御机构，具有吞噬异物和各种微生物功能，并产生免疫应答。当机体某器官或局部组织受病原微生物侵害时，很快被局部淋巴结阻截，并发生相应的各种反应，呈现不同病理变化，如出血、水肿、坏死、浸润等。

## （二）淋巴结的病变与疾病诊断

淋巴结的病理性变化可以反映机体局部组织器官健康状态，也可以有助于分析机体可能感染某种疫病的病原体。全身的淋巴结发生相同的病变则标志着机体全身性感染，淋巴结的陈旧性变灶则反映出机体过去曾感染过某种疫病。因此，淋巴结的病变对于诊断疫病，尤其是危害严重的疫病和评价肉品卫生质量具有十分重要的意义。

## 二、猪畜宰后检疫的常检淋巴结及其位置

### （一）头部淋巴结

主要查颌下淋巴结，多在放血后入池烫毛前检查，其位于下颌间隙、颌下腺前面。

### （二）动物胴体前半部常检的两组淋巴结

1. 颈浅背侧淋巴结

位于肩关节前方，肩胛横突肌和斜方肌的下面，收集头部与动物前半部的大部分组织淋巴液。

2. 颈深淋巴结

位于第一肋骨紧前方，收集颈部及前肢的绝大部分组织淋巴液。

### （三）动物胴体后半部常检的两组淋巴结

1. 腹股沟浅淋巴结

位于动物最后一个乳头稍上方的腹部皮下脂肪内，收集后半下方及侧方表层组织及乳房、外生殖器的淋巴液。

2. 髂内淋巴结

位于腹主动脉分出髂外主动脉附近，收集后肢、腰部骨、肉、皮肤的淋巴液。

### （四）内脏淋巴结

主要查支气管淋巴结、肝门淋巴结、肠系膜淋巴结。

## 三、淋巴结的常见病变

充血：肿大、发硬、发红、切面潮红、挤压流血，见于炎症早期。

水肿：肿大、切面苍白、隆凸而松软、流出大量透明液体，见于急慢性炎及静脉瘀血。

浆液性炎：肿大、变软、切面红润或有出血点，挤压流黄红色浆液，见于产生大量毒素的急性传染病。

出血性炎：肿大、发红、切面呈红白相间的大理石样变，见于败血性传染病。

化脓性炎：柔软、苍白、切面流脓汁，有时淋巴结变成一个大脓肿，见于化脓菌性传染病或化脓创。

急性增生性炎：肿大、松软、切面隆凸多汁，呈灰白色，有时见到黄白色坏死小结，常见于副伤寒等急性传染病。

结核性传染性肉芽肿：肿大、坚硬、切面灰白多汁或干酪样，见到粟粒至蚕豆大结节，见于结核、鼻疽及布氏杆菌病。

## 四、猪几种常见疫病淋巴结病变的区别

猪瘟：周边出血、呈大理石样斑纹。

猪丹毒：卡他性炎、肿胀、切面流透明液，有细小出血点。

局部炭疽：出血性坏死性炎，周边水肿、切面出血，有散在灰黑色坏死灶，陈旧病灶可呈棕灰色。

仔猪副伤寒：急性增生性炎、肿大，切面呈灰白色脑髓样质变。

## 五、操作要领

1. 要准确地掌握头部、胴体、内脏等部位必检淋巴结的位置，熟练到一刀见结的程度。

2. 要能熟练地区分健康状态和病理状态下必检淋巴结的形态、色泽、硬度等关

键技术。

3. 要能根据不同部位病理状态下必检淋巴结的形态、色泽、硬度等表现进行比较，并结合有关脏器的病变进行分析，联系到有关的猪禽疫病。

# 第十一节　动物宰后检疫中的摘除"三腺"

## 一、摘除"三腺"的含义

摘除动物甲状腺、肾上腺和病变淋巴结，在动物宰后检疫上称之为摘除"三腺"。因为甲状腺、肾上腺是内分泌器官，含有激素，人吃了可引起内分泌激素中毒；病变淋巴结中含有被阻截积存的病原微生物，吃了易造成感染和中毒，因此要摘除这"三腺"。

## 二、甲状腺和肾上腺的位置和形态

猪甲状腺：位于胸前口处气管的背侧面，呈深红色，呈红枣状或稍长，长4～4.5厘米，宽2～2.5厘米，厚1～1.5厘米。

猪肾上腺：位于肾内侧缘的前方，长而窄，表面有沟，切面上可分外周的皮质和中央的髓质两个部分，呈深红色。

## 三、技术要领

猪甲状腺位于屠体第三到第四和气管环的背侧，有桃核大小，呈圆或椭圆形，检疫人员须经反复练习，方可在烫毛前头部检疫时将其准确摘除。

猪肾上腺有时包在厚厚的脂肪层内，检疫人员应顺着肾门开口处向前方寻找。

摘除的三腺不能利用、不能乱扔，应集中作无害化处理。

# 第十二节 病变组织器官的检验与处理方法

## 一、皮肤的病理变化及其处理

### (一) 病理变化

运输斑：冷空气侵袭或烈日暴晒引起皮肤充血引起，白色动物较多见。

外伤性血斑：棍击鞭打所致，多在宰前驱赶时间造成。

皮肤疹块：常见由荨麻疹或动物丹毒引起。

皮肤鳞屑症（糙皮症）：可由霉菌、外寄生虫、营养不良等引起。

棘皮症：皮肤表面有弥散性散发的小疙瘩，与维生素A、含硫氨基酸缺乏有关。湿疹、癣等也时有发生。

### (二) 处理方法

变化轻微的肉尸利用不限制；病变严重的，将病变部分切除。

## 二、肺的变化

### (一) 病理变化

常见的有肺炎、胸膜炎、气肿、水肿、脓肿、瘀血、呛血、呛水、肿瘤、钙化等。

### (二) 处理方法

呛血、呛水的肺局部切面切除后仍可利用，而发生其他病变的肺一律不能食用；胸膜炎有粘连的也不得食用；肺坏疽、肺脓肿伴发毒血症的则整个肉尸作工业利用。

## 三、心脏的变化

### （一）病理变化

常见的变化有脂肪浸润、心脏肥大、心包炎、心内膜炎、急慢性心肌炎、肿瘤以及某些疫病的特征变化等。

### （二）处理方法

对于脂肪浸润、心肌肥大、慢性心肌炎而又没有伴有其他脏器变化的心脏仍可食用。严重的创伤性心包炎、心内膜炎、急性心肌炎及心肌松软和色泽改变时，心脏不能食用。

对创伤性心包炎的如果心包与周围组织粘连严重，病变处有臭味或宰前动物有整体症状的则心脏及周围组织必须销毁，肉尸必须作高温处理。

## 四、肝脏的变化

肝常见的病理变化：

### （一）脂肪肝

也称脂肪变性。是多种毒素引起的中毒的结果；败血症、脓毒血症也常常引起肝的脂肪变性。病变肝呈体积肿大、边缘钝厚、质地变脆弱，呈灰黄色、黄褐色、黄色等，如伴发黄疸时则肝呈柠檬黄色或橙红色，切面暗淡有油腻感。

处理方法：脂肪变性的肝不能食用。动物宰前有重病症时，肉尸须作沙门氏菌检验。

### （二）饥饿肝

这种肝多呈土黄色或淡灰黄色，但体积不增大，无炎症发生，肝小叶结构无变化。常由于饥饿、缺乏饮水、长途运输、驱赶挣扎、奔跑、疼痛等因素引起。

处理方法：一般可以食用，但肉尸及其他脏器须无异常。

## （三）肝硬化

分为缩小性肝硬化，体积缩小、质地坚硬，肝表面有突起的小结节，呈灰红色；肥大性肝硬化，体积扩大2～3倍，表面平滑，质地坚硬。引起肝硬化的病因较多，但其本质都是肝细胞死亡和结缔组织的强烈增生。

处理方法：不能食用。一般作工业用或销毁处理。

## （四）肝坏死

在动物肝中很少发生。多由坏死杆菌引起，多在肝表面或肝实质中呈散在的大小不一的灰白色或灰黄色凝固性坏死灶。

处理方法：病肝不能食用。

## （五）肝中毒性营养不良

病初类似脂肪肝体积增大、色黄、质脆，中后期体积缩小，在黄色背景上出现红斑，坏死明显，触之有波动感。

处理方法：病肝不能食用。

## （六）锯屑肝、富脉斑

以5～6月龄为多见。前者的特征是在肝表面或实质里形成1～5毫米大小的坏死点，后者为形成多个暗红色病灶，切面呈海绵状；多由代谢障碍引起的病变。

处理方法：病变轻的可酌情利用，病变重的不能食用，只能作饲料用。

## 五、脾脏的变化

### （一）病理变化

常见的有脾脏肿大、炎症、梗死。败血症引起的脾肿大为正常脾的3～5倍，呈蓝紫色、黑紫色，脾髓软化呈煤焦油状，涂片镜检可见到典型的炭疽杆菌。败血型猪丹毒、副伤寒、动物梨形虫病等败血症也会引起类似的脾肿大。猪瘟常引起脾远端（游离端）边缘出现突出于表面的锯齿状或颗粒状的出血性梗死灶。结核病、鼻疽、布氏杆菌病常会引起脾脏的肉芽肿结节。

## （二）处理方法

凡有病变的脾脏，一律不得食用。

## 六、肾脏的变化

### （一）病理变化

常见的变化有肾囊肿、结石、梗死、脓肿、硬化、各种肾炎及肿瘤等。

### （二）处理方法

轻度的梗死、囊肿、结石，切除病变部位后可食用；其余的病变肾脏，一律不得食用。

## 七、胃肠的变化

### （一）病理变化

常见的有各种炎症、糜烂、溃疡、坏疽、结核、肿瘤、气泡症等。

### （二）处理方法

患气泡症的肠管、放气后可以食用；其他病变的胃肠，不能食用。

## 第十三节　宰后检疫的处理和肉尸的盖印

### 一、处理

（一）适于食用

（二）有条件的食用

（三）化制

凡患有严重的非恶性传染病、寄生虫病、中毒或病理损伤、肉质低劣以及自行死亡的动物的肉尸和脏器，应炼制工业油或骨肉粉。其处理方法有三：即湿法、干法和土法化制。湿法用湿化机，干法用干化机，把原料分类，分别投入进行化制。化制出的油作工业用，骨肉粉可做动物的饲料和肥料。其土法就是用锅熬。

（四）销毁

凡患有炭疽、鼻疽、牛瘟、恶性水肿、气肿疽、羊肠毒血症、狂犬病、马传贫、羊快疫、马流行性淋巴管炎等恶性传染病的病畜尸体（内脏和肉尸），有条件的，用湿化机销毁；没有条件的则必须用焚烧、深埋销毁，绝不能用土灶炼制代替湿化处理。

### 二、盖印

肉体的盖印，基本上分为三类。

（一）品质良好的，适于食用的肉，盖以"兽医验讫"印戳；

（二）认为经无害化处理后，可以利用的肉，根据不同的处理要求，分别盖以"产酸""高温""腌""冻""食用油"等印戳；认为品质低劣，不适于食用的肉，盖以"工业用"或"销毁"印戳。

## 第五章

# 病、死猪禽及污染产品的无害化处理

# 第五章　病、死猪禽及污染产品的无害化处理

兽医检疫人员对在产地检疫、运输检疫、集市检疫及宰前检疫中检出的病畜和可疑病畜，运输过程中及到站后发现的死畜和宰后检疫中检出的病害肉尸及其产品，均应按照国家颁布的法律、法规、规章的有关规定，做好无害化处理；严防疫情扩散，严防不合格肉品进入市场。其中主要依据国家标准中 GB-16548 即《猪禽病害肉尸及其产品无害化处理规程》和《肉品卫生检验试行规程》中的有关规定执行。

在目前，基层兽医检疫人员在许多情况下不具备化制、工业销毁等条件时，仍应因地制宜地搞好无害化处理，如采用焚烧、深埋等无害化处理方法，确保无疫无害。

## 第一节　病、死猪禽的无害化处理

### 一、病猪禽的处理

#### （一）在产地检疫、集市检疫、运输前的复检中发现的病猪禽的处理

对于一般性疾病应挑出进行隔离治疗。如果发现一、二类传染病时，则应按照《动物防疫法》中的有关规定，立即追查疫源、封锁现场、关闭市场、上报疫情，必要时应划定疫点、疫区和受威胁区，报请县及县以上人民政府发布封锁令，扑杀病猪禽（必要时连同群猪禽一并扑杀），由外围向中心紧急预防接种，拔点灭源，彻底消毒。

#### （二）在宰前检疫中发现病猪禽的处理

应根据病的性质、种类、轻重等情况按下列规定分类进行处理：

1. 缓宰

一般性传染病和其他普通疾病，如轻伤、过度疲劳、软弱者，有治疗希望、愈后良好者，或是有疑似传染病而未经确诊的，又有隔离消毒条件的，可以缓宰。

肥度不够的成年猪禽、体重不合格的幼畜、怀孕母畜，均应暂时饲养一段时间，待母畜分娩及幼畜育肥后再宰。

2. 急宰

无碍肉食卫生的一般性疾病和患一般传染病而有死亡危险时，急宰。对急宰病猪禽兽医检疫人员必须出具急宰证明，以供宰后检疫时查对。

凡疑似或确诊为口蹄疫的病畜和同群畜应全部急宰（确诊的最好用不放血的方法扑杀后销毁）。所有场地及用具均应彻底消毒。

凡布病、结核、肠道传染病、乳腺炎和其他人畜共患病的病畜均应急宰。

急宰病畜应在兽医人员监督下进行，宰后对场地和用具做彻底消毒。

3. 禁宰

确诊为恶性传染病的病畜禁宰。采取不放血的方法扑杀作工业用或销毁。恶性传染病包括炭疽、气肿疽、急性猪丹毒、败血性链球菌病、马鼻疽、马传染性贫血、狂犬病、高致病性禽流感等。

对患有或疑似恶性传染病而死亡的猪禽，不准冷宰食用，只能作工业用或销毁。

对患有恶性传染病的同群猪禽应全部进行测温检查，体温正常的予以急宰，不正常的予以销毁。

对被狂犬病或疑似狂犬病患畜咬伤的动物，咬伤后未超过 8 天且无狂犬病症状者，准予宰杀，其肉及产品应高温处理后使用，超过 8 天的一律禁宰；有狂犬病症状应采取不放血方法扑杀销毁，禁止在潜伏期宰杀。

## 二、死猪禽的处理

对患一般疾病或一般传染病死亡的家畜，不得冷宰食用；死因不明的动物不准冷宰食用，应作工业用或销毁。对死亡时间较长，尸体已臌气或有腐败症状者一律销毁。如确系物理因素致死，经检查肉质良好，经无害化处理后可供食用。

## 三、操作要领

农村零星死亡的猪禽尸体不准食用，一律作深埋或烧毁处理。农村基层兽医在其诊疗活动中剖检的猪禽尸体，兽医人员应亲自动手或当面监督畜主将其作深埋或烧毁处理，并及时做好消毒工作。

## 第二节　病死猪肉的处理

在病死猪禽肉中以猪肉为代表，其他病死亡动物肉可参照猪肉处理方法执行。

在集市的肉品检疫时，偶尔会遇到不法个体屠宰户或经销户将病、死肉、劣质肉、变质肉带进市场销售。兽医检疫人员必须及时识别这些有害肉品，依法查处，并对染疫和有害肉品进行无害化处理，严防这类肉品损害消费者健康。

### 一、病、死猪肉及劣质肉、变质肉的特征

#### （一）病猪肉

病猪肉虽大多经死前的放血处理，然而仍可带有各种病的特殊病变（多反应在皮肤及脏器上）。此外，其中大多数带有明显的疾病特征，如皮肤大片苍白、全身紫红或有红色斑块或多处红点；淋巴结肿大、出血；脂肪黄染或外观显著异常；肌肉有出血、消瘦、色淡或灰白等变化。

#### （二）死猪肉

无论是物理性死亡还是病理性死亡（而大多数情况下是病理性死亡），由于放血不良（多数情况下未经放血，属死后冷宰）或微生物的发酵、腐败作用，往往死猪肉具有较明显的特征。主要表现在全身皮肤淤血，呈紫红色；脂肪灰黄色，肉暗红色；在较大的血管中充满黑色的凝血，切断后（如肌肉的横切面）可挤出黑色血栓，且有腐败气味。

### (三) 老母猪肉

由于其口感不香、营养欠佳、品质低下，应属于劣质肉范畴。而许多消费者对其不能识别，容易上当。其特征为：一般胴体较大，皮肤粗糙甚至有皱褶；肌纤维粗，横断面颗粒大；骨硬而脆，尤其是肋骨扁而粗大，容易识别；乳腺大（往往在上市前被割掉，有时连同乳池基部被一起割掉）；腹部结缔组织多，切时韧性大；肉不易煮烂，煮沸后冒出的气味不香。

### (四) 变质肉

病猪肉、死猪肉、注水肉以及高温季节存放时间长的猪肉均容易变质。变质肉的特征是：脂肪失去光泽，色灰黄甚至变绿；肌肉呈暗红色，外表沾手，切面潮湿，弹性差或消失，指压凹陷不能很快恢复；常有腐败或不良气味。

### (五) 注水猪肉

多由不法屠宰户或经营者在活猪屠宰前大量灌（注）水，使活猪体重增加和肉及组织中含水量大大增加。如注入的是污水，则其肉品将很快变质腐败。注水肉的特征是：肌肉色淡，新切面湿漉漉的，有的呈现许多白斑，触之滑手，以手指压之则有水渗出，切割刀口内可见渗水。

## 二、病死肉与健康肉的鉴别

在掌握了病死肉的特征与特点后，则不难与健康肉相区别。这也是每一位兽医检疫人员必须掌握的基本功之一。常用鉴别方法见下表。

**病死肉与健康肉的鉴别表**

| 分项 \ 区别 | 健康猪肉 | 病死猪肉 |
|---|---|---|
| 皮肤 | 洁白或略带微红色 | 出血斑点或全身淤血，呈紫红色，时间稍长的色灰暗 |
| 脂肪 | 脂肪洁白、细腻 | 脂肪黄染或呈灰红色 |

续表

| 分项＼区别＼肉别 | 健康猪肉 | 病死猪肉 |
|---|---|---|
| 色泽 | 肌肉有光泽、红色均匀，肌间无凝血 | 脂肪多呈暗红色，肌间血管充盈，含有血凝块 |
| 黏度 | 外表微干或微湿润，不黏手 | 外表发黏，不同程度地黏手 |
| 弹性 | 指压后凹陷立即恢复，有良好的弹性 | 指压无凹陷常不能恢复原状 |
| 气味 | 具有新鲜猪肉的正常气味（微腥肉香味） | 常有腥臭味或腐败变质气味 |

## 三、注水肉的危害与鉴别

注水肉在社会上盛行已有多年，有关部门管理严一点，则其有所收敛些，稍有放松则其很快抬头并猖獗。根据市场调研证实，当前注水肉在许多地区相当多的农贸市场，已变得"合法"化、普遍化，消费者无可奈何化。

尽管目前注水肉没有像瘦肉精、问题奶粉那样引起大批量人的中毒事故发生，但注水肉已形成一个顽固的社会毒瘤，若不彻底根除，则对人的重大安全事故或重大疫情事故的发生构成严重的隐患。因为注水肉只导致了少数不法分子的暴富，而广大消费者深受其害，全社会深受其害，其潜在损失难以估算。

### （一）注水肉的严重危害

1. 注水肉内有毒物质的形成

不法分子对待宰活猪胃肠内和宰杀中对生猪的动脉血管内强行采用机械、物理方法注入水或水的混合物，使肉中水分含量超过国家标准，这种肉叫"注水肉"。简单地讲，"注水肉"是经强行灌水的活猪屠宰加工的肉品。

活猪大量注水后，肌体处于窒息和自身中毒状态，胃肠道内分解的有毒物质遍布全身肌肉。如果注入的是污水、屠宰中冲洗的血水等本身就含有大量的细菌、病毒，则能够很快在肉品中大量繁殖，肉品会很快变质，形成危险的有害肉。

2. 注水肉对人体的严重危害

注水肉不仅营养价值大为降低，而且大多数个体屠宰户的注水设备污染严重，细菌含量高，使肉品受到污染，易腐败变质。人食用后极易引起肉食中毒。

注入的水除污水、泔水外，还加入洗衣粉、明胶等，致使重金属、农残等有毒、有害物质、各种寄生虫、致病菌等带入猪体。人长期食用这样的肉，将发生蓄积性中毒，致畸、致癌、致突变，甚至引发疫病流行。

3. 注水肉对社会的危害

（1）追逐暴利的不法分子队伍在扩大

据个体屠户（个体屠宰户）私下介绍，常规情况下1头猪可灌10千克水，大猪最多一头可灌注20千克水；1头牛可灌水50千克至75千克，最多可注水100千克；1只羊可灌水7.5千克左右。于是，目前个体屠宰户大多都掌握了灌水的技术，形成一种可怕的社会风气，像毒瘤一样在不断地扩散蔓延，并不断散发出毒雾侵害广大消费者。

（2）重大动物疫病久控不止

一部分个体屠宰户不仅常年制造、销售注水肉，同时常年收宰、销售病死猪。有的个体屠宰户就是将病死猪的血水灌到其他猪体内，使好猪肉也变成了病害肉。于是加速了疫病在该地区的扩散和传播，这也是近年来高致病性蓝耳病、猪瘟等多种重大动物疫病久控不止的重要原因之一。

## （二）注水肉的鉴别方法

1. 感官检查

（1）观肉色：正常肉呈暗红色，而注水肉呈鲜红色，严重者呈浅红色皮下脂肪和板油轻度充血呈粉红色；心冠脂肪充血，心血管怒张；肝严重血肿，边缘增厚，体积明显增大，呈暗褐色，质地处；肺明显肿胀，体积增大，表面光滑，呈浅红色；肾严重肿胀，体积增大，呈暗红色或按椰花纹；胃肠黏膜充血，呈砖红色。

（2）观察肉的新切面：正常肉新切面光滑，无或很少汁液渗出；注水肉切面有明显不规则淡红色汁液渗出，切面呈水淋状。刀切时沾刀，切面小血管有血液外流。这一招对于常买心、肺的消费者来说非常实用，因心脏和肺部是容易存水的部位，所以在购买时只需用刀轻轻剖开，便可根据其干湿情况判定是否被注水。

（3）有的消费者习惯把肉从案板上提起来看案板是否潮湿，也是判断是不是注水肉的有效方法。凡售注水肉的摊位或案板，都特别的潮湿，卖肉的常用抹布擦拭案板。

2. 触摸检查

正常肉富有弹性,经手按压很快能恢复原状,且无汁液渗出;注水肉因充满水,手触波动感明显;且注水肉指压弹力较差,经手按压,切面有汁液渗出,且难恢复原状。按压时有多余水分流出,使手沾湿。

3. 吸水纸检验法

用干净吸水纸(也可用卫生纸或卷烟纸),附在肉的新切面,停 1～2 分钟;若是正常肉,吸水纸可完整揭下,且可点燃,完全燃烧,而若是注水肉,则不能完整揭下吸水纸,且揭下的吸水纸不能用火点燃,或不能完全燃烧。

# 第三节　病、死猪禽肉品的无害化处理

病死猪禽的肉尸及其产品的无害化处理,主要依据《猪禽病害肉尸及其产品无害化处理规程》(GB16548)的具体规定执行。主要分为销毁法和化制法两大类。

## 一、销毁法

其适用对象主要为炭疽、恶性水肿、气肿疽、狂犬病、猪瘟、非洲猪瘟、口蹄疫、猪传染性水疱病、猪密螺旋体痢疾、急性猪丹毒、钩端螺旋体病、李氏杆菌病、败血性链球菌病、高致病性禽流感、恶性肿瘤等病猪禽的整个尸体以及其他患病猪禽各部分割除下来的病变部分和内脏。其操作方法有如下几种:

### (一)焚毁法

将整个尸体或剔除下来的病变部分和内脏投入焚化炉中烧毁炭化。

在基层缺少焚化炉等设备条件的,可以用焚烧的办法来销毁。其程序是先挖一深 1.5 米的坑,在坑底放上足够的干草或干柴,在坑口架上粗杂木棍,将要烧的畜尸及其产品架在上面,浇上柴油,从下面点火焚烧,将尸体烧成黑炭为止。然后将其掩埋在坑内，在盖土之前应将坑周围及焚烧物上以生石灰或烧碱水泼洒，盖土后再对周围进行消毒。

## （二）深埋法

挖坑的长度和宽度以能容纳侧卧尸体即可，坑的深度以从坑沿至尸体上表面1.5米以上即可。掩埋前坑底要铺上3厘米厚的生石灰粉，尸体侧卧放入；同时将污染物及污染过的土层一并铲入坑内，然后再铺盖3～5厘米厚的生石灰粉，填土夯实；在埋后的土丘上做上标记，做好登记。掩埋点必须远离居民点、水源、河流及交通路道。

## 二、化制法

这是处理畜尸及有害产品较好的办法，一般肉联厂多采用此法。此法不仅使尸体及产品得到无害化处理，同时使许多有价值的成分得到保留和利用，经过化制可以使畜尸炼制工业用油、肉骨粉、饲料、肥料等，得到有效利用。

化制分三种：湿化、干化和土法化制。湿法使用湿化机，干法使用干化机。把原料分类，分别进行化制，化制出的油作工业用，骨肉粉用作动物饲料和肥料；土法就是用锅熬。有条件的地方应建立化制厂或建化制车间，其卫生原则为：所出产品绝对无病原菌，工作人员工作中无传染危险。化制厂应远离住宅、农牧场、水源、草原及交通要道，生产中的污水必须做无害化处理。

患恶性传染病的动物尸体及其产品在运往销毁或化制的途中必须密闭运输，做好消毒、防止泄漏和散毒。

## 三、土灶熬油蒸煮法

这实际上也是化制处理的一种常用的方法，在不具备化制厂及化制机时（在基层）常用此法。此法主要用于病变和腐败不十分严重而又非烈性传染病的肉尸和内脏。

一般将出油率高的脂肪和出油率低的肌肉分开熬制。脂肪分割成小块用普通熬油锅熬油，操作时先在锅内放一定量清水，当油渣全部漂浮起呈深黄色时，即可停火；捞出的油渣作肥料或饲料，油作工业原料。肌肉也应切成小块放入锅内添加一定量清水，在密闭锅内煮沸 6 小时以上，油脂作工业用，骨制成骨粉，肉渣作肥料。此法多在小型屠宰点及农贸市场设置供化制使用，而定点屠宰点应设有化制机。

### 四、发酵处理

其原理是利用密闭发酵所产生的生物热，来达到杀灭微生物的目的。其做法是首先在地下挖出（或砌出）一个长宽 3 米左右、深 5～10 米的圆形或方形发酵池（坑），池上加盖并设通气孔，池周挖排水沟，随时可投放病害动物产品及其粪便、污物，达到距地面 1.5 米高度时，封闭池口 4～5 个月。

经过发酵后的残渣可作肥料使用。

## 第四节　可供食用的肉尸及内脏的无害化处理

可供食用的肉品是指染有一般性传染病（非恶性传染病、烈性传染病和烈性寄生虫病）和轻度寄生虫病的动物尸体及其产品，必须经过适当的加工处理，才不会对人体健康有危害，成为完全可食用的产品。

可供食用肉品的无害化处理方法主要有：高温处理、冷冻处理、盐腌处理等。

### 一、高温处理方法

高温处理病害动物产品有普通烧煮和高压蒸煮两种方法。其原理为：通过高温使微生物、蛋白质变性、凝固、酶类丧失活性，新陈代谢终止，而起到杀灭一切病原体的目的；而处理过的肉品不影响食用。

## （一）普通烧煮处理

首先将病害肉类切成 2 千克左右的肉块，厚度一般不超过 8 厘米，放入架起的普通敞口大锅内，加水漫过全部肉块，然后盖锅烧至煮沸 2 小时以上，以煮过的猪禽肉切开后切面呈白色肉块无血色液外流时，即可达到灭菌的目的。

## （二）高压蒸煮处理

首先将病害肉类切成 2 千克左右的肉块，放入高压蒸煮灭菌器内，加水漫过全部肉块，然后盖严通电，猪禽肉一般经过 1.45 个大气压 126℃保持煮沸 0.5～1.5 小时，灭菌器气塞自动跳出放气时，即可达到灭菌目的。

## 二、冷冻处理方法

### （一）低温冷冻

可使一些微生物或寄生虫体内的酶类活性降低或消失，新陈代谢发生障碍，从而达到抑制微生物生长、杀死寄生虫的作用。这种方法适用于囊尾蚴屠体的处理。

### （二）猪禽囊尾蚴屠体的冷冻处理

必须符合作为处理后可以食用的标准（即在规定检疫部位上 40 平方厘米的面积内发现囊尾蚴或钙化的虫体在 3 个或 3 个以下的肉尸），方可进行冷冻处理。其处理方法为：屠体深部肌肉（7～10 厘米处）冷冻至 –12℃，并保持 4 昼夜，即达无害化的目的。

经冷冻法无害化处理的囊尾蚴病肉，在出售之前，须进行囊尾蚴的生活力测定。

## 三、盐腌处理方法

### （一）高浓度的食盐溶液处理原理

由于盐溶液的扩散作用和细胞膜的半渗透性，可使病原微生物及寄生虫体发生脱水，最终达到杀死病原微生物的作用。

## （二）具体做法

此法常用于猪禽囊尾蚴和布氏杆菌病的病肉和毛皮的处理。处理操作之前将脂肪剔除熬油或高温处理，因为盐溶液不容易透过脂肪层；将肉切成 2 千克左右的肉块，先用占肉重 12%～15% 的盐涂搽，然后腌渍于波美 18 度的盐水中。

猪禽囊尾蚴肉品，腌渍 21 天以上，囊尾蚴即死亡。腌渍时温度不宜高，否则肉易腐败，一般在 3℃～4℃ 的室温下进行为宜。

患囊尾蚴的肉品经盐腌后，在发售前应作囊尾蚴生活力测定。

患布氏杆菌病的畜肉和毛皮需腌渍 60 天，而其胎儿的毛皮则需腌渍 90 天后方可利用。

# 第五节　适用的法规、规章

## 一、畜禽病害肉尸及其产品无害化处理规程（GB16548-1996）

1. 主题内容与适用范围

本标准规定了畜禽病害肉尸及其产品的销毁、化制、高温处理和化学处理的技术规范。

本标准适用于各类畜禽饲养场、肉类联合加工厂、定点屠宰点和猪禽运输及肉类市场等。

2. 处理对象

2.1　猪、牛、羊、马、驴、骡、驼、兔及鸡、火鸡、鸭、鹅患传染性疾病、寄生虫病和中毒性疾病的肉尸（除去皮毛、内脏和蹄）及其产品（内脏、血液、骨、蹄、角和皮毛）。

2.2　其他动物病害肉尸及其产品的无害化处理，参照本标准执行。

3. 病、死猪禽的无害化处理

3.1 销毁

3.1.1 适用对象

确认为炭疽、鼻疽、牛瘟、牛肺疫、恶性水肿、气肿疽、狂犬病、羊快疫、羊肠毒血症、肉毒梭菌中毒症、羊猝狙、马流行性淋巴管炎、马传染性贫血病、马鼻腔肺炎、马鼻气管炎、蓝舌病、非洲猪瘟、猪瘟、口蹄疫、猪传染性水疱病、猪密螺旋体痢疾、急性猪丹毒、牛鼻气管炎、黏膜病、钩端螺旋体病（已黄染肉尸）、李氏杆菌病、布鲁氏菌病、鸡新城疫、马立克氏病、鸡瘟（禽流感）、小鹅瘟、鸭瘟、兔病毒性出血症、野兔热、兔产气荚膜梭菌病等传染病和恶性肿瘤或两个器官发现肿瘤的病猪禽整个尸体；从其他患病猪禽各部分割除下来的病变部分和内脏。

3.1.2 操作方法

下述操作中，运送尸体应采用密闭的容器。

3.1.2.1 湿法化制

利用湿化机，将整个尸体投入化制（熬制工业用油）。

3.1.2.2 焚毁

将整个尸体或割除下来的病变部分和内脏投入焚化炉中烧毁炭化。

3.2 化制

3.2.1 适用对象

凡病变严重、肌肉发生退行性变化的除 3.1.1 传染病以外的其他传染病、中毒性疾病、囊虫病、旋毛虫病及自行死亡或不明原因死亡的猪禽整个尸体或肉尸体和内脏。

3.2.2 操作方法

利用干化机，将原料分类，分别投入化制。亦可使用 3.1.2.1 方法化制。

3.3 高温处理

3.3.1 适用对象

猪口蹄疫、猪溶血性链球菌病、猪副伤寒、结核病、副结核病、禽霍乱、传染性法氏囊病、鸡传染性支气管炎、鸡传染性喉气管炎、羊痘、山羊关节炎脑炎、绵羊梅迪/维斯那病、弓形虫病、梨形虫病、锥虫病等病畜的肉尸和内脏。

确认为 3.1.1 传染病病猪禽的同群猪禽以及怀疑被其污染的肉尸和内脏。

3.3.2 操作方法

3.3.2.1 高压蒸煮法

把肉尸切成重不超过2千克、厚不超过8厘米的肉块，放在密闭的高压锅内，在112千帕压力下蒸煮1.5~2个小时。

3.3.2.2 一般煮沸法

将肉尸切成3.3.2.1规定大小的肉块，放在普通锅内煮沸2~2.5个小时（从水沸腾时算起）。

4. 病猪禽产品的无害化处理

4.1 血液

4.1.1 漂白粉消毒法

用于3.1.1条中的传染病以及血液寄生虫病猪禽血液的处理。

将1份漂白粉加入4份血液中充分搅匀，放置24小时后于专设掩埋废弃物的地点掩埋。

4.1.2 高温处理

用于3.3.1条患病猪禽血液的处理。

将已凝固的血液切成豆腐方块，放入沸水中烧煮，至血块深部呈黑红色并成蜂窝状时为止。

4.2 蹄、骨和角

将肉尸作高温处理时剔出的病猪禽骨和病畜的蹄、角放入高压锅内蒸煮至骨脱胶或脱脂时止。

4.3 皮毛

4.3.1 盐酸食盐溶液消毒法

用于3.1.1疫病污染的和一般病畜的皮毛消毒。

用2.5%盐酸溶液和15%食盐水溶液等量混合，将皮张浸泡在此溶液中，并使液温保持在30℃左右，浸泡40小时，皮张与消毒液之比为1∶10（m/V）。浸泡后捞出沥干，放入2%氢氧化钠溶液中，以中和皮张上的酸，再用水冲洗后晾干。也可按100毫升25%食盐水溶液中加入盐酸1毫升配制消毒液，在室温15℃条件下浸泡48小时，皮张与消毒液之比为1∶4。浸泡后捞出沥干，再放入1%氢氧化钠溶液中浸泡，以中和皮张上的酸，再用水冲洗后晾干。

#### 4.3.2 过氧乙酸消毒法

用于任何病畜的皮毛消毒。

将皮毛放入新鲜配制的2%过氧乙酸溶液中浸泡30分钟捞出，用水冲洗后晾干。

#### 4.3.3 碱盐液浸泡消毒

用于同3.1.1疫病污染的皮毛消毒。

将病皮浸入5%碱盐液（饱和盐水内加5%烧碱）中，室温（17℃～20℃）浸泡24小时，并随时加以搅拌，然后取出挂起，待碱盐液流净，放入5%盐酸液内浸泡，使皮上的酸碱中和，捞出，用水冲洗后晾干。

#### 4.3.4 石灰乳浸泡消毒

用于口蹄疫和螨病病皮的消毒。

制法：将1份生石灰加1份水制成熟石灰，再用水配成10%或5%混悬液（石灰乳）。

口蹄疫病皮，将病皮浸入10%石灰乳中浸泡2小时；螨病病皮，则将病皮浸入5%石灰乳中浸泡12小时，然后取出晾干。

#### 4.3.5 盐腌消毒

用于布鲁氏菌病病皮的消毒。

用皮重15%的食盐均匀撒于皮的表面。一般毛皮腌渍两个月，胎儿毛皮腌渍三个月。

### 4.4 病畜鬃毛的处理

将鬃毛于沸水中煮2～2.5个小时。

用于任何病畜的鬃毛处理。

## 二、猪禽产品消毒规范

### 1. 主题内容与适用范围

本标准规定了猪禽产品一般的消毒技术。

本标准适用于可疑污染猪禽病原微生物的上述产品及其包装物。野生动物、经济动物的同类产品参照本标准执行。

2. 环氧乙烷熏蒸消毒法

2.1　适用对象

可疑被炭疽杆菌、口蹄疫、沙门氏菌、布鲁氏菌污染的干皮张、毛、羽和绒。

2.2　方法

2.2.1　将皮捆或毛包，羽、绒包有序地堆放入消毒容器（塑料薄膜帐篷或大型金属消毒罐）中，码成垛形，但高度不超过2米，各行之间保持适当距离，以利于气体穿透和人员操作。

2.2.2　将装于布袋内的枯草芽孢杆菌4001株（简称"4001"，每片含菌1000万个）染菌片或化学指示袋。（溴酚蓝指示剂）放入消毒容器不同位置的皮毛捆深部，同时安放入输药管道，并检查袋壁有无破损或裂缝，然后封口。

2.2.3　测量待消毒物体积，计算环氧乙烷用量。

2.2.4　按 0.4—0.7kg/m$^3$ 通入环氧乙烷气体，消毒48小时。此时应保持消毒室温度在25℃～40℃，相对湿度在30%～50%。

2.2.5　消毒结束后，打开封口，将篷口撑起通风1小时。

…………

5.2　方法

5.2.1　新鲜配制2%和0.3%过氧乙酸溶液。

5.2.2　将待消毒的皮、毛、羽，浸入2%溶液中，骨、蹄、角浸入0.3%溶液中浸泡30分钟，溶液须高于物品面10厘米。

5.2.3　捞出，用水冲洗后晾干。

6. 高压蒸煮消毒法

用于可疑污染炭疽杆菌、口蹄疫病毒、沙门氏菌、布鲁氏菌的骨、蹄和角。将骨、蹄、角放入高压锅内，蒸煮至骨脱胶或脱脂时止。

7. 甲醛水溶液浸泡消毒法

用于可疑污染一般病原微生物的骨、蹄和角。

新鲜配制1%甲醛溶液，然后将骨、蹄和角放入该溶液中浸泡30小时，捞出，用水冲洗干净后晾干。

8. 过氧乙酸或煤酚皂（来苏儿）溶液喷洒消毒法

用于未消毒的骨、蹄和角的外包装或其他外包装。

用新鲜配制的 0.3% 过氧乙酸溶液或 3% 煤酚皂溶液喷洒消毒,用量为 0.5 升每平方米。

## 三、畜禽屠宰卫生检疫规范

1. 范围

本标准规定了畜禽屠宰检疫的宰前检疫、宰后检验及检疫检验后处理的技术要求。本标准适用于所有从事畜禽屠宰加工的单位和个人。

2. 规范性引用文件

GB16548-1996 畜禽病害肉尸及其产品无害化处理规程

GB16549 畜禽产地检疫规范

3. 术语和定义

下列术语和定义适用于本标准。

3.1 胴体(carcass)

放血后去头、尾、蹄、内脏的带皮或不带皮的畜禽肉体

3.2 急宰(emergency slaughter)

对患有某些疫病、普通病和其他病损的以及长途运输中所出现的畜禽,为了防止传染或免于自然死亡而强制进行紧急宰杀。

4. 宰前检验

4.1 入场检疫

4.1.1 首先查验法定的动物产地检疫证明或出县境动物及动物产品运载工具消毒证明及运输检疫证明,以及其他所必须的检疫证明,待宰动物应来自非疫区,且健康良好。

4.1.2 检查畜禽饲料添加剂类型、使用期及停用期,使用药物种类、用药期及停药期,疫苗种类和接种日期方面的有关记录。

4.1.3 核对畜禽种类和数目,了解途中病、亡情况。然后进行群体检疫,剔出可疑病畜禽,转放隔离圈,进行详细的个体临床检查,方法按 GB16549 执行,必要时进行实验室检查。

4.2 待宰检疫

健康畜禽在留养待宰期间尚需随时进行临床观察。送宰前再做一次群体检疫，剔出患病畜禽。

5. 宰前检疫后的处理

5.1 经宰前检疫发现口蹄疫、猪水疱病、猪瘟、非洲猪瘟、非洲马瘟、牛瘟、牛传染性胸膜肺炎、牛海绵状脑病、痒病、蓝舌病、小反刍兽疫、绵羊痘和山羊痘、高致病性禽流感、鸡新城疫、兔出血热时，病畜禽按 GB16548—1996 3.1 处理。

5.1.1 同群畜禽用密闭运输工具运到动物防疫监督部门指定的地点，用不放血的方法全部扑杀，尸体按 GB16548—1996 3.1 处理。

5.1.2 畜禽存放处和屠宰场所实行严格消毒，严格采取防疫措施，并立即向当地畜牧兽医行政管理部门报告疫情。

5.2 经宰前检疫发现狂犬病、炭疽、布鲁氏菌病、弓形虫病、结核病、日本血吸虫病、囊尾蚴病、马鼻疽、兔黏液瘤病及疑似病畜时，按 GB16548—1996 3.1 处理。

5.2.1 同群畜急宰，胴体内脏按 GB16548—1996 3.3 处理。

5.2.2 病畜存放处和屠宰场所实行严格消毒，采取防疫措施，并立即向当地畜牧兽医行政管理部门报告疫情。

5.3 除 5.1 和 5.2 所列疫病外，患有其他疫病的畜禽，实行急宰，除剔除病变部分销毁外，其余部分按 GB16548—1996 3.3 规定的方法处理。

5.4 凡判定为急宰的畜禽，均应将其宰前检疫报告单结果及时通知检疫人员，以供对同群畜禽宰后检验时综合判定、处理。

5.5 对判为健康的畜禽，送宰前应由宰前检疫站人员出具准宰通知书。

6. 屠宰过程中卫生要求

7. 宰后卫生检验

畜禽屠宰后应立即进行宰后卫生检验，宰后检验应在适宜的光照条件下进行。

头、蹄（爪）、内脏和胴体施行同步检验（皮张编号）；暂无同步检验条件的要统一编号，集中检验，综合判定。必要时进行实验室检验。

7.1 家畜宰后卫生检验

7.1.1 头部检验

7.1.1.1 猪头检验：剖检两侧颌下淋巴结和外咬肌，视检鼻盘、唇、齿龈、咽喉黏膜和扁桃体。

7.1.1.2 牛头检验：视检眼睑、鼻镜、唇、齿龈、口腔、舌面以及上下颌骨的状态，触检舌体，剖检两侧颌下淋巴结和咽后内侧淋巴结，视检咽喉黏膜和扁桃体，剖检舌肌（沿系带面纵向切开）和两侧内外咬肌。

7.1.1.3 羊头检验：视检皮肤、唇和口腔黏膜。

7.1.1.4 马、骡、驴和骆驼头的检验：剖检两侧颌下淋巴结、鼻甲和鼻中隔及喉头。

7.1.2 内脏检验

7.1.2.1 胃肠检验：视检胃肠浆膜，剖检肠淋巴结，牛、羊尚需检查食管。必要时剖检胃肠黏膜。

7.1.2.2 脾脏检验：视检外表、色泽、大小，触检被膜和实质弹性，必要时剖检脾髓。

7.1.2.3 肝脏检验：视检外表、色泽、大小，触检被膜和实质弹性，剖检肝门淋巴结。必要时剖检实质和胆囊。

7.1.2.4 肺脏检验：视检外表、色泽、大小，触检弹性，剖检支气管淋巴结和纵隔后淋巴结（牛、羊）。必要时，剖检肺实质。

7.1.2.5 心脏检验：视检心包及心外膜，并确定肌僵程度。剖开心室心肌、心内膜及血液凝固状态。猪心，特别注意二尖瓣病损。

7.1.2.6 肾脏检验：剥离肾包膜，视检外表、色泽、大小，触检弹性。必要时纵向剖检肾实质。

7.1.2.7 乳房检验（牛、羊）：触检弹性，剖检乳房淋巴结。必要时剖检其实质。

7.1.2.8 必要时，剖检子宫、睾丸及膀胱。

7.1.3 胴体检验

7.1.3.1 首先判定放血程度。

7.1.3.2 视检皮肤、皮下组织、脂肪、肌肉、胸腔、腹腔、关节、筋腱、骨及骨髓。

7.1.3.3 剖检颈浅背（肩前）淋巴结、股前淋巴结、腹股沟浅淋巴结、腹股沟深（或髂内）淋巴结，必要时，增检颈深后淋巴结和腘淋巴结。

7.1.4 寄生虫检验

7.1.4.1 旋毛虫和住肉孢子虫的实验室检验：由每头猪左右隔膜脚肌采取不少于 30g 肉样两块（编上与胴体同一号码），撕去肌膜，剪取 24 个肉粒（每块肉样 12 粒），制成肌肉压片，置低倍显微镜下或旋毛虫投影仪检查。

7.1.4.2 囊尾蚴的检验：主要检查部位为咬肌、两侧腰肌和膈肌，其他可检部位是心肌、肩胛外侧肌和股内侧肌。

7.2 家禽宰后检验

家禽体表、内脏和体腔应逐只进行视检，必要时进行触检或切开检查，注意胴体的质地、颜色和气味的异常变化，特别应注意屠宰操作可能引起的异常变化。宰后检验过程中淘汰下来的家禽，应抽样进行细致的临床检查和实验室诊断。

7.3 家兔检验

重点检查胴体表面、胸腔、肝、脾、肾、盲肠蚓突和圆小囊等部位，判定有无异常。具体检验方法可参照 7.1.2 和 7.2 条相关要求进行。

8. 宰后检验后处理

经检疫合格的胴体或肉品应加盖统一的检疫合格印章，并签发检疫合格证。应用印染液加盖印章时，印章染色液应对人无害，盖后不流散，迅速干燥，附着牢固。

经宰后检验发现动物疫病时，应根据下述不同情况采取不同的处理措施。

8.1 经宰后检验发现 5.1 所列动物疫病和狂犬病、炭疽时，按以下方法处理。

a. 立即停止生产；

b. 生产车间彻底清洗、严格消毒；

c. 立即向当地畜牧兽医行政管理部门报告疫情；

d. 病畜禽胴体、内脏及其他副产品按 5.1 规定处理；

e. 同批产品及产品按 5.2 规定处理；

f. 各项处理经畜牧兽医行政管理部门检查合格后方可恢复生产。

8.2 经宰后检验发现 5.2 所列动物疫病（狂犬病、炭疽除外）时，按以下方法处理：

a. 执行 8.1 中 a、b、c、d 处理方法；

b. 同批产品及副产品按前 3 后 5（与病畜禽相邻）执行 5.3 所列的方法处理，其余可按正常产品出厂。

8.3 经宰后检验发现5.3所列传染病时，按5.3所列的方法处理。

8.4 经宰后检验发现寄生虫病时，按下列规定处理：

8.4.1 旋毛虫病和住肉孢子虫病

a. 在24个肉样压片内，发现有包囊的或钙化的旋毛虫者，头、胴体和心脏作工业用或销毁；

b. 在24个肉样压片内，发现住肉孢子虫者，全尸高温处理或销毁。

8.4.2 肝片吸虫病、矛形腹腔吸虫病、棘球蚴病、肺吸虫病、肺线虫病、细颈囊尾蚴病、肾虫病、猪孟氏双槽蚴病、华支睾吸虫病、腭口线虫病、猪浆膜丝虫病、鸡球虫病、兔球虫病、兔豆状囊尾蚴病、兔链形多头蚴病、兔肝毛细线虫病。

a. 病变严重，且肌肉有退化性变化者，胴体和内脏作工业用或销毁；肌肉无变化者剔除患病部分作工业用或销毁，其余部分高温处理后出场（厂）；

b. 病变轻微，剔除病变部分作工业用或销毁，其余部分不受限制出场（厂）。

8.5 经宰后检验发现肿瘤时，按下列规定处理：

8.5.1 在一个器官发现肿瘤病变，胴体不消瘦，并无其他明显病变者，患病脏器作工业用或销毁，其余部分高温处理；如胴体消瘦或肌肉有病变者，全尸作工业用及或销毁。

8.5.2 两个或两个以上器官发现肿瘤病变者，全尸作工业用或销毁。

8.5.3 确诊为淋巴肉瘤、白血病和鳞状上皮细胞癌者，全尸作工业用或销毁。

8.6 经宰后检验发现普通病、中毒和局部病损时，按下列规定处理：

a. 有下列情形之一者，全尸作工业用或销毁：脓毒症、尿毒症、黄疸、过度消瘦、大面积坏疽、急性中毒、全身肌肉和脂肪变性、全身性出血的畜禽；

b. 局部有下列病变之一者，割除病变部分作工业用或销毁，其余部分不受限制：创伤、化脓、炎症、硬变、坏死、寄生虫损害、严重的瘀血、出血、病理性肥大或萎缩、异色、异味及其他有碍卫生的部分。

8.7 须做无害化处理的应在胴体上加盖与处理意见一致的统一印章，并在动物防疫监督部门监督下，在厂内处理。

9. 检疫记录

第六章

# 猪禽重大疫病的常规诊断和防治方法

# 第六章 猪禽重大疫病的常规诊断和防治方法

## 第一节 猪肉禽主要疫病的常用诊断方法

猪禽疫病的确诊是施行防控的基础，也是对具体病例施行治疗的关键。作为临床兽医（尤其是县乡两级兽医人员），必须掌握猪禽常见多发病的诊断方法；就是对暂时尚不熟悉的猪禽疫病，只要掌握了诊断的程序和方法，也可很快搞清楚病的本来面目及其特征，因而也就能采取科学的方法去防治它。

### 一、流行病学调查诊断

流行病学调查是猪禽疫病诊断的基础，也是兽医人员必须采用的方法。作为临床兽医在诊断之前，应该对最初了解疫情的人（包括畜主、猪禽场主、饲养人员、基层兽医人员等）进行询问和了解情况，查阅有关记录资料和对现场进行观察、检查，以取得最初的和前期的第一手资料；然后对材料进行归纳整理，去粗取精、去伪存真、做出判断。根据具体疫病的不同情况，流行病学调查的内容和侧重点将有所不同。通常应弄清楚如下几方面的情况。

#### （一）病的发生和流行情况

猪禽最初发病的时间、地点、传播和蔓延情况，目前疫情分布状况；疫区内各种猪禽的数量和分布情况；发病猪禽的种类、数量、年龄、性别；猪禽的感染率、发病率、病死率。

#### （二）传染源的情况调查

与发病猪禽密切关联的各种因素调查，如在前不久是否从外面引进过猪禽，其中是否有病猪禽，引进时是否经过检疫或隔离观察；本地区和毗邻地区在此之前是否发生过类似猪禽疫病，具体发病日期和流行情况，是否经过确诊，是否有资料记载等情况。

### （三）传播途径和传播媒介的情况调查

详细了解发病区域内猪禽的饲养管理方式，动物的放牧情况，牲畜是散养的还是圈养的，该地区的猪禽交易市场的交易量如何，市场防疫和检疫工作开展情况，猪禽的产地检疫和运输检疫开展情况；该地区的猪禽销售和屠宰加工情况，病死猪禽的无害化处理情况。

### （四）疫区内的政治、经济、自然、地理等基本情况

包括该地区人们的生活习惯情况；该地区的地理、地形、河流、气候、交通、植被和野生动物情况；该地区本季节吸血昆虫的活动情况等；当地居民对该次疫情的看法和分析如何等。

## 二、临床症状与剖检诊断

临床症状与剖检检查诊断是临床兽医最基本最常采用的诊断方法，它是整个疫情诊断的又一重要基础。在一般情况下，通过流行病学调查和临床症状及剖检检查，对大多数猪禽的常见多发病一般可以做出诊断。

### （一）临床症状（也称临床健康状况）检查

主要检查病猪禽的群体和个体的精神状态、被毛（羽毛）光泽状态、静止和运动时的表现情况。如能否站立、行走、有无障碍、疼痛等；动物的呼吸状态，大小便的形态、颜色、气味、有无混合物等；借助一些简单的器械如听诊器、体温表等对病猪禽进行个体检查，包括体温、呼吸、脉搏、体表淋巴结、皮肤有无出血、充血、结节等检查；对口、眼、鼻腔黏膜的颜色、分泌物、气味等做检查。

### （二）学会类症鉴别

检查时，应注意与有相类似症状的有关疫病的鉴别诊断，不要被表面现象所混淆；要善于抓住具体病的特征症状，尤其是特征剖检病理变化，与流行病学调查和

临床症状检查结合起来进行判断。剖检检查有关器官或脏器组织的病理变化，往往与临床症状诊断同期进行。

### （三）剖检检查注意事项

1. 限时取材

剖检做病理变化检查时，一般要选取刚死亡的猪禽或濒临死亡的病猪禽，冬天不超过 24 小时，夏天不超过 6 小时；这样在剖检时其内脏器官一般没有腐败变质，不会出现假的病变现象。

2. 剖检数量

在进行剖检检查时一般要多剖几头（只）猪禽，以确定某种病理变化具有普遍性和代表性。

3. 记录

在剖检时必须认真做好记录，必要时应现场摄像或摄影备案。

4. 备份

根据具体情况，做好病料的采集工作，以便为进一步的诊断做准备。

5. 严格消毒

根据具体病情，剖检时要做好现场消毒，防止病原扩散，还要做好剖检操作者的自身保护。如炭疽病死家畜则不准剖检。

## 三、病原学诊断

做病原体检查是猪禽传染病诊断的重要方法之一，主要是利用病原体通过不同方法的染色在显微镜（油镜）下呈现不同的形态特征，从而做出诊断。但仅依靠找病原体的方法是不够的，在更多的情况下，病原学检查仍应结合临床症状和剖检病理变化，这样更容易确诊。

### （一）正确地采取病料是病原学检查的基础

1. 时间性

采取病料应选择濒死期或死后数小时的动物或动物尸体；剖检时应尽量避免

杂菌污染；采取病料应在无菌操作下进行；无论是做组织触片还是在培养基上做划线，均应在取到病料后尽快进行，以减少污染的机会。

2. 针对性

病料采取的部位和器官组织的选取应有针对性。如怀疑口蹄疫应取水泡皮和水泡液；怀疑猪瘟应取淋巴结、脾脏；猪丹毒应取肾、脾或肝；鸡新城疫和鸭瘟应取头、肝、脾；狂犬病应取脑；腹泻应取粪便或肠内容物、肠系膜淋巴结；大肠杆菌应取小肠黏膜；母畜流产应取阴道分泌物、胎盘及流产的胎儿等。

### （二）检查方法

1. 病原学检查方法包括显微镜检查和细菌分离培养等，可直接用采取的病料做涂片或触片，染色后用油镜检查即可。如病料中病原体少或杂菌量多时，则必须根据怀疑的具体病，以病料接种培养基或鉴别培养基，待细菌培养出来后再做培养菌的染色镜检。

2. 在基层（如市、县级）兽医站，病毒培养和电镜检查常因条件、设备的限制难以完成，可将病料送检，请高校或上级业务科研部门协助完成。

3. 培养出来的未知怀疑病菌，在很多情况下还要做培养特性鉴定和生化试验检查来做出诊断。

## 四、动物接种方法诊断

### （一）动物接种方法诊断的原理

动物接种试验是猪禽传染病诊断常用的方法之一，其原理就是做猪禽疫病的复制试验；待接种后的动物发病后观察其临床症状与原发病症状是否相同，接着对接种发病死亡（或濒死前扑杀）的动物进行剖检检查、病原学检查，以验证诊断的准确与否。

### （二）接种动物的选择

做动物接种试验一般选择对该种传染病病原体敏感的动物进行人工接种感染，如诊断鸡新城疫选用鸡或鸡胚，诊断猪瘟选用易感猪（也常用兔体发热试验：取猪瘟病料加灭菌生理盐水10倍稀释，研磨取上清液，给实验兔2只每只肌注5毫升，观察5天后，再取2只健康兔做对照，分别给两组兔每只耳静脉注射20倍稀释猪瘟兔化苗1毫升，注射后24小时起做测温试验，每6小时一次，连测3天；如实验兔无变化，对照组兔体温升高，则为猪瘟；如两组均有体温变化，则不是猪瘟。）；诊断猪丹毒一般选用小鼠和鸽等。

### （三）注意事项

做动物接种试验时要严格采取具体病的隔离措施和消毒措施，防止病原的扩散和传播；同时也需考虑经济价值因素来确定选用何种动物接种及接种的数量。

## 五、血清学诊断

### （一）血清学诊断的目的和原理

1. 为了对可疑疫情进行确诊，或为了弄清具体猪禽群对某种病原体感染的程度。

2. 用已知抗原来测定被检动物血清中的特异性抗体，也可用已知的抗体（免疫血清）来测定被检材料中的抗原。其基本原理均为抗原与抗体发生特异性结合（形成凝集物）。

### （二）常用的血清学诊断方法

1. 沉淀试验

包括环状沉淀试验、絮状沉淀试验、琼脂扩散沉淀试验、免疫电泳试验、对流免疫电泳试验。

2. 凝集试验

直接凝集（玻片法、玻板法、试管法）试验、间接凝集试验（间接血凝及反向间接血凝）、血凝试验与血凝抑制试验。

3. 补体结合试验

溶血试验与溶菌试验、固相补体结合试验、直接补体结合试验、间接补体结合试验、免疫粘连红细胞凝集试验。

4. 中和试验

毒素-抗毒素中和试验、病毒-抗病毒血清中和试验，调理吞噬试验。

5. 与标记抗体有关的试验

荧光抗体检查法、酶联免疫吸附试验、放射免疫测定法等。

## 六、变态反应诊断

### （一）变态反应原理

当猪禽患某种传染病时，猪禽机体可对该病的病原体或其产物的再次进入产生强烈的迟发型变态反应，这种反应也叫传染性变态反应。这种反应可发生在注入的适当部位，也可以发生全身性反应。

### （二）变态反应的类型

点眼反应时一般引起脓性结膜炎，皮内注射时呈现局部炎性水肿，皮内注射则除引起局部炎症反应外，还可引起体温升高、哮喘甚至休克等全身性反应。

### （三）变应原

也称变态反应原，指能引起变态反应的物质，包括病原体、病原体的产物或它们的提取物。常见的有结核菌素、布鲁氏菌水解素、鼻疽菌素等。

# 第二节　猪禽疫病的病理剖检

## 一、剖检的常用方法

### （一）剖检术式

猪、禽等动物剖检一般都取仰卧姿势。

## （二）剖检的程序

由外部检查开始，依次为腹腔检查、胸腔检查、头部检查（含眼、鼻腔、口腔、冠、髯等）及脑部检查。同时逐件逐项做好记录。

## （三）外部检查

包括动物的品种、性别、年龄、毛色、被毛（羽毛）、营养状况、皮肤、可视黏膜及尸体变化及天然孔状况等。

## （四）脏器的取出与检查

1. 猪的脏器取出与检查

（1）先切断四肢与肢内侧的肌肉，使四肢摊开平放于地。沿腹中线切开剑状软骨至肛门部的腹壁，再沿左右最后肋弓切割腹壁至脊背，暴露腹腔脏器。注意检查腹腔脏器的位置和有无异物。然后由膈肌处切断食管，由骨盆腔切断直肠，将腹腔脏器胃、肠、肝、脾、肾一起取出，边取出边检查。

在取出脏器的同时应注意脏器本身与其周围组织之间发生的病理变化。主要检查脂肪、肌肉、腹膜的颜色、弹性、有无充血、出血、坏死；检查腹腔有无积液、颜色，有无渗出物；检查脏器的形态、大小、色泽、质地、边缘、表面有无附着物、充血、出血、坏死、脓肿、肿瘤、被膜与切面情况、胃肠内容物的量、软硬度、颜色、气味、黏膜、有无出血、溃疡等变化；检查有关淋巴结的大小、颜色、质地、切面变化等。

（2）由剑状软骨向前切开左右两侧肋软骨联合，将胸骨与肋软骨取下，暴露胸腔，然后切开下颌及颈部皮肤和肌肉，将舌、喉、气管、食道连同胸腔脏器（心、心包、肺）一同取出，分别检查。检查的项目与腹腔脏器相类似。

（3）检查猪脑时，先清除头部皮肤和肌肉，然后在两侧眶上窦后缘作一横锯线，从此锯线的两端经额骨、顶骨侧面至枕骨外缘作二平行的纵锯线，再从枕骨大孔两侧作一"V"形锯线与二纵锯线相连，此时，将头的鼻端向下立起，用锤敲击枕骨，即可揭开颅顶，然后剪开脑硬膜、剪断脑神经、小心取出猪脑。

脑主要检查脑腔的积液、脑膜的外形、厚度、光泽；有无充、出血及水肿，切开观察灰白质和脑室等。

（4）脊髓、鼻腔、骨髓、关节等根据查病的需要决定是否进行检查。

膀胱、输尿管、子宫、输卵管剪开后，检查内容物数量、性状及黏膜的变化，对卵巢应注意大小、形状、硬度及切面变化。

2. 禽的脏器取出与检查

（1）剥皮与打开胸腹腔，先剪开两后肢与内侧的连接皮肤及肌肉，扳平摊开两后肢，剪开两后肢间的联结皮肤，由其中点向胸骨尖方向作"⊥"形剪开皮肤，即可用剪刀或手指撕开皮肤，暴露腹壁和胸肌，连带可以撕去大腿皮肤，暴露腿肌。这时可以检查皮下及肌肉表面的充、出血情况，有无坏死结节等。

接着，先横向剪开下腹壁肌肉，沿两侧肋弓外边缘剪开至前肢根部，连同腹肌及带胸肌的胸廓掀开，则腹腔、胸腔均可暴露。

（2）先把肝脏与其他器官连接的韧带剪断，再将脾、胆囊连同肝一同取出。把食管与腺胃交界处剪断，将腺胃、肌胃和肠管一同取出（直肠可暂不剪断）。剪开卵巢系膜，再将输卵管与泄殖腔连接处剪断，分别把卵巢与输卵管一同取出，公鸡则以同法取出睾丸。剪断连接心脏的动、静脉，取出心脏。用刀柄钝性剥离肺脏及肾脏，将其分别取出。拉出直肠，即可爆出泄殖腔背面的法氏囊，剪开连接处，然后取出法氏囊。沿食道两旁找到迷走神经；剪开大腿内收肌找到坐骨神经；剪开肩胛与脊椎之间的皮肤，剥离肌肉可看到臂神经。

（3）剪开鼻腔，从两鼻孔上方横向剪断上喙部，断面露出鼻腔和鼻甲骨。剪开眶下窦，剪开眼下和嘴角上的皮肤，即可看到一空腔就是眶下窦。切开和撕去头脑皮肤，用剪刀剪开顶骨前缘、颧骨上缘、枕骨后缘，揭开头盖骨，露出大、小脑，切断脑底部神经，大小脑便可取出。

（4）腹腔主要检查肝、胆、脾、胰、肾、盲肠扁桃体、卵巢、睾丸、输卵管的大小、硬度、肿胀，有无充、出血，有无坏死、结节和肿瘤、表面有无渗出物，切面有无渗出物或异物流出；检查腺胃、肌胃、肠管是否肿胀、分泌物多少、色泽、黏膜及浆膜有无出血、溃疡、结节、肿瘤、胃肠内容物有无气体、液体、血液、黏液、异物、寄生虫等，同时检查腹水的多少、颜色、透明度等，检查四肢神经是否肿胀、颜色等。

（5）胸腔主要检查气囊、心包是否混浊、增厚、有无渗出物粘连，胸腔积液及心包积水情况，数量及颜色透明度等。检查心脏的大小、颜色、心冠状脂肪处及心内外膜有无出血、渗出物、肿瘤、结节及尿酸盐沉积情况，瓣膜完好情况。检查肺有无炎症、水肿、出血、瘀血、结节或肿瘤、支气管内有无渗出物等。

（6）口腔、鼻腔及食道、嗉囊、鼻腔等，主要检查有无黏液、黏膜，有无溃疡，喉头及食管内有无伪膜，鼻腔及气管内有无肿胀、出血、腔内窦内有无分泌物，胸腺是否肿胀、出血、萎缩。

检查脑膜是否充、出血、水肿及液化现象。

检查眼角膜是否混浊、不透明、虹膜颜色及瞳孔大小有无变化等。

## 二、剖检病理变化与相应的疫病

### （一）猪剖检病变与相应疫病

1. 皮肤病变

红色或紫红色出血点、斑，见于猪瘟、败血性链球菌病；耳及腹下、四肢内侧出血、斑点和紫红色连片状，见于猪肺疫、猪蓝耳病、弓形虫病、仔猪副伤寒、嗜血杆菌病；早期即出现连片大红色，见于猪附红细胞体病；皮肤出现疹块形出血凸出于表面，常见于猪丹毒。

2. 肌肉病变

窒息而死的肌肉呈暗红色，肌肉有出血点或瘀血斑，见于败血性传染病或毒物中毒。

3. 心脏病变

心肌炎常见于急性败血症、中毒、代谢性疾病和病毒性疾病；疣状心内膜炎见于亚急性猪丹毒。

4. 肺病变

肺气肿见于慢性支气管炎或猪肺线虫病；肺萎缩常见于胸腔肿瘤、胸腔积液、腹水、胃膨胀等；纤维素性肺炎（大叶性肺炎）常见于猪肺疫（巴氏杆菌病）。

5. 脾脏病变

脾肿大、髓质脆烂，常见于急性败血症；质地变硬、肿大时常见于慢性炎症；边缘有出血性梗死（颗粒状或锯齿状凸出边缘）常见于猪瘟；急性猪丹毒脾肿呈樱桃红色。

**6. 肝脏和胆囊病变**

急性肝炎（瘀血、肿胀、坏死、表面纤维素渗出），常见于钩体病，肝颗粒变性和脂肪变性，常见于霉菌素中毒；慢性寄生虫病，常发生肝硬化。

**7. 肾脏病变**

肾盂肾炎（肿大、柔软、有灰白或灰黄化脓灶）常见于葡萄球菌、链球菌、绿脓杆菌、大肠杆菌等感染；肾小球肾炎（肿大出血、苍白散在出血）常见于链球菌病、猪瘟、猪丹毒等病。

**8. 胃肠病变**

盲肠和大结肠壁有弥漫性灰黄色或淡绿色麸皮样深层坏死灶、肠壁增厚，常见于仔猪副伤寒；盲结肠接合部有纽扣状溃疡，常见于猪瘟；胃大弯水肿见于仔猪水肿病。

**9. 输尿管、膀胱、生殖道黏膜病变**

当黏膜充血、出血、水肿、坏死、溃疡等病变时，常见于结石败血症、中毒等疾病。

**10. 脑病变**

脑膜充血，常见于脑炎、李氏杆菌病、狂犬病、食盐中毒等症。

**11. 淋巴结病变**

淋巴结水肿、充血、出血，常见于急性败血性疾病、高热性疾病、某些寄生虫病、中毒病。如淋巴结出现红白相间的大理石样切面时，说明其外周肿胀、充血、出血，而中心髓质水肿变性，常见于猪瘟病；肺门淋巴结肿胀、出血，常见于猪肺疫、胸膜炎、弓形虫病等；肠系膜淋巴结肿胀出血，常见于仔猪副伤寒、猪瘟、链球菌病等；其中仔猪副伤寒的淋巴结是急性增生性炎症，淋巴结肿大，切面呈灰白色脑髓样质地。

**12. 肝脂肪变性**

主要是由传染和中毒因素引起组织物质代谢障碍的结果，常见于败血性疾病。肝变为黄褐色、灰白色或土黄色。

**13. 动物黄疸（皮肤、肌肉、黏膜、巩膜、关节囊液均呈黄色）病变**

常见于溶血性疾病，如血孢子虫寄生、血液病或中毒，传染性肝炎或急性广泛性肝坏死等。

## （二）禽剖检病变与相应疫病

1. 皮肤、肌肉

皮下脂肪小出血点，多见于败血症，传染性法氏囊病时，常有股内侧肌肉、胸肌出血；皮肤型马立克氏病时，皮肤上有结痂或肿瘤。

2. 胸、腹膜

有出血点，见于败血症；腹腔内有附蛋时（见于高产、好飞和栖高架的母鸡），会发生腹膜炎；卵黄性腹膜炎与沙门氏菌病、禽霍乱和葡萄球菌病有关；雏鸡腹腔内有大量黄绿色渗出液，常见于硒－维生素 E 缺乏症。

3. 呼吸系统

（1）鼻腔（窦）

渗出物增多，见于鸡传染性鼻炎、鸡霉形体病，也见于禽霍乱和禽流感。

（2）气管

气管内有伪膜，为黏膜性鸡痘；多量奶油样或干酪样渗出物，可见于鸡的传染性喉气管炎和新城疫；管壁肥厚、黏液增多，见于鸡的新城疫、传染性支气管炎、传染性鼻炎及鸡霉形体病。

（3）肺

雏鸡肺有黄色小结节，见于曲霉菌性肺炎；雏白痢时，肺上有 1～3 毫米的白色病灶，其他器官也有坏死灶；禽霍乱时，可见到两侧大叶性肺炎；肺呈灰红色，表面有纤维素，常见于禽大肠杆菌病。

（4）气囊

壁肥厚并有干酪样渗出物，见于鸡的霉形体病、传染性鼻炎、传染性气囊炎、传染性气管炎和新城疫；有纤维素性渗出物，常见于大肠杆菌病；腹气囊有卵黄样渗出物，为鸡传染性鼻炎的特征。

4. 消化道

（1）食管、嗉囊

有散在小结节，提示为维生素 A 缺乏症。

（2）腺胃

黏膜出血，发生于鸡新城疫和禽流感；鸡马立克氏病时，见于肿瘤。

(3) 肌胃

角质层表面溃疡，成鸡多见于饲料中鱼粉和铜含量太高，雏鸡常见于营养不良；创伤，常见于异物穿刺；萎缩，发生于慢性疾病及日粮中缺少粗饲料。

(4) 肠管

小肠黏膜出血，见于鸡的球虫病、鸡新城疫、禽流感、禽霍乱及中毒（包括药物性中毒），火鸡的冠状病毒性肠炎和出血综合征。卡他性肠炎，见于鸡的大肠杆菌病、鸡伤寒和绦虫、蛔虫感染。小肠坏死性肠炎，见于鸡球虫病、禽厌气细菌感染。肠浆膜性肉芽肿，常见于禽慢性结核，鸡马立克氏病和禽大肠杆菌病。雏鸡盲肠溃疡或酐酪样栓塞，见于雏鸡白痢恢复期和组织滴虫病。盲肠血样内容物，见于鸡球虫病。盲肠扁桃体肿胀、坏死或出血，盲肠与直肠黏膜坏死，可提示鸡新城疫。

5. 心脏

(1) 心冠状脂肪有出血点（斑），可见于禽霍乱、禽流感、鸡新城疫、鸡伤寒等急性传染病；磺胺类药物中毒也可见此症状。

(2) 心肌坏死症，见于雏鸡和大小火鸡的白痢、鸡的李氏杆菌病和弧菌性肝炎。

(3) 心肌肿瘤，见于鸡马立克氏病。

(4) 心包有混浊渗出物，见于鸡的白痢、禽大肠杆菌病、鸡霉形体病等。

6. 肝脏

(1) 显著肿大，见于鸡急性马立克氏病和禽淋巴性白血病。

(2) 大的灰白色结节，见于鸡急性马立克氏病、禽淋巴性白血病、组织滴虫病和禽结核。

(3) 散在点状灰白色坏死灶，见于包涵体肝炎、鸡白痢、禽霍乱、禽结核等。

(4) 肝包膜肥厚并有渗出物附着，可见于肝硬化、禽大肠杆菌病和组织滴虫病等。

7. 脾

(1) 大的白色结节，见于鸡急性马立克氏病及禽的淋巴性白血病、结核等。

(2) 散在的微细白点，见于鸡的急性马立克氏病及禽的淋巴性白血病、白痢病、结核等。

(3) 包膜肥厚伴有渗出物附着，腹腔有炎症和肿瘤时，见于鸡的卵黄腹膜炎和马立克氏病。

8. 卵巢

（1）产蛋鸡感染沙门氏菌后，卵巢发炎、变形或卵泡萎缩。

（2）卵巢水泡样肿大，见于鸡急性马立克氏病和禽淋巴性白血病。

9. 输卵管

（1）输卵管内充满腐败的渗出物，常见于禽的沙门氏菌病、鸡的大肠杆菌病。

（2）输卵管内充塞半干状蛋块，是由肌肉麻痹或局部扭转引起。

（3）输卵管萎缩，见于鸡传染性支气管炎和减蛋综合征。

10. 肾脏

（1）肾显著肿大，见于鸡急性马立克氏病和禽淋巴性白血病。

（2）肾内白色微细结晶沉着，见于尿酸盐沉着症；尿管膨大，出现白色结石，多见于中毒，上行性肾炎、维生素 A 缺乏症，痛风等疾病所致。

11. 睾丸

萎缩、有小脓肿，见于鸡白痢。

12. 法氏囊

（1）增大并带有出血和水肿，或内有干酪样坏死物，发生于传染性法氏囊病的前期，然后发生萎缩。

（2）萎缩，全身性滑膜霉形体感染，患马立克氏病时，也可使法氏囊萎缩。

（3）禽淋巴性白血病时，法氏囊常常有稀疏的直径 2～3 毫米的肿瘤。

13. 胰

雏鸡胰坏死，发生于硒－维生素 E 缺乏症。

14. 神经系统

小脑出血、软化，多发生于幼雏的维生素 E 缺乏症；外周神经肿胀、水肿、出血，见于鸡马立克氏病。

## 第三节 实验室常用的诊断方法

### 一、显微镜的使用

#### (一) 显微镜的构造

1. 机械部分

镜筒、镜臂、镜座、载物台、旋转板（安装物镜用）、粗调螺旋、细调螺旋。

2. 光学部分

目镜（接触目光部分），有3×、5×、10×、15×、物镜（接触玻片部分），有10×、20×、40×、45×、90×、100×，其中90×、100×的物镜也称油镜，聚光器、光圈、反光镜。"×"为镜头上标的倍数的代号，目镜数乘以物镜数等于放大倍数。

#### (二) 显微镜使用方法

1. 找到最亮光圈（视野）

逆时针旋转聚光镜升降螺旋，使集光镜升到最高点。移开滤光镜，打开聚光圈，然后用左眼看目镜。双手翻动反光镜迎向光源，使视场光线均匀，达到最大的亮度即为视野。

2. 玻片固定

取一张玻片标本，盖玻片向上放于载物台通光孔正中，以片铗固定其位置。

3. 低倍镜观察

自侧面注视着低倍镜，小心地顺时针旋动粗调节器螺旋，使镜筒及镜头下降，直到镜头下端距盖玻片6毫米处为止。用左眼检视着视场，两手握粗调节器螺旋缓慢地逆时针转动，上提镜筒，到视场中出现物象为止，再微转细调节器螺旋，使物象更为清晰。

4. 高倍镜观察

先低倍镜观察，把准备进一步放大的部分置于低倍视野的正中，转动转换器，换高倍镜，旋转细调节器螺旋，即可观察。

## （三）油镜使用方法

1. 先用低倍镜和高倍镜观察，把准备进一步放大的部分移到视野的中央。放大调光圈，并将聚光镜升到最上端，转动粗调节器螺旋，上提镜筒，换用油浸物镜，用细玻棒蘸少许柏油轻轻滴在位于光路正中的盖片上，特别小心地顺时针转动粗调节器螺旋，并自侧方监视着油浸物镜的下降，到油浸物镜下端与盖片上的油刚刚接触形成一油柱后，停止调节粗调节器螺旋。全神贯注地检视目镜，缓慢而轻微地旋动细调节器手轮，下降油浸物镜，开始现出物象为止。观察完毕后，上提镜筒，旋动转换器使油浸物镜偏位，先用擦镜纸擦去油浸镜头上的油，再用擦镜纸蘸少许二甲苯擦拭，最后用干的擦镜纸把盖玻片表面擦干净。

2. 使用完毕后，转动转换器，使物镜镜头不与载物台孔相对，然后把镜臂降到最低处。

## 二、血涂片和组织触片的制作

### （一）血涂片的制备

取张边缘整齐的玻片，用其一角蘸取血液少许，放在另一张干净无油污的玻片的一端，然后将整齐的玻片边缘与血滴前缘相接触，使血液沿着玻片边缘布成一条带，两张玻片成45°角，以平均的腕力和均匀的速度向另一端推移，推成一菲薄的、厚薄均匀的血涂片。血片如太厚则血球重迭，不便于观察。做好的血片，应在空气中迅速干燥，随即固定，否则血球会收缩。暂时不染色镜检的涂片，应用甲醇液滴在已干燥的涂片上，固定3～5分钟，然后保存或送检。

### （二）组织触片的制备

当猪禽尸体以无菌手术打开胸腹腔后，用经火焰灭菌的镊子镊起组织（如肝、脾、淋巴结等）的一角，然后用灭菌的剪刀剪下组织一小块，将组织块的切面在玻片上轻压一下，使玻片上留下一个组织切面的压迹（每张玻片可作 3～5 个压迹）。触片在空气中自然干燥后随即固定。也可在酒精灯火焰上固定，方法是用手捏住触片一端，使触片在火焰上方闪烤 2～3 次，以玻片不烫手背皮肤为度。

### 三、常用的几种染色法

#### （一）常用的几种染色法的特点

1. 瑞氏染色法

染色结果使组织细胞的胞浆和核染成不同颜色，菌体呈蓝紫色，易于识别。

2. 革兰氏染色法

可用于鉴别革兰氏阴性菌和革兰氏阳性菌。革兰氏阳性菌不易被酒精脱色而染成蓝紫色，革兰氏阴性菌则易被酒精脱色，经复染呈红色。

3. 亚甲蓝染色法

多色性亚甲蓝染色液可染细菌荚膜，使其呈浅红色（菌体为蓝色）。

#### （二）几种染色过程

1. 瑞氏染色法

滴加染色液于涂片上作用 1～2 分钟，然后加等量蒸馏水或缓冲液于片上，使其与染色液均匀混合，作用 2～3 分钟，至产生金属光泽为止，用蒸馏水冲洗约 30～60 秒，待干后检查。本法常用于血涂片和组织触片中的细菌染色，细菌着深蓝色。

2. 革兰氏染色法

取经火焰固定的标本片，加结晶紫液于涂片上，染色 1 分钟，轻轻用水冲去染液；加革兰氏碘溶液于片上，作用 1 分钟，用水冲洗；倾尽玻片上的积水后，滴加适量 95% 乙醇于涂片上，进行脱色 0.5～1 分钟；水洗后，以复红染液染 1 分钟，水洗干燥后镜检。脱色是该染色法的关键，注意涂片不再有颜色褪下即停止，脱色时一般不要把染料倾去，应用水把染料浮起再冲去，以免染料颗粒附着在玻片上。本染色法可用于鉴别革兰氏阳性及阴性菌。

3. 亚甲蓝染色法

取固定好的涂片，加染色液数滴，经 3～5 分钟后，冲洗，待干燥后镜检；菌体成蓝色，多色性亚甲蓝液可染细菌荚膜，使其呈浅红色。

### 四、细菌培养法

1. 作用与意义

将病原菌从病料（病猪禽的脏器组织或病猪禽的污染物）中分离出来，进而获得其纯培养，加以鉴定和研究，用以确诊疫病和疫情。

2. 常用培养方法

常用的是平板培养基划线分离培养法，其操作程序如下：

（1）病料的选取

一般选取有代表性的典型病例的病理脏器，如肝、肾、心脏、肺、淋巴结等。

（2）平板培养基的制造

常用的是用配制好的肉汤琼脂在平皿上浇铸成平板培养基，灭菌后包装好冷藏供用。

（3）划线培养

在划线前先用烧热的烙铁（或旧的解剖刀）烙灼病料表面，以杀死其表面杂菌；然后用火焰灭菌的刀或剪刀，切一口子，以灭菌的铂耳挑取组织，划线接种在培养基上（在平板培养基上划线），置37℃温箱中培养。

（4）分离镜检

于24～48小时后观察平板，挑取培养出的单个菌落，进行纯培养和镜检，也可接下去做病原菌的生化鉴定。

## 第四节　猪禽疾病常规治疗方法

临床上对有治疗价值的猪禽，尤其是发病初期的整群猪禽，在确诊的基础上进行治疗。猪禽治疗是一个完整过程，包括猪禽保定、治疗方法、用药途径和剂量、疗程、护理等，临床兽医必须认真对待，不可马虎和偏废其任一环节。

## 一、猪禽的保定

猪禽保定是对动物进行健康检查、防疫注射、检疫检查、疾病诊断、去势及手术治疗得以顺利进行而对猪禽采取的强制性措施，尤其是对大、中家畜经常需在保定后方可进行上述检查与诊治。

### 猪的保定

1. 徒手保定

对于一般的苗猪或架子猪，可用倒提两后腿（或两耳朵）上举，使猪腹面朝前，同时用双膝夹住猪的背部或颈部即可。

2. 鼻套保定

对于大猪或凶狠猪（如种猪）用一根 2 米长的绳子（直径 1 厘米的最适用），在一端结一个活结套扣，从猪的口腔套在上颌骨犬齿后方，将绳子另一端拽紧或系在柱子（或树）上即可。猪往往向后拽恰好保持一种动态平衡。

## 二、药物疗法

动物的药物疗法是在病确诊后对其进行药物治疗。小动物多用饮水或拌料饲喂方法给药，猪、犬除口服外也常用注射方法给药，而牛马等大牲畜除注射法给药外，还常用胃导管法直接将药液投服胃中。

### （一）胃导管法给药

将专用橡胶胃导管，用前洗净消毒，以少量肥皂水或液状石蜡涂在插入一端，由鼻孔中插入。其要领是当管头插入咽部时，应静待动物有吞咽动作时趁势插入胃中。检验导管是否插入胃中是关键，可听外管端有无呼吸音，也可将管头浸入水中看有无气泡冒出。确定插在胃中后，方可灌药。

## （二）注射法给药

1. 注射要点

（1）局部消毒，剪毛，用3%的碘酊及75%酒精棉球消毒后再行注射。

（2）注射器、针头必须严格消毒，打1针换1个针头。

（3）静脉注射药液不得漏于血管外（尤其是具有强刺激的药物如氯化钙、高渗盐水等），以免造成局部组织的炎症。

2. 皮内注射法

用专用的皮内注射器，将药液打在皮肤的真皮层内，一般只能注射0.3~0.5毫升的药量，主要用于皮肤变态反应（如牛的结核菌素试验）试验。

3. 皮下注射法

多用于注射疫苗或少量的治疗药物小猪腋窝、大腿内侧皮下，鸡在腹部皮下。

4. 肌肉注射法

一般用于注射疫苗或抗生素药物治疗。常在肌肉发达部位注射，如颈侧、臀部、鸡以胸肌为宜。

5. 静脉注射法

用于挂水或药液不宜做肌肉注射时用。猪用耳静脉。

6. 瓣胃注射法

常用于瓣胃阻塞、吡喹酮治疗日本血吸虫病，注射部位在右侧第9根肋骨外侧间与肩关节水平线交点上下2厘米处。方法为：牛站立保定，取长15厘米的16~18号针头垂直插入皮肤后，向左前下方向刺入8~10厘米（刺入瓣胃时有沙沙感）注入生理盐水（20~50毫升）来回抽动，见到抽出有草屑之类瓣胃内容物，即证实针头插入瓣胃，即可注入药液。

## 三、手术疗法

手术前要对手术器材进行煮沸消毒（煮沸后10~15分钟）或高压灭菌消毒（121.3℃经15~20分钟）、手术部位消毒、术者手及手臂消毒、场地消毒，患畜麻醉后方可进行。

手术疗法多用于猪的一些外科性疾病，如疝、血肿之类，禽一般很少使用。

第七章

# 猪禽重点疫病的临场诊断与防治要点

# 第七章 猪禽重点疫病的临场诊断与防治要点

本章介绍的是猪禽常见多发的重点疫病（传染病和寄生虫病）的防检疫诊断要点和防治方法，以法定疫病中的常见多发病为主。

## 第一节 猪主要疫病的诊断与防治

### 一、口蹄疫

口蹄疫是一种危害严重的人畜共患病，具有发病急和高度接触传染的特性，主要感染偶蹄动物和人。口蹄疫病毒对环境抵抗力很强，在低温下可几个月不死，而且近年有耐高温趋势，但该病毒对酸碱十分敏感。

#### （一）诊断要点

1. 临床症状

潜伏期1～2天，病猪体温升高达40℃～41℃，精神不振；蹄冠、蹄踵、趾间出现发红、敏感、跛行症状，不久形成黄豆大、蚕豆大水疱，部分猪可在口腔黏膜、鼻端、乳头等处出现水疱和烂斑；水疱破溃形成出血溃疡，有的可蹄壳脱落，患肢不能着地或卧地不起。乳猪可呈急性胃肠炎或心肌炎而突然死亡。

2. 剖检变化

缺乏特征性。但在幼猪，有时可见到虎斑心病变。

3. 实验室诊断

有乳鼠接种法或间接血凝法，配合临床症状即可确诊。目前已有定型诊断液，市、县两级兽医站均可进行确诊。

## （二）防治措施

1. 预防

以其油乳剂灭活苗，首免与猪瘟二联苗同步进行，间隔 15 天后，以同样剂量二免，保护期 3～6 个月；种公、母猪每年搞两期（4 次）免疫。

2. 治疗

根据有关法规规定，口蹄疫病猪严禁治疗，病猪及同群猪一律扑杀销毁，迅速采取综合防治措施（封、检、杀、消）控制和扑灭疫情。

## 二、猪瘟

猪瘟是一种急性、热性、接触性传染病，也称猪的烂肠瘟或猪霍乱，历来为猪病之首。猪瘟病毒广泛存在于病猪的组织器官、血液、粪尿及分泌物中。猪瘟病毒只感染猪且不分品种、年龄、性别和季节，传播途径很多（如污染物、人畜走动、宰食病猪等）。病毒有很强的抵抗力，种毒稀释到 $5 \times 10^6$ 倍时仍有感染力，但对热碱水、来苏儿、漂白粉溶液均易被杀死。

## （一）诊断要点

1. 临床症状

潜伏期一般 3～7 天，临床症状以急性型为代表。病猪高度沉郁、停食、钻草窝、眼结膜潮红或有脓性眼屎；病程稍长时耳、四肢内侧、腹下等皮肤有出血点或斑；公猪常包皮积尿，后期拉稀或与便秘交替发生，伴有肺炎或坏死性肠炎，体温升至 41℃ 左右；幼猪可出现神经症状，病程 3～5 天或长达 20 天。

2. 剖检变化

全身皮肤、浆膜、黏膜、淋巴结等几乎所有脏器出血，淋巴结肿大充血、切面呈外紫内淡的大理石样花纹状；肾不肿、色淡带有稀疏小出血点；脾游离端边缘有暗紫色颗粒状梗死灶；回肠与盲结肠交界处出现纽扣状溃疡。

3. 实验室诊断

（1）常使用实验兔体发热试验。

（2）必要时做血液检查，猪患猪瘟时白细胞可降至每立方毫米8000以下。

## （二）防治措施

*1. 预防*

本病主要依靠猪瘟疫苗预防（免疫方法及程序见第四章第三节），关键要有严格制度、防疫密度必须达到100%。疫情发生时依靠综合防治措施和强制性控制、扑灭措施。

*2. 治疗*

可用高免血清治疗，但很不经济；无特效药物，只能对症治疗。

## 三、非洲猪瘟

临床症状：表现为发热（达40℃～42℃），心跳加快，呼吸困难，部分咳嗽，眼、鼻有浆液性或黏液性脓性分泌物，皮肤发绀，淋巴结、肾、胃肠黏膜明显出血。

## （一）诊断要点

*1. 临床症状*

非洲猪瘟有着短暂的2～9d的自然感染潜伏期，发病时体温骤高，最高可达41℃，并且持续时间较长，大约4d。病猪在死亡前48h会发生体温下降的症状。其他表现症状为精神萎靡、食欲不振、不爱行动、咳嗽、耷耳，其中腹部、臀部、四肢、耳朵等多处部位出现紫红色血斑，同时伴随便血及黏液、连续呕吐等症状。母猪还会有流产症状。

如果病发后2～4d内持续高温，首先表现出食欲不振、体虚无力、呼吸脉搏等加快、呼吸困难，之后发生降温，伴随黏液脓性结膜炎和呕吐等症状，则可初诊为非洲猪瘟。

*2. 剖检变化*

可见血管发生血栓或坏死症状，腹膜、胸膜、心膜等多处脏器膜发生黄色或血色充血症状，肾脏、肠胃、心脏发生水肿、包血及不同程度出血等症状。

3. 实验室诊断

取血样实验室检测，可发现白细胞、淋巴细胞数量少 50%，最低时可下降至 40%，体温高温有明显的贫血症，之后病猪发生死亡，即可确诊为非洲猪瘟。

（1）病毒分离诊断

采集活体及病死猪病灶器官在实验室进行病毒分离检测。

（2）免疫电泳试验

采集病猪的血清加入抗原中，血清出现白色线状或沉淀，则为非洲猪瘟。

（3）白细胞吸附试验

需要采集病猪血液或组织物置于白细胞中在 37℃环境下培养，如出现如玫瑰花状或桑葚体状则表明为非洲猪瘟。

（4）酶联免疫吸附试验

酶联免疫吸附的 A 值大于 0.3 时，则表明为非洲猪瘟。

（5）间接免疫荧光试验

对病猪的血浆提取物在生长有 Vero 细胞的玻璃片上进行对比，出现荧光团时表明测试血浆为非洲猪瘟。

## （二）防治措施

由于本病当前无苗可防，无药可治。发生疫情时，一般采取启动重大疫情防控机制，采取确诊上报疫情，划定疫点疫区，实行疫区封锁，疫点扑杀病猪和所有猪，进行无害化处理，拔点灭源，消毒和净化疫区等一系列防控措施。

1. 加强生物安全管理

切断一切可能发生的传播途径。疫情发生期间坚持自繁自养，对养殖场采取封闭式管理和全面监控。

2. 加强疫源消灭

及时清理猪排泄物、定期消毒灭菌、定时测量猪体温等，对体温异常的猪进行隔离观察。

3. 增强猪自身免疫力

在饲养方面，要增加营养物质，以提升猪免疫力。此外，还可以给猪补充增强免疫力的中药，如丹参、党参、黄芩、黄连、金银花、麦冬、苦参、白术、甘草、白芍等，增加抵抗力。

## 四、猪乙型脑炎

本病是由日本乙型脑炎病毒引起的人畜共患病。马、牛、羊、猪、禽均可感染，病毒主要存在于中枢神经系统、脑脊髓液及血液中；其对外界抵抗力不强，2%烧碱、3%来苏儿等一般消毒药可将其很快杀死。

### （一）诊断要点

1. 流行特点

本病有明显季节性，多在6～9月流行，与蚊的媒介传播有关，在头胎母猪中发病率较高。

2. 临床症状

潜伏期3～4天，病猪体温升达40℃～41℃，妊娠母猪主要表现为流产或早产、产死胎或木乃伊胎，存活仔猪多在出生后几天内发生痉挛死亡。流产后母猪很快恢复正常。公猪常高温稽留、睾丸肿大或萎缩变性，康复后对性机能有影响。

3. 剖检变化

流产的死胎皮下水肿，胸腹腔有积液、淋巴结充血、心肝脾肾有出血小点与肿胀。

4. 实验室诊断

做血清学反应，查出血清中存在日本乙脑的特异性抗体，即可确诊。临床上应注意与布氏杆菌病、伪狂犬病相区别。

### （二）防治措施

在疫区可对猪群肌注乙型脑炎弱毒疫苗。对死猪、流产胎儿、胎衣、羊水等均须深埋；污染物、场所及用具应彻底消毒。消灭越冬蚊虫，入夏注意清除洼地污水，灭蚊和保持圈舍清洁卫生。

## 五、猪伪狂犬病

本病是由伪狂犬病毒引起的急性传染病。特征为发热、脑脊髓炎，成年猪可隐性感染，可发生流产、死胎及呼吸系统症状。伪狂犬病毒为疱疹病毒科成员，可垂直感染，对低温、干燥抵抗力较强，但一般消毒药可将其杀死。

### （一）诊断要点

1. 流行特点

多发生于冬春季节，猪、牛、犬、猫、鼠均可感染病猪，带毒猪、带毒鼠为主要传染源，可经接触、消化道、伤口、交配、乳汁、胎盘等途径感染。

2. 临床症状

潜伏期3~6天，可长达10天，成猪隐性感染，有轻微的发热、精神沉郁、呕吐、咳嗽等，多在1周内恢复。怀孕母猪流产、产木乃伊胎、死胎，一部分猪发生奇痒症状，新生猪及4周龄内仔猪感染后病性严重，可发生大批死亡；发高烧达41℃，发抖、痉挛、运动失调、转圈、倒地四肢划动、麻痹死亡。

3. 剖检变化

有不同程度卡他性胃肠炎，肝脾等实质器官见到灰白色坏死灶，脑充血、水肿，淋巴结充血、水肿。

4. 实验室诊断

以病料接种实验兔，常出现典型奇痒症状后死亡。

### （二）防治措施

1. 预防

灭鼠、净化猪群。成年猪以血清中和试验，凡阳性者都淘汰，每3~4周检测一次，反复进行，直到两次试验全部阴性为止。引进苗猪做隔离饲养观察，其间做血清学检查，30天后再检测一次，全阴的方可合群饲养。

对疫区猪群注射疫苗：仔猪55~65日龄用扑伪佳疫苗肌注2毫升/头，外购仔猪于进栏第18天用扑伪佳肌注2毫升/头。

2. 治疗

无特效疗法，紧急情况下用高免血清治疗。

## 六、猪细小病毒病

本病被公认为引起猪繁殖障碍性传染病。病原为猪细小病毒，单股 DNA 病毒，对热和消毒药的抵抗力很强，80℃经 5 分钟可丧失感染力；仅感染猪，多发于头胎猪，经产母猪也可感染。猪场发病后常多年不息。

### （一）诊断要点

1. 临床症状

母猪感染后出现病毒血症，经胎盘感染胎儿发生早产、流产、死胎、木乃伊胎、水肿及产后胎儿一周内死亡。怀孕 30 天感染的可引起部分胎儿死亡，产崽减少；怀孕 30～50 天时感染，母猪主要产木乃伊胎，常与少量活崽一同产出；怀孕 50～70 天时感染，多出现死胎、死产；怀孕 70 天的母猪则多能正常分娩，但新生仔猪体内带毒，半数在产后几天死亡。

2. 剖检变化

病母猪子宫内膜有炎症，胎盘有部分钙化，胎儿在子宫内有被溶解、吸收现象；感染的胎儿有充血、出血、水肿、体腔积液、脱水及坏死，脑膜有炎症等病变。

3. 实验室诊断

可用血凝抑制试验或酶标记方法检查确诊。

### （二）防治措施

加强猪群检疫，剔除病猪和带毒猪，对健康和假定健康猪用弱毒苗或灭活苗接种。

## 七、猪高致病性蓝耳病（PRRS）

本病又称猪繁殖与猪呼吸综合征，1987 年美国首次报道，国内 1995 年发现。

病原为动脉炎病毒科的一种，对有机溶剂和酸易感，有欧洲型和美洲型两种基因型，国内发生的为欧洲型。病原主要通过呼吸道感染，高湿、低温有风的环境有利于本病传播。2005年起我国称其为高致病性蓝耳病，近年来该病已向架子猪和大猪感染发病，成为夏秋季节生猪高热病的主要病种之一。

## （一）诊断要点

1. 临床症状

潜伏期人工感染的多为4～7天，母猪感染后发热、厌食、流产、产木乃伊胎以及仔猪呼吸困难和高死亡率。部分猪耳、躯体末端皮肤发绀变蓝。

2. 剖检变化

气管、支气管内有大量泡沫，淋巴结、肾肿大出血；肺肿大出血，呈弥漫性间质性肺炎。

3. 实验室诊断

目前常用ELISA检测试剂盒检测血清中的抗体。

## （二）防治措施

1. 预防

母猪和苗猪均可接种PRRS灭活苗，15天后重复注射一次；防止病的传入，加强检测、隔离消毒；淘汰阳性猪，建立PRRS健康猪群；发现病猪，全群扑杀，彻底消毒；饲料中添加抗生素，提高抗感染力。

2. 治疗

无特效药物，只能对症治疗和控制继发感染。

## 八、猪圆环病毒病

本病是由猪2型圆环病毒引起的一种新型传染病。病毒PCV-2是一种小而无囊膜单环DNA病毒，对环境抵抗力很强，分布很广。本病主要感染断奶后仔猪，集中在断奶后2～4周龄高发，哺乳仔猪很少发生。本病常与猪瘟、猪流感、蓝耳病、猪传染性胸膜肺炎、链球菌病等混合感染，从而促进了病的发生和流行。

病毒可经消化道、呼吸道及胎盘等途径感染仔猪。本病为猪的免疫抑制性疫病，患猪耐过康复后常生长发育不良，成为僵猪。

## （一）诊断要点

### 1. 临床症状

断奶仔猪患病后表现为多系统衰弱综合征：肌肉衰弱无力、下痢、呼吸困难，黄疸、贫血、生长发育不良，腹股沟淋巴结肿胀明显。皮肤出现紫红色病变斑块，会阴部及四肢明显；皮下水肿；导致繁殖障碍，母猪流产、产死胎、木乃伊胎及弱仔；有的仔猪可发生先天性震颤病。

### 2. 剖检变化

肉眼病变主要为淋巴结明显肿大，切面硬度增加，见到均匀的白色；肺炎，肺肿胀，坚硬或呈橡皮样，或呈弥漫性间质性肺炎；肝、脾、胸腺萎缩；肾苍白肿大，被膜下有坏死灶；结肠水肿，黏膜充血或瘀血；胃溃疡；不同程度肌肉萎缩。

## （二）防治措施

### 1. 预防

目前尚无定型疫苗，抗血清有人工被动免疫作用。苗猪必须吃足初乳，断奶时应减少换料造成的应激，平时加强饲养管理和卫生消毒。在易感期饲料中添加抗菌药物，如多西环素、泰乐菌素、磺胺类药物，对控制细菌性疫病的并发感染有良好作用。

### 2. 治疗

无特效药物，只能对症治疗和控制继发感染。

## 九、猪传染性胃肠炎

本病是由猪传染性胃肠炎病毒引起的一种急性高度接触性胃肠道传染病，以猪的呕吐、严重腹泻和脱水为特征。病原属冠状病毒科冠状病毒属。病毒主要存在于病猪的空肠、十二指肠和肠系膜淋巴结内，发病早期呼吸道及肾中含毒量也很高；病毒不耐热，对光敏感，一般消毒药均可将其杀死。

## （一）论断要点

1. 临床症状

潜伏期很短，一般为12～18小时，也可达1～3天。幼猪突然发病、呕吐、急剧水样腹泻、恶臭，很快脱水，体重迅速下降，体温下降，多在2～5天内死亡，死亡率达80%以上；架子猪可发生水样腹泻，食欲不振，粪便呈灰色或茶褐色、有时呕吐；成年猪症状轻，多不发病，或轻度腹泻。

2. 剖检变化

胃膨胀，内有未消化的凝乳块滞留；5日龄内小猪胃憩室黏膜有出血斑，小肠膨大臌气，内有泡沫样液体，小肠壁变薄，小肠绒毛萎缩。

3. 实验室诊断

刚死时猪立即剖检可见到空肠绒毛萎缩即可确诊。

## （二）防治措施

1. 预防

加强卫生消毒，注意防寒保暖，母猪产前1个月接种猪传染性胃肠炎和流行性腹泻疫苗。

2. 治疗

无特效药物，对症治疗有利于康复。常补充糖盐水、磺胺类和矽炭银有一定疗效。

## 十、猪气喘病

本病为猪的一种接触性慢性传染病，病原为猪肺炎霉形体，致猪长期发育不良。

### （一）诊断要点

1. 流行特点

以寒冷、阴湿、气候剧变时多发，仅见于猪、幼猪及怀孕后期母猪发病重、死亡率高，一旦继发感染则引起病情加重和死亡率增高。

2. 临床症状

潜伏期为 10～16 天，主要临床症状为咳嗽、喘气、呼吸困难、腹式呼吸、体温一般不高，严重的张口呼吸，声如拉风箱。

3. 剖检变化

主要病变在肺的心叶、尖叶和中间叶，尤以心叶多见，呈融合性支气管肺炎变化，淡灰红色或灰黄色的病变与正常部位有明显界线，硬度增加。

## （二）防治措施

1. 预防

目前尚无疫苗，采取综合性防治措施。猪场实行自繁自养，加强饲养管理和卫生消毒。杜绝本病的根本方法净化更新猪群，建立健康猪群。

2. 治疗

选用强喘平、猪喘平、卡那霉素注射液；强喘平 5 天一个疗程，治疗幼猪效果尤佳。

## 十一、猪丹毒

猪丹毒俗称"打火印"，是猪的一种热性、急性传染病，也是人畜共患病之一。病原为猪丹毒杆菌，对外界抵抗力很强，在土壤中能存活 1 个月以上，但对一般消毒药均敏感。

## （一）诊断要点

1. 流行特点

主要发生于架子猪，夏季多雨季节多见发生，病猪是主要传染源，病猪的排泄物、分泌物及其污染的饲料、饮水、土壤等均为传播媒介，也可经皮肤创伤、昆虫叮咬而传染。

2. 临床症状

潜伏期 3～5 天。以败血型最多见，病猪精神沉郁，体温升至 42℃，高温稽留、不食、眼结膜充血、眼睛清亮、粪便干结如栗、附有黏液。发病 1～2 天后皮肤有大小不一的红色疹块、指压褪色，病程短的可突然死亡，也有拖到5～7天而死的。不死的转为疹块型和慢性型。

3. 剖检变化

皮肤有红斑，腹腔、心包有较多的浆液性渗出液，全身淋巴结充血肿胀切面多汁，脾肿大呈樱桃红色，肾肿大呈暗红褐色。肝显著充血、呈红棕色或鲜红色，肺充血水肿，心外膜和心肌有出血斑点。慢性型在心脏的三尖瓣、二尖瓣处有菜花样赘生物。

皮肤型的背部皮肤坏死、色黑、干硬似皮革状。

4. 实验室诊断

取新鲜病料做触片镜检，见有革兰氏阳性小杆菌，散在于血细胞之间，也有呈丝状，即可确诊。

## （二）防治措施

1. 预防

按程序以弱毒冻干苗接种。发现病猪隔离治疗，死猪作无害化处理。

2. 治疗

青霉素疗效显著，其他抗菌药物也有疗效。

## 十二、猪肺疫

本病俗称"锁喉风"，是由多杀性巴氏杆菌引起的急性败血传染病，一年四季均可发生，以冷暖交替，潮湿多雨时期多发，不良应激因素可促发本病。

## （一）诊断要点

1. 临床症状

最急性型可突然发病很快死亡，死前看不到明显症状。多数为急性型，体温升高、呼吸急促至极度困难，呈犬坐势呼吸，流脓性鼻液，咽喉部肿胀，坚硬发热，可在数小时到1天内死亡。病稍长者可视黏膜发绀、耳尖、腹下皮肤出现紫斑或小出血点，病猪消瘦无力，在3～5天内死亡。

2. 剖检变化

咽喉黏膜急性出血性炎性水肿,周边组织被浆液浸润呈黄色胶胨样。支气管淋巴结肿胀出血,肺急性水肿、气肿,有出血斑点、呈肝变、肺切面呈大理石状花纹、肝变部位常纤维素渗出、粘连,胃肠道有卡他性、出血性炎,心外膜心包有小点状出血。

3. 实验室诊断

采血、腹腔积液、气管分泌物等做涂片,以亚甲蓝染色镜检,查到两极浓染的卵圆形球杆菌,即可判定为巴氏杆菌。

## (二)防治措施

防治同猪丹毒。

## 十三、仔猪副伤寒

本病是2～4月龄仔猪常见多发传染病,病原为沙门氏菌,经消化道感染,病原对外界抵抗力较强,但对常规消毒药均敏感。一年四季均可发生,但以多雨潮湿季节多发,易与猪瘟并发。

## (一)诊断要点

1. 临床症状

潜伏期数日至数周不定,分急、慢性两种。急性型体温升高达41℃～42℃,精神不振、食欲废绝、腹痛下痢、排黄色恶臭稀粪,耳及胸腹部皮肤有紫红出血斑,病程2～4日,病死率很高。慢性型长期腹泻,泻出灰白色或黄绿色水样物,有恶臭且伴有大量坏死组织碎片或纤维素物。消瘦、贫血、眼结膜炎,有脓性分泌物,常衰竭而死,不死的成为僵猪。

2. 剖检变化

出现败血症病变,脾肿大,全身淋巴结肿大呈浆液性出血炎症,在喉头、膀胱黏膜,肾实质有广泛出血斑。慢性型在盲肠、结肠、回肠的肠壁出现灰黄或淡绿色弥散性麸皮样黏膜坏死,引起肠壁增厚,此乃本病特征性病变,肝、脾切面有坏死灶,肠系膜淋巴结肿大,切面呈灰白色脑髓样。

3. 实验室诊断

取病料做触片染色镜检，见到革兰氏阴性卵圆形小杆菌。

## （二）防治措施

1. 预防

对 1 月龄以上仔猪使用疫苗预防接种，使用抗生素添加剂预防。

2. 治疗

发现病猪隔离治疗。抗生素、呋喃类、磺胺类药物均有疗效。

## 十四、猪链球菌病

本病是由多种链球菌引起的传染性疫病，其中败血型和脑膜炎型多见于仔猪，化脓性淋巴结炎型多见于中猪，一年四季均可发生，春夏秋多发。人也可经伤口而感染本病，误诊可导致死亡。

## （一）诊断要点

1. 临床症状

最急性病例可未见任何症状而死于圈中。多数情况为减食至停食，体温 41.5℃～42℃，精神委顿、腹下有紫红斑，急性病程 2～4 天，呈稽留热、眼结膜潮红、流泪，有浆液性鼻液、呼吸浅快，后期于耳尖、四肢下段、腹下呈紫红色或出血性红斑。脑膜炎型表现为高热、不食、便秘，继而运动失调、转圈、倒地做划水状，病程 1～2 天，死亡率很高。淋巴结型多见颌下、颈部、腹部淋巴结呈核桃至鸡蛋大肿胀，先红肿热痛，后破溃。

2. 剖检变化

口鼻流出红色泡沫，肺门淋巴结水肿。气管、支气管充血，管腔内充满淡红色泡沫样液体，肺肿大，心耳、心冠状沟处有出血，全身淋巴结肿大出血，脾肿大，脑膜充血、出血。

3. 实验室诊断

采病料做涂片染色镜检，见到革兰氏阳性散在成双或短链状球菌。

## （二）防治措施

于流行季节提前1个月用疫苗接种预防。对病猪及时隔离，用大剂量青霉素治疗有效，但要在发病早期。对病死猪及其污染物做销毁深埋等无害化处理，加强消毒。

## 十五、猪传染性胸膜肺炎

本病是一种严重的热性接触性传染病，病原为胸膜肺炎放线杆菌，常继发于猪流感并能促使流感发病成功；病原体对外界和一般消毒药抵抗力不强，本病春秋季节多发，不同年龄猪均易感，架子猪发病率高；呼吸道传播，病猪和带菌猪为主要传染源。

### （一）诊断要点

1. 临床症状

突然发病，体温达41.5℃以上，精神沉郁、不食、呼吸极困难，呈犬坐姿势，口鼻流出泡沫样淡红色的分泌物，耳、鼻、四肢皮肤呈蓝紫色，衰竭，24~36小时即可死亡，病死率达80%以上。慢性多由前型转来，体温39.5℃~41℃，食欲废绝，间歇性咳嗽，病程几日至1周以上。

2. 剖检变化

急性的以出血性纤维胸膜肺炎，气管、支气管内充满泡沫样淡红色黏液性分泌物、肺充出血、血管内有纤维性血栓形成，肺泡与间质水肿；慢性的则为纤维素性坏死性胸膜肺炎，肺两侧尖叶、心叶出现红色肝变区，坚实、间质积有白色胶样液体。在膈叶可发现干酪样病灶或结节，肺胸膜发生纤维素性粘连。

3. 实验室诊断

从鼻、支气管分泌物和肺病变处取病料做涂片或触片染色镜检或分离培养，发现革兰氏阳性小杆菌，结合临床症状及剖检变化，即可确诊。

### （二）防治措施

于流行季节提前1个月用灭活疫苗接种预防。抗生素对本病治疗效果不佳，于发病早期用磺胺间接氧及喹诺酮类药物治疗有效。

## 十六、猪附红细胞体病

本病是猪、牛、羊共患传染病，患猪反复高热，皮肤发红渐变青紫，急性黄疸性贫血，病死率可达90%；病原属于立克次体目，寄生于红细胞内，也可游离在血浆中或附在红细胞表面。病原体耐低温，但对化学药品抵抗力很低。

### （一）诊断要点

1. 流行特点

各种猪对本病均易感，夏秋季节多发，病猪是主要传染源，病猪及其产品，病猪的排泄物、分泌物污染的饲料、饮水、垫草等均为传播媒介，蚊蝇等吸血昆虫叮咬也促使本病传播，宰杀病猪及泔水返回农村喂猪可形成恶性循环，疫情形成跨地区大流行。

2. 临床症状

精神委顿，减食至废食，体温40.5℃～42℃，且高温稽留不退；皮肤出现大片发红、指压褪色，后耳及四肢、尾端、腹中部等皮肤变青紫色；眼结膜初期苍白，后期黄疸，白猪全身发黄，至数天内死亡。

3. 剖检变化

全身性黄疸，淋巴结肿大多汁、脾肿大，边缘有梗死结节，心肌变性如熟肉样，有针尖大出血点，心包有浅红色积液，肝大，表面有灰白色坏死灶，肾苍白肿大变软。

4. 实验室诊断

发热期采耳静脉血5～10倍稀释后做血膜片吉姆萨染色镜检，可在红细胞内、四周及血浆中均可见到圆形、环状、弯曲杆状的附红细胞体，即可结合临床症状及剖检变化而确诊。

### （二）防治措施

1. 预防

加强饲养管理和卫生消毒，消灭吸血昆虫等媒介，流行期在饲料中添加清热解毒和防血液原虫方面的药物。

2. 治疗

新坤凡钠明、土霉素、四环素等有疗效。

## 十七、猪弓形虫病

本病为夏秋季节猪的常见病之一，病原为龚地弓形虫，属人畜共患寄生虫病，为细胞内寄生。

### （一）诊断要点

1. 临床症状

主要侵害架子猪及大猪，潜伏期 3～7 天，体温升至 40.5℃～42.2℃，高温稽留，精神委顿，食欲减少到废绝，猪拉水样稀粪，呈呼吸困难，有咳嗽和哮喘现象，耳部及腹下出现瘀血斑，或有大面积发绀，最后卧地不起，继而体温迅速下降而死亡。母猪可发生流产及死胎，病程达 15～20 天。

2. 剖检变化

全身淋巴结肿大、充、出血，肺出血、暗红色有光泽，肺水肿和间质性肺炎，肝有点状出血或灰白色、灰黄色坏死灶，脾有丘状出血点，胃底部出血有溃疡、肾有点状出血和坏死灶，心包、胸腹腔有积水，体表出现紫斑。

3. 实验室诊断

取病料做涂片、压片或切片，用吉姆萨染色镜检看到逗点状或月牙状的弓形虫。

### （二）防治措施

1. 预防

目前尚无疫苗可用，少在猪圈附近养猫，因猫为弓形虫的终末宿主，避免猪吃到猫粪、犬粪，控制啮齿动物。

2. 治疗

磺胺药早期治疗有显著疗效，一般要连用 3～5 天。

## 十八、旋毛虫病

本病为人畜共患的寄生虫病,猪既是中间宿主也是终末宿主,其幼虫寄生于各种肌肉中,成虫寄生于小肠。旋毛虫为胎生,对环境有很强的抵抗力,低温 -12℃ 可存活 37 天,盐只能杀死肉表层包囊中幼虫,深层可活 1 年以上,腐肉中可活 2~3 个月,70℃可杀死幼虫,但深层肉块温度较低处仍能保持其活力。

### (一)诊断要点

1. 临床症状与剖检变化

猪对旋毛虫有很大耐受力,感染严重的猪有食欲减退、剧痛、后肢麻痹、排尿频、肌肉僵硬、发痒等症状。

病理变化主要表现为肌细胞横纹消失、萎缩、肌纤维膜增厚等。

2. 实验室诊断

取左右膈肌角各一块(重约 15 克),撕去肌膜先肉眼观察,然后用剪刀剪成麦粒大小共 24 小块,并列排在检查旋毛虫的玻璃压板内压薄,然后用低倍镜检查,发现卵圆形包囊内有螺旋形虫体即确诊。

### (二)防治措施

1. 预防

检疫 24 个肉块中发现包囊幼虫或钙化的虫体超过 5 个的做工业用或销毁,不超过 5 个者,横纹肌和心脏做高温处理利用,脂肪可炼食用油;提倡熟食,禁食生肉,流行区的泔水必须煮沸后再喂猪。

2. 治疗

人的旋毛虫病用噻苯达唑驱治疗效很好;猪可用丙硫苯咪唑,以每千克饲料 0.3 克比例拌喂,连用 10 天。

## 十九、猪囊尾蚴病

本病是由寄生于小肠内有钩带绦虫的幼虫——猪囊尾蚴,寄生于猪的肌肉中引起的,为人畜共患寄生虫病,猪是中间宿主,人可为中间宿主,也是终末宿主。猪囊虫寄生于猪各种肌肉中,尤以咬肌、肋间肌、舌肌、臀肌等处肌肉为多,严重时可见于眼球、脑内,人也如此,俗称"米猪肉""豆猪肉"。

### (一)诊断要点

1. 临床症状

猪对其有耐受性,严重感染时出现生长受阻、贫血、水肿、寄生于肺及喉头可出现呼吸困难,寄生于眼内可视觉障碍,寄生于大脑的可出现癫痫症状、急性脑炎,还可突然死亡。

2. 实验室检查

凡猪肉切面40平方厘米内有3个以下囊虫时,肉经冷冻或盐渍处理后食用,盐渍不少于20天,食盐不少于肉重的12%,超过3个虫体的做工业用或销毁。

### (二)防治措施

1. 预防

加强管理,猪不吃人粪,人不食生猪肉或未煮熟肉。

2. 治疗

吡喹酮和丙硫苯咪唑对人、猪都有较好疗效。

# 第二节 禽主要疫病的诊断与防治

禽的法定疫病有20多种,从中挑出十几种常见多发、危害严重的禽病,从防控角度进行诊断要点和防治方法的阐述。

## 一、新城疫

本病又称亚洲鸡瘟或伪鸡瘟，历来排在鸡病之首，是一种急性败血性、高度接触性传染病。新城疫病毒属副黏病毒属的一种，对外界环境有较强的抵抗力，夏天直射阳光下30分钟死亡，4℃时可活1年左右，但一般消毒药均可将其杀死。

### （一）诊断要点

1. 流行特点

各种鸡及鸽、鹌鹑、孔雀等多种禽类、野鸡均易感，病鸡和带毒鸡是主要传染源，病鸡的分泌物、排泄物及其污染的饲料、饮水、环境及人畜走动均可成为传播途径。一年四季均可发生，春秋多发，潜伏期5～6天，发病率及病死率达90%以上。

2. 临床症状

体温升高达43℃～44℃，精神委顿、废食、饮欲增加，羽毛松乱，低头垂翅，眼半闭、离群呆立，冠及肉髯呈紫色，张口呼吸，发出"呼噜"声或"咯咯"声，口腔、鼻腔和嗉囊内有大量黏液并从口中流出，拉黄绿或绿色稀粪，有的出现神经症状，病程2～3天。

3. 剖检变化

全身黏膜浆膜出血，嗉囊内充满酸臭味液体，腺胃黏膜水肿、乳头及乳头间水肿、出血、溃疡或坏死。肠充血、出血，盲肠扁桃体肿大出血，喉头、气管黏膜水肿出血，肺瘀血水肿，心脏冠状沟和心外膜有出血点，脑充血或出血，输卵管和卵黄膜充血、气囊有化脓灶。

4. 实验室诊断

做病毒分离与鉴定，或做血清学试验（HA或HI试验，中和试验等）。

### （二）防治措施

1. 预防

使用疫苗按程序免疫接种（免疫程序见第四章第三节），平时加强卫生消毒和饲养管理，一旦发生疫情，要做好隔离封锁、紧急免疫及全过程的彻底消毒。

2. 治疗

本病无特效治疗药。

## 二、禽流感

本病是由 A 型流感病毒引起的多种禽类急性高度致死性传染病，人也可以感染。高致病性禽流感常给养禽场造成毁灭性的损失。病毒具有多型性和变异性，但对环境的抵抗力不强，一般消毒药均可将其杀死。

### （一）诊断要点

1. 流行特点

能够水平传播，能否垂直传播目前尚未有定论。但被病毒污染的场地、飞沫、用具、饲料、饮水等均可广泛传播，鸟及候鸟、水禽等有助于本病的传播，呼吸道、消化道、损伤的皮肤、黏膜均可成为传播途径。

2. 临床症状

潜伏期从几小时到几天不等。精神沉郁、食欲减退、轻重不一的呼吸道症状，包括咳嗽、打喷嚏、啰音、流泪；头面部水肿，冠髯水肿呈黑紫色，皮肤发绀，鹅鸭幼雏发病常有神经症状，病禽常在 1～2 天内即可出现大批死亡。

3. 病理变化

口腔、腺胃、肌胃和十二指肠有出血点，肝脾、肾常见灰黄色坏死点，脾有时呈斑点状，各种浆膜、黏膜有小出血点、病禽腿鳞有出血点。

### （二）防治措施

1. 发生疫情后采取的紧急防控措施

及时上报疫情组织确诊后立即划定疫点疫区实施封锁，疫点外围半径 3 千米范围为疫区，疫区向外 5 千米范围为受威胁区；疫区内所有禽类实施扑杀，禽尸体及其污染物实施销毁等无害化处理；对受威胁区内所有家禽实施紧急免疫，对疫区和受威胁区实施彻底消毒；最后一只病禽扑杀后经 21 天未发生新的病例，经验收和全面消毒后方可解除封锁。

2. 常规免疫措施

对鸡于 14 日龄和 40 日龄分别进行两次颈部皮下注射 H5 亚型（高致病性）油乳化灭活苗 0.3 毫升和 0.5 毫升，对蛋鸡于 120 日龄时再肌注 0.5 毫升，鸡群可获得坚强免疫保护。据近年来临床实践反应，使用禽流感－新城疫重组二联活疫苗（rL-H5 株）用滴鼻、点眼、饮水以及注射等方式接种，效果显著。

关于本病的详细防控规定，请参阅本章第七节的《高致病性禽流感防治技术规范》。

### 三、鸡传染性法氏囊病

本病是鸡的急性、高度接触性传染病，主要侵害幼鸡和青年鸡。病原是一种双核糖病毒，该病毒非常稳定，对理化因素有较强的抵抗力，可在鸡舍里长期存活，给病的防治带来困难。本病一年四季均可发生，5～6 月多见发生，被病毒污染的饲料、饮水、垫料、用具、吸血昆虫、老鼠、人员走动均可成为传播途径和传播媒介。

### （一）诊断要点

1. 临床症状

潜伏期 2～3 天，鸡群发病突然、迅速传播，食欲废绝、羽毛竖起、颤抖、常蹲之一偶，排白色水样稀粪，黏污肛门周围羽毛，有的病鸡互啄肛门。鸡群发病后第 3 天开始死亡，5～7 天达死亡高峰。

2. 剖检变化

腿肌、胸肌出血点或斑块状出血，法氏囊感染后 2～3 天肿大 1.5～3 倍，浆膜有胶冻状渗出物覆盖，囊内有出血或果酱样渗出物或干酪样物，第 5 天起恢复正常重量，以后迅速萎缩，到第 8 天只有原来重量的 1/3；肾苍白肿大，腺胃黏膜水肿、潮红或出血，腺胃与肌胃交界处常有带状出血斑。

### （二）防治措施

1. 预防

于 10～14 日龄首免（滴鼻或饮水），14 天后二免饮水接种。

2. 治疗

本病的高免血清和高免卵黄液给病鸡进行肌肉注射，对早期发病鸡群有紧急救治作用。

### 四、鸡马立克氏病

本病是由疱疹病毒引起的淋巴增生性疾病，有高度传染性。该病毒在常温下可存活数月至数年，但对化学药物敏感；病鸡和带毒鸡是主要传染源，感染过的鸡可终身带毒，从病鸡皮肤上脱落的角化上皮和毛屑含大量病毒，可经呼吸道和消化道传播。

#### （一）诊断要点

1. 临床症状

潜伏期从几周到几个月不等。各种类型的临床症状不一样，神经型的表现为下肢麻痹成劈叉状或一侧翅下垂。内脏型表现为进行性消瘦，衰竭死亡或突然死亡。眼型的表现为虹膜色素消失呈灰白色，后失明无法采食而饿死；有的眼肿胀，眶内有干酪样增生物。皮肤型的表现为皮肤结节，临床上经常见到几种类型混合感染。

2. 剖检变化

坐骨神经或臂神经受损害而弥散性增粗至正常的2～3倍，内脏型的可引起多种器官肿胀至正常的1至几倍和淋巴细胞性肿瘤，皮肤型的可见到灰白色结节或疣状物。

3. 实验室诊断

用已知的阳性血清来测定病鸡的羽毛囊髓病毒（琼脂扩散法）。

#### （二）防治措施

1. 预防

对刚出壳的小鸡在24小时内接种疫苗，每只皮下注射0.2毫升，加强育雏期的饲养管理，鸡场要有严格的隔离、检疫和消毒措施。

2. 治疗

病鸡无治疗价值，做销毁处理。

## 五、鸡传染性支气管炎

本病是一种鸡的急性、高度接触性传染病,病原是一种冠状病毒,病鸡的呼吸道渗出物中含毒量最高,病毒具有多种血清型,耐低温,但一般消毒药均可将其杀死。雏鸡发病死亡严重,死亡率可达25%,空气、各种被污染的物品均可成为传播途径及媒介。

### (一)诊断要点

1. 临床症状

潜伏期从十几小时至2天不等,病鸡表现为呼吸困难、咳嗽、喷嚏、气管啰音、食欲减退、羽毛松乱、嗜睡、蹲坐、挤堆、流鼻液和眼泪,有的拉黄白色或绿色粪便,母鸡产蛋量下降和产畸形蛋、薄壳蛋。

2. 剖检变化

气管、支气管、鼻腔和窦中有浆液性、卡他性、干酪样分泌物,气囊混浊或有黄色纤维素性渗出物,卵黄样物可掉入腹腔。肾型传染性支气管炎则肾脏肿大、苍白或呈花斑肾;腺胃型的则腺胃质地增厚、变硬、肿胀。

### (二)防治措施

1. 预防

疫苗接种是当前主要预防措施(免疫程序参见第四章第三节),平时应加强卫生消毒和检疫隔离措施,防止病的传入,加强禽舍的通风和保温,降低饲养密度等有助于病的预防。

2. 治疗

目前用一些中草药粉剂拌料饲喂,对本病有疗效。

## 六、鸡传染性鼻炎

本病是由副鸡嗜血杆菌引起的急性呼吸系疫病,成鸡最易感染,症状也最严重，秋冬季节多发；拥挤、通风不良、维 A 缺乏等应激因素可诱发本病；病原体为革兰氏阴性球状小杆菌，可经饲料、饮水经消化道感染，接触和飞沫也能传播本病，一般消毒药均可杀死本病病原体。

## （一）诊断要点

1. 临床症状

病鸡鼻孔流出浆液样分泌物，先黏液性后脓性；眼睑肿胀，有结膜炎，有的则呼吸困难，有罗音。

2. 剖检变化

鼻腔、窦隙黏膜呈急性卡他，肿胀、出血，表面有分泌物凝块或干酪样坏死物，气管黏膜有炎症。

## （二）防治措施

1. 预防

有灭活疫苗预防接种。平时坚持自繁自养，防止引入带菌鸡，发生本病的鸡场必须净化鸡群，并彻底消毒。

2. 治疗

药物难以根治本病，只能控制缓解病情。

## 七、禽霍乱

本病是多种家禽均易感染的一种急性败血性传染病，鹅、鸭和鸡对本病均易感，有时鸭比鸡发病更严重。又名"禽出败"，病原是禽多杀性巴氏杆菌，是革兰氏阴性短小杆菌，用姬姆萨或亚甲蓝染色则呈两极浓染，病原菌的抵抗力不强，一般消毒药均能将其杀死。

## （一）诊断要点

1. 临床症状

体温升高至 43℃～44℃，精神沉郁，拱背缩颈，羽毛松乱，闭眼缩头，呼吸困难，鸡冠、肉髯呈蓝紫色，口鼻流浅黄色带泡沫黏液。剧烈下痢、稀粪呈灰黄色或黄白色，有时混有血液。病鸭呼吸困难，害怕下水，并有摇头症状。病鹅的喙与蹼发紫，眼结膜有出血点。病禽死亡多在发病后几十分钟、几小时至1～2天不等。

2. 剖检变化

心包积液，心外膜及冠状脂肪处有出血点；肺有大叶性肺炎病变；肝肿大表面布满灰白色大小不一的坏死点；卡他性出血性肠炎，有大小不等的出血点，皮下、胸肌均有出血点。

3. 实验室诊断

用心血涂片或组织触片，染色镜检查两极染色的巴氏杆菌以确诊。

## （二）防治措施

1. 预防

以肌注弱毒苗预防，注射后3天产生免疫力，保护期为3～5个月，平时加强饲养管理保护禽群健康，发现病禽及时隔离，同时严格消毒。

2. 治疗

在病的早期以抗生素及磺胺药治疗有效，能吃食的可拌料用药，不能吃食的可肌肉注射用药。

## 八、禽大肠杆菌病

本病是由埃希氏大肠杆菌的某些血清型引起以鸡为主的家禽传染病。病原菌是一种革兰氏阴性的小杆菌，一般消毒药均能将其杀死，主要是经消化道传播，各种年龄的鸡均可感染，但主要损害雏鸡和青年鸡。

## （一）诊断要点

1. 临床症状

由于大肠杆菌的血清型很多，故在临床上有不同的表现形式，如突然死亡、精神沉郁、呆立、打堆、羽毛松乱、食欲废绝。

2. 剖检变化

急性败血型的病变主要是纤维素性心包炎、肝周炎（呈胶胨状）腹膜炎或卵黄腹膜炎、心包积水、心包壁混浊、增厚。

## （二）防治措施

1. 预防

目前没有效果显著的药物，疫苗尚未定型。

2. 治疗

在病的早期用喹诺酮沙星类治疗有效。

## 九、鸭瘟

本病是鸭的一种急性败血性传染病，各种年龄的鸭均可发生，成年鸭较多发生；四季均可发生，但以夏秋季节多发；病原为疱疹病毒群的鸭瘟病毒，对外界抵抗力不强，一般消毒药都可将其杀死。主要经消化道传染，少量康复后的病鸭可长期带毒排毒，其成为鸭群中或圈舍中鸭瘟的主要传染源。

## （一）诊断要点

1. 临床症状

潜伏期1～5天，体温可达42.5℃～43℃以上，精神委顿，两脚发软，伏地不动，头肿大、流泪，拉绿色稀粪，咽喉部常有黄色或灰黄色假膜，泄殖腔黏膜浮肿，呈深红色，常附有黄色坏死结痂，剥脱后遗留溃疡面。多在2～5天内死亡，有的拖到7天以上。

2. 病理变化

可见到咽喉、食道和泄殖腔等处黏膜的假膜性坏死性炎症，腺胃出血，肝有坏死灶。皮下组织及胸膜浆膜有黄色胶样浸润。

## （二）防治措施

按免疫程序用鸭瘟疫苗接种免疫（见第四章第三节内容）；对病死鸭应扑杀销

毁无害化处理，圈舍及场地、池塘均应严格消毒；被病鸭污染过的池塘，在1年内杜绝放鸭下水。

## 十、鸭病毒性肝炎

本病是雏鸭的一种急性传染病，传播快、病程短、死亡率高，病原体是肠道病毒属的鸭肝炎病毒，对外界环境抵抗力很强，能在自然环境中长期存活。本病主要通过直接接触传播，消化道、呼吸道均可感染，被污染的饲料、饮水、场地、垫料等均为传播媒介，管理不良、卫生环境差为本病诱因。

### （一）诊断要点

1. 临床症状

主要感染3周龄以内的雏鸭，传播极快，急性的看不到症状即发生死亡。精神委顿、食欲废绝、闭眼蹲伏、以头触地、出现腹泻、运动失调，倒向一侧，两腿痉挛后踢，角弓反张，数小时内死亡。

2. 剖检变化

肝脏肿大，有点状或斑块状出血，颜色变淡，表面斑驳，胆肿大多汁；脾肿大充满花斑，肾肿大充血；心肌变性，肺瘀血、脑充血水肿。

### （二）防治措施

1. 预防

以弱毒苗注射2～3日龄雏鸭。种鸭在收集种蛋前2～4天用弱毒苗2次免疫，其母源抗体对后代有坚强免疫力。

2. 治疗

高免血清或康复鸭血清及卵黄抗体均可用于本病的治疗或被动性免疫，效果很好。

## 十一、小鹅瘟

本病为雏鹅的急性败血性传染病，病原是细小病毒科的小鹅瘟病毒，其存在于病鹅的肠道和各组织脏器中，病毒对外界有很强的抵抗力。本病只感染鹅和番鸭，10日龄内的雏鹅感染本病其发病率和死亡率可达100%，20日龄以上的鹅则很少发生，成年鹅可感染不发病但带毒，成为病的传染源。

### （一）诊断要点

1. 临床症状

潜伏期3～5天，精神委顿、食欲废绝、头颈缩起、打瞌睡、行动不稳、腹泻、排黄白色或黄色混有气泡的稀粪，粪内夹有纤维状碎片。嗉囊内有大量气体或液体，气喘、喙端和蹼发绀，病程1～2天，临死前出现抽搐或瘫痪等神经症状。

2. 剖检变化

小肠黏膜炎症，坏死物及大量渗出物凝固在一起，在肠内形成管状假膜，后脱落肠腔随蠕动后移，形成长短不等栓子，堵塞小肠后段，使该段肠管膨大2～3倍，质地硬似香肠。此栓塞外壁有灰白色或灰黄色假膜，中心为黑褐色或绿色内容物。肝肿大有坏死灶，脾脏充血，偶有灰白色坏死点，胆囊肿大，心肌苍白，脑膜出血。

### （二）防治措施

1. 预防

以小鹅瘟疫苗按程序免疫，提前1个月接种产蛋母鹅，这样鹅雏就会有较强的母源抗体。

2. 治疗

用高免血清每只雏鹅皮下注射0.3～0.5毫升，有明显疗效。

# 第三节　适用的法规、规章

几种猪禽重大疫病的防治技术规范，是近年来由农业部颁布的国家行业标准，已在全国普遍实施。

## 一、高致病性禽流感防治技术规范

高致病性禽流感（highly pathogenic avian influenza，HPAI），是由正黏病毒科流感病毒属 A 型流感病毒引起的禽类烈性传染病，世界动物卫生组织（OIE）将其列为 A 类动物疫病，我国将其列为一类动物疫病。

1. 适用范围

本规范适用于中华人民共和国境内的一切从事禽类饲养、经营和禽类生产、经营，以及从事动物防疫活动的单位和个人。

2. 诊断

2.1　有下列情况之一的，可确认为高致病性禽流感：

2.1.1　有典型的临床症状和病理变化，发病急、死亡率高，且能排除鸡新城疫和中毒性疾病，血清学检测为阳性。

2.1.2　未经免疫鸡场的家禽出现 H5、H7 亚型禽流感血清学为阳性。

2.1.3　在禽群中分离到 H5、H7 亚型禽流感病毒株或其他亚型高致病力禽流感毒株。

2.2　流行特点

鸡、火鸡、鸭、鹅、鹌鹑、雉鸡、鹧鸪、鸵鸟、鸽、孔雀等多种禽类均易感。

2.3　临床症状

潜伏期从几小时到数天，最长可达 21 天。

表现为突然死亡、高死亡率，饲料和饮水消耗量及产蛋量急剧下降，病鸡极度沉郁，头部和脸部水肿，鸡冠发绀、脚鳞出血和神经紊乱；鸭鹅等水禽有明显神经和腹泻症状，可出现角膜炎症，甚至失明。

2.4 病理变化

2.4.1 剖检病变：全身组织器官严重出血。腺胃黏液增多，刮开可见到腺胃乳头出血、腺胃和肌胃之间交界处黏膜可见到带状出血；消化道黏膜，特别是十二指肠广泛出血；呼吸道黏膜可见充血、出血；心冠脂肪及心内膜出血；输卵管的中部可见乳白色分泌物或凝块；卵泡充血、出血、萎缩、破裂，有的可见"卵黄性腹膜炎"。水禽在心内膜还可见灰白色条状坏死。胰脏沿长轴常有淡黄色斑点和暗红色区域。

急性死亡病例有时未见明显病变。

2.4.2 病理组织学变化：主要表现为脑、皮肤及内脏器官（肝、脾、胰、肺、肾）的出血、充血和坏死。脑的病变包括坏死灶、血管周围淋巴细胞管套、神经胶质灶、血管增生和神经源性变化；胰腺和心肌组织局灶性坏死。

3. 疫情报告

3.1 任何单位和个人发现患有本病或疑似本病的禽类，都应当立即向当地动物防疫监督机构报告。

3.2 动物防疫监督机构接到疫情报告后，按农业部《动物疫情报告管理办法》和《国家高致病性禽流感防治应急预案》等有关规定执行。

4. 疫情处理

实行以紧急扑杀为主的综合性防治措施。

4.2.1 划定疫点、疫区、受威胁区

由所在地县级以上畜牧兽医行政管理部门划定疫点。一般是指患病禽类所在的禽（户）或其他有关屠宰、经营单位。如为农村散养，应将自然村划为疫点。

疫区：指以疫点为中心，半径3～5千米范围内区域。

受威胁区：指疫区外延5～30千米范围内的区域。

4.2.2 封锁

由县级以上畜牧兽医行政管理部门报请同级人民政府决定对疫区实行封锁；人民政府在接到封锁报告后，应在24小时内发布封锁令，并对疫区进行封锁。

4.2.3 扑杀

确认为高致病性禽流感时，在动物防疫监督机构的监督指导下对疫点内所有的禽类进行扑杀。

#### 4.2.4 无害化处理

对所有病死禽、被扑杀禽及其禽类产品（包括禽肉、蛋、精液、羽、绒、内脏、骨、血等）按照 GB16548《猪禽病害肉尸及其产品无害化处理规程》执行；对于禽类排泄物和被污染或可能被污染的垫料、饲料等物品均需进行无害化处理。

禽类尸体需要运送时，应使用防漏容器，须有明显标志，并在动物防疫监督机构的监督下实施。

#### 4.2.5 紧急免疫

对疫区和受威胁区内的所有易感禽类进行紧急免疫接种，登记免疫接种的禽群及其养禽场（户），建立免疫档案。

#### 4.2.6 消毒

对疫点内禽舍、场地以及所有运载工具、饮水用具等必须进行严格彻底的消毒。

…………

#### 4.2.8 疫源分析与追踪调查

分析疫源及其可能扩散、流行的情况。

对仍可能存在的传染源，应立即展开追踪调查，一经查明立即按照 GB16548—1996《猪禽病害肉尸及其产品无害化处理规程》采取就地销毁等无害化处理措施。

#### 4.2.9 封锁令的解除

疫点内所有禽类及其产品按规定处理后，在动物防疫监督机构的监督指导下对有关场所和物品进行彻底消毒。最后一只禽只扑杀 21 天后，经动物防疫监督机构审验合格后，由当地畜牧兽医行政管理部门向原发布封锁令的同级人民政府申请发布解除封锁令。

疫区解除封锁后，要继续对该区域进行疫情监测，6 个月后如未发现新的病例，即可宣布该次疫情被扑灭。

#### 4.2.10 处理记录

对处理疫情的全过程必须做好详细记录，以备检查。

### 5. 预防与控制

5.1 加强饲养管理，提高环境控制水平。

5.2 加强消毒，做好基础防疫工作。

5.3 监测

由县级以上动物防疫监督机构组织实施。

6. 无高致病性禽流感区标准

无高致病性禽流感区，必须满足以下条件：

6.1 达到国家无规定疫病区基本条件。

6.2 有定期、快速的动物疫情报告记录。

6.3 在过去3年内没有发生过高致病性禽流感；在过去6个月内，没有接种过禽流感疫苗；停止免疫接种后，没有引进接种过禽流感疫苗的禽类。

6.4 有有效的监测体系和监测区，过去3年内实施疫病监测，未检出H5、H7禽流感HI试验阳性。

6.5 所有的报告、监测记录等有关材料准确、翔实、齐全。

6.6 若发生高致病性禽流感时，在采取扑杀措施及血清学监测的情况下，最后一只病禽扑杀后6个月；或采取扑杀措施、血清学监测及紧急免疫情况下，最后一只免疫禽屠宰后6个月，经实施有效的疫情监测和血清学检测确认后，方可重新申请无高致病性禽流感区。

## 二、牲畜口蹄疫防治技术规范

### （一）疫情确认程序

1. 现场临床诊断；
2. 省级实验室或口蹄疫国家参考实验室确诊；
3. 国家确认。

### （二）疫情报告规范

1. 疫情报告

（1）疑似疫情的报告

县、市（地）级动物防疫监督机构确认为疑似口蹄疫疫情的，应在2小时内报告当地防治牲畜口蹄疫指挥部办公室。当地防治牲畜口蹄疫指挥部办公室应于24小时内经省级上报至全国防治牲畜口蹄疫总指挥部办公室。

（2）确认疫情的报告

省级动物防疫监督机构认定为确诊病例的应立即报告省级防治牲畜口蹄疫指挥部办公室；口蹄疫国家参考实验室认定为确诊病例的，应立即通知疫情发生地省级防治牲畜口蹄疫指挥部办公室；省级防治指挥部办公室应立即报至全国防治牲畜口蹄疫总指挥部办公室。

（3）疫情处理的报告

疫情发生后，省级防治牲畜口蹄疫指挥部办公室要将扑杀、封锁、消毒、监测、免疫等疫情处理情况每周一次报至全国防治牲畜口蹄疫总指挥部办公室。必要时，实行每日报告。

（4）解除封锁的报告

解除封锁后，省级防治牲畜口蹄疫指挥部办公室要及时将疫情处理工作总结、解除封锁时间、解除封锁审查报告等情况报至全国防治牲畜口蹄疫总指挥部办公室。

（5）疫情的汇总和月报

省级防治牲畜口蹄疫指挥部办公室应于每月2日前将本省上月牲畜口蹄疫疫情汇总至全国防治牲畜口蹄疫总指挥部办公室。

2. 疫情报告管理

（1）专人管理疫情报告；

（2）设置专门疫情报告联系电话。

### （三）诊断标准

1. 诊断指标

（1）临床典型症状

牛、羊、猪在临床上具有诊断意义的特异性症状为口、鼻、蹄、乳头等部位出现水泡。

（2）病原检测

采集的新鲜水泡皮、水泡液样品，经双抗体夹心酶联免疫吸附试验、反向间接血凝试验、反转录-聚合酶链反应（RT-PCR）试验、乳鼠中和试验、微量补体结合反应进行病原检测。

(3) 血清检测

在没有采到水泡皮、水泡液等样品的情况下,将采集的血清样品,经非结构蛋白抗体酶免疫吸附试验或液相阻断酶联免疫吸附试验进行抗体检测。

2. 结果判定

(1) 疑似口蹄疫 符合临床典型症状指标;

(2) 确诊口蹄疫 经实验室病原检测呈阳性的。

曾怀疑有疫情发生的畜群,非结构蛋白抗体阳性、或未免疫畜群病毒抗体阳性的,都可作为追溯性诊断结果认定原怀疑的疫情为口蹄疫疫情。

## (四) 封锁技术规范

1. 疫点、疫区、受威胁区的划分

疫点:为发病畜所在地点。散养畜以自然村为疫点,放牧畜以畜群地为疫点,养殖场以病畜所在场为疫点。病畜在市场的,以所在市场为疫点;病畜在屠宰加工过程中,以屠宰加工厂(场)为疫点。

疫区:以疫点为中心,半径3千米内的区域。

受威胁区:距疫区周边10千米内的区域。

2. 封锁令的发布

疫情发生所在地畜牧兽医行政管理部门报请本级人民政府对疫区实行封锁,人民政府在接到报告后,应立即做出决定并发布封锁令。

3. 封锁的实施

当地人民政府组织对疫区实施封锁。在疫区周围设置警示标志,配备消毒设备,建立临时性检疫消毒站,禁止易感牲畜进出和易感牲畜产品运出,对出入人员和车辆进行严格消毒。

4. 封锁期间的措施

疫点内严禁人员进出,对疫区、受威胁区内的易感动物实施紧急免疫接种,疫点、疫区实行严格消毒。

5. 封锁令的解除

最后1只病畜死亡或扑杀后21天不再出现新的病例,经终末全面消毒后,经动物防疫监督机构按规定审验合格后,由当地畜牧兽医行政管理部门向原发布封锁令的人民政府申请解除封锁。

## （五）扑杀技术规范

1. 扑杀范围：病畜及规定扑杀的易感动物；

2. 使用无出血方法扑杀：电击、药物注射；

3. 将动物尸体用密闭车运往处理场地予以销毁。

4. 扑杀工作人员防护技术要求：

（1）穿戴合适的防护衣物；

穿防护服，或者穿长袖手术衣或防水围裙；戴可消毒的橡胶手套；戴 N95 口罩或标准手术用口罩；戴护目镜；穿可消毒的胶靴，或者一次性的鞋套。

（2）洗手和消毒；

（3）防护服、手套、口罩、目镜、胶靴、鞋套使用后在指定地点消毒或销毁。

## （六）无害化处理技术规范

所有病死牲畜、被扑杀牲畜及其产品、排泄物以及被污染或可能被污染的垫料、饲料和其他物品应当进行无害化处理。无害化处理可以选择深埋、焚烧等办法，饲料、粪便也可以堆积发酵或焚烧处理。

## （七）疫点、疫区清洗消毒技术规范

1. 成立清洗消毒队；

2. 设备和必需品；

（1）清洗工具；

（2）消毒工具；

（3）消毒剂；

（4）防护装备。

3. 疫点内饲养圈舍清理、清洗和消毒；

4. 交通工具清洗消毒；

5. 牲畜市场消毒清洗；

6. 屠宰加工、贮藏等场所的清洗消毒；

7. 疫点每天消毒 1 次，连续 1 周，1 周以后每天消毒 1 次。疫区内疫点以外的区域每两天消毒 1 次。

## 三、高致病性猪蓝耳病防治技术规范

高致病性猪蓝耳病是由猪繁殖与呼吸综合征（俗称蓝耳病）病毒变异株引起的一种急性高致死性疫病。仔猪发病率可达 100%、死亡率可达 50% 以上，母猪流产率可达 30% 以上，育肥猪也可发病死亡是其特征。

为及时、有效地预防、控制和扑灭高致病性猪蓝耳病疫情，依据《中华人民共和国动物防疫法》、《重大动物疫情应急条例》和《国家突发重大动物疫情应急预案》及有关法律法规，制定本规范。

1. 适用范围

本规范规定了高致病性猪蓝耳病诊断、疫情报告、疫情处置、预防控制、检疫监督的操作程序与技术标准。

本规范适用于中华人民共和国境内一切与高致病性猪蓝耳病防治活动有关的单位和个人。

2. 诊断

2.1 诊断指标

2.1.1 临床指标

体温明显升高，可达 41℃ 以上；眼结膜炎、眼睑水肿；咳嗽、气喘等呼吸道症状；部分猪后躯无力、不能站立或共济失调等神经症状；仔猪发病率可达 100%、死亡率可达 50% 以上，母猪流产率可达 30% 以上，成年猪也可发病死亡。

2.1.2 病理指标

可见脾脏边缘或表面出现梗死灶，显微镜下见出血性梗死；肾脏呈土黄色，表面可见针尖至小米粒大出血点斑，皮下、扁桃体、心脏、膀胱、肝脏和肠道均可见出血点和出血斑。显微镜下见肾间质性炎，心脏、肝脏和膀胱出血性、渗出性炎等病变；部分病例可见胃肠道出血、溃疡、坏死。

2.1.3 病原学指标

2.1.3.1 高致病性猪蓝耳病病毒分离鉴定为阳性。

2.1.3.2 高致病性猪蓝耳病病毒反转录聚合酶链式反应（RT-PCR）检测为阳性。

2.2 结果判定

2.2.1 疑似结果

符合 2.1.1 和 2.1.2，判定为疑似高致病性猪蓝耳病。

2.2.2 确诊

符合 2.2.1，且符合 2.1.3.1 和 2.1.3.2 之一的，判定为高致病性猪蓝耳病。

3. 疫情报告

3.1 任何单位和个人发现猪出现急性发病死亡情况，应及时向当地动物疫控机构报告。

3.2 当地动物疫控机构在接到报告或了解临床怀疑疫情后，应立即派人员到现场进行初步调查核实，符合 2.2.1 规定的，判定为疑似疫情。

3.3 判定为疑似疫情时，应采集样品进行实验室诊断，必要时送省级动物疫控机构或国家指定实验室。

3.4 确认为高致病性猪蓝耳病疫情时，应在 2 个小时内将情况逐级报至省级动物疫控机构和同级兽医行政管理部门。省级兽医行政管理部门和动物疫控机构按有关规定向农业部报告疫情。

3.5 国务院兽医行政管理部门根据确诊结果，按规定公布疫情。

4. 疫情处置

4.1 疑似疫情的处置

对发病场/户实施隔离、监控，禁止生猪及其产品和有关物品移动，并对其内外环境实施严格的消毒措施。对病死猪、污染物或可疑污染物进行无害化处理。必要时，对发病猪和同群猪进行扑杀并进行无害化处理。

4.2 确认疫情的处置

4.2.1 划定疫点、疫区、受威胁区

由所在地县级以上兽医行政管理部门划定疫点、疫区、受威胁区。

疫点：为发病猪所在的地点。规模化养殖场/户，以病猪所在的相对独立的养殖圈舍为疫点；散养猪以病猪所在的自然村为疫点；在运输过程中，以运载工具为疫点；在市场发现疫情，以市场为疫点；在屠宰加工过程中发现疫情，以屠宰加工厂/场为疫点。

疫区：指疫点边缘向外延 3 千米范围内的区域。根据疫情的流行病学调查、免疫状况、疫点周边的饲养环境、天然屏障（如河流、山脉等）等因素综合评估后划定。

受威胁区：由疫区边缘向外延伸 5 千米的区域划为受威胁区。

4.2.2 封锁疫区

由当地兽医行政管理部门向当地县级以上人民政府申请发布封锁令，对疫区实施封锁：在疫区周围设置警示标志；在出入疫区的交通路口设置动物检疫消毒站，对出入的车辆和有关物品进行消毒；关闭生猪交易市场，禁止生猪及其产品运出疫区。必要时，经省级人民政府批准，可设立临时监督检查站，执行监督检查任务。

4.2.3 疫点应采取的措施

扑杀所有病猪和同群猪；对病死猪、排泄物、被污染饲料、垫料、污水等进行无害化处理；对被污染的物品、交通工具、用具、猪舍、场地等进行彻底消毒。

4.2.4 疫区应采取的措施

对被污染的物品、交通工具、用具、猪舍、场地等进行彻底消毒；对所有生猪用高致病性猪蓝耳病灭活疫苗进行紧急强化免疫，并加强疫情监测。

4.2.2.5 受威胁区应采取的措施

对受威胁区所有生猪用高致病性猪蓝耳病灭活疫苗进行紧急强化免疫，并加强疫情监测。

4.2.2.6 疫源分析与追踪调查

## 四、非洲猪瘟防制技术规范

**农业农村部关于印发《非洲猪瘟疫情应急实施方案（2020 年版）》的通知**

农牧发〔2020〕10 号

各省、自治区、直辖市及计划单列市农业农村（农牧、畜牧兽医）厅（局、委），新疆生产建设兵团农业农村局，部属有关事业单位：

为进一步做好非洲猪瘟疫情防控工作，指导各地科学规范处置疫情，我部在总结防控实践经验的基础上，组织制订了《非洲猪瘟疫情应急实施方案（2020 年版）》，现印发你们，请遵照执行。《非洲猪瘟疫情应急实施方案（2019年版）》同时废止。

农业农村部<br/>2020年2月29日

## 非洲猪瘟疫情应急实施方案
（2020年版）

为有效预防、控制和扑灭非洲猪瘟疫情，切实维护养猪业稳定健康发展，保障猪肉产品供给，根据《中华人民共和国动物防疫法》《中华人民共和国进出境动植物检疫法》《重大动物疫情应急条例》《国家突发重大动物疫情应急预案》等有关规定，制订本实施方案。

**一、疫情报告与确认**

任何单位和个人，一旦发现生猪、野猪异常死亡等情况，应立即向当地畜牧兽医主管部门、动物卫生监督机构或动物疫病预防控制机构报告。

县级以上动物疫病预防控制机构接到报告后，根据非洲猪瘟诊断规范（附件1）判断，符合可疑病例标准的，应判定为可疑疫情，并及时采样组织开展检测。检测结果为阳性的，应判定为疑似疫情；省级动物疫病预防控制机构实验室检测为阳性的，应判定为确诊疫情。相关单位在开展疫情报告、调查以及样品采集、送检、检测等工作时，要及时做好记录备查。

省级动物疫病预防控制机构确诊后，应将疫情信息按快报要求报中国动物疫病预防控制中心，将病料样品和流行病学调查等背景信息送中国动物卫生与流行病学中心备份。中国动物疫病预防控制中心按程序将有关信息报农业农村部。

在生猪运输过程中发现的非洲猪瘟疫情，对没有合法或有效检疫证明等违法违规运输的，按照《中华人民共和国动物防疫法》有关规定处理；对有合法检疫证明且在有效期之内的，疫情处置、扑杀补助费用分别由疫情发生地、输出地所在地方按规定承担。疫情由发生地负责报告、处置，计入输出地。

各地海关、交通、林业和草原等部门发现可疑病例的，要及时通报所在地省级畜牧兽医主管部门。所在地省级畜牧兽医主管部门按照有关规定及时组织开展流行病学调查、样品采集、检测、诊断、信息上报等工作，按职责分工，与海关、交通、林业和草原部门共同做好疫情处置工作。

农业农村部根据确诊结果和流行病学调查信息，认定并公布疫情。必要时，可授权相关省级畜牧兽医主管部门认定并公布疫情。

## 二、疫情响应

（一）疫情响应分级

根据疫情流行特点、危害程度和涉及范围，将非洲猪瘟疫情响应分为四级：特别重大（Ⅰ级）、重大（Ⅱ级）、较大（Ⅲ级）和一般（Ⅳ级）。

1. 特别重大（Ⅰ级）

全国新发疫情持续增加、快速扩散，21天内多数省份发生疫情，对生猪产业发展和经济社会运行构成严重威胁。

2. 重大（Ⅱ级）

21天内，5个以上省份发生疫情，疫区集中连片，且疫情有进一步扩散趋势。

3. 较大（Ⅲ级）

21天内，2个以上、5个以下省份发生疫情。

4. 一般（Ⅳ级）

21天内，1个省份发生疫情。

必要时，农业农村部可根据防控实际对突发非洲猪瘟疫情具体级别进行认定。

（二）疫情预警

发生特别重大（Ⅰ级）、重大（Ⅱ级）、较大（Ⅲ级）疫情时，由农业农村部向社会发布疫情预警。发生一般（Ⅳ级）疫情时，农业农村部可授权相关省级畜牧兽医主管部门发布疫情预警。

（三）分级响应

发生非洲猪瘟疫情时，各地、各有关部门按照属地管理、分级响应的原则做出应急响应。

1. 特别重大（Ⅰ级）疫情响应

农业农村部根据疫情形势和风险评估结果，报请国务院启动Ⅰ级应急响应，启动国家应急指挥机构；或经国务院授权，由农业农村部启动Ⅰ级应急响应，并牵头启动多部门组成的应急指挥机构。

全国所有省份的省、市、县级人民政府立即启动应急指挥机构，实施防控工作日报告制度，组织开展紧急流行病学调查和应急监测等工作。对发现的疫情及时采取应急处置措施。各有关部门按照职责分工共同做好疫情防控工作。

2. 重大（Ⅱ级）疫情响应

农业农村部以及发生疫情省份及相邻省份的省、市、县级人民政府立即启动Ⅱ级应急响应，并启动应急指挥机构工作，实施防控工作日报告制度，组织开展紧急流行病学调查和应急监测工作。对发现的疫情及时采取应急处置措施。各有关部门按照职责分工共同做好疫情防控工作。

3. 较大（Ⅲ级）疫情响应

发生疫情省份的省、市、县级人民政府立即启动Ⅲ级应急响应，并启动应急指挥机构工作，实施防控工作日报告制度，组织开展紧急流行病学调查和应急监测工作。对发现的疫情及时采取应急处置措施。各有关部门按照职责分工共同做好疫情防控工作。

农业农村部加强对发生疫情省份应急处置工作的督导，根据需要组织有关专家协助疫情处置，并及时向有关省份通报情况。必要时，由农业农村部启动多部门组成的应急指挥机构。

4. 一般（Ⅳ级）疫情响应

发生疫情省份的市、县级人民政府立即启动Ⅳ级应急响应，并启动应急指挥机构工作，实施防控工作日报告制度，组织开展紧急流行病学调查和应急监测工作。对发现的疫情及时采取应急处置措施。各有关部门按照职责分工共同做好疫情防控工作。

发生疫情的省份，省级畜牧兽医主管部门要加强对疫情发生地应急处置工作的督导，及时组织专家提供技术指导和支持，并向本省有关地区、相关部门通报，及时采取预防控制措施，防止疫情扩散蔓延。必要时，省级畜牧兽医主管部门根据疫情形势和风险评估结果，报请省级人民政府启动多部门组成的应急指挥机构。

发生特别重大（Ⅰ级）、重大（Ⅱ级）、较大（Ⅲ级）、一般（Ⅳ级）等级别疫情时，要严格限制生猪及其产品由高风险区向低风险区调运，对生猪与生猪产品调运实施差异化管理，关闭相关区域的生猪交易场所，具体调运监管方案由农业农村部另行制订发布并适时调整。

## （四）响应级别调整与终止

根据疫情形势和防控实际，农业农村部或相关省级畜牧兽医主管部门组织对疫情形势进行评估分析，及时提出调整响应级别或终止应急响应的建议。由原启动响应机制的人民政府或应急指挥机构调整响应级别或终止应急响应。

### 三、应急处置

#### （一）可疑和疑似疫情的应急处置

对发生可疑和疑似疫情的相关场点实施严格的隔离、监视，并对该场点及有流行病学关联的养殖场（户）进行采样检测。禁止易感动物及其产品、饲料及垫料、废弃物、运载工具、有关设施设备等移动，并对其内外环境进行严格消毒。必要时可采取封锁、扑杀等措施。

#### （二）确诊疫情的应急处置

疫情确诊后，县级以上畜牧兽医主管部门应立即划定疫点、疫区和受威胁区，开展追溯追踪等紧急流行病学调查，向本级人民政府提出启动相应级别应急响应的建议，由当地人民政府依法做出决定。

1. 划定疫点、疫区和受威胁区

疫点：发病猪所在的地点。对具备良好生物安全防护水平的规模养殖场，发病猪舍与其他猪舍有效隔离的，可以发病猪舍为疫点；发病猪舍与其他猪舍未能有效隔离的，以该猪场为疫点，或以发病猪舍及流行病学关联猪舍为疫点。对其他养殖场（户），以病猪所在的养殖场（户）为疫点；如已出现或具有交叉污染风险，以病猪所在养殖小区、自然村或病猪所在养殖场（户）及流行病学关联场（户）为疫点。对放养猪，以病猪活动场地为疫点。在运输过程中发现疫情的，以运载病猪的车辆、船只、飞机等运载工具为疫点。在牲畜交易和隔离场所发生疫情的，以该场所为疫点。在屠宰加工过程中发生疫情的，以该屠宰加工厂（场）（不含未受病毒污染的肉制品生产加工车间、仓库）为疫点。

疫区：一般是指由疫点边缘向外延伸3千米的区域。

受威胁区：一般是指由疫区边缘向外延伸10千米的区域。对有野猪活动地区，受威胁区应为疫区边缘向外延伸50千米的区域。

划定疫点、疫区和受威胁区时，应根据当地天然屏障（如河流、山脉等）、人工屏障（道路、围栏等）、行政区划、饲养环境、野猪分布等情况，以及流行病学调查和风险分析结果，必要时考虑特殊供给保障需要，综合评估后划定。

2.封锁

疫情发生所在地的县级畜牧兽医主管部门报请本级人民政府对疫区实行封锁，由当地人民政府依法发布封锁令。

疫区跨行政区域时，由有关行政区域共同的上一级人民政府对疫区实行封锁，或者由各有关行政区域的上一级人民政府共同对疫区实行封锁。必要时，上级人民政府可以责成下级人民政府对疫区实行封锁。

3.疫点内应采取的措施

疫情发生所在地的县级人民政府应当依法及时组织扑杀疫点内的所有生猪。

对所有病死猪、被扑杀猪及其产品进行无害化处理。对排泄物、餐厨废弃物、被污染或可能被污染的饲料和垫料、污水等进行无害化处理。对被污染或可能被污染的物品、交通工具、用具、猪舍、场地环境等进行彻底清洗消毒并采取灭鼠、灭蝇、灭蚊等措施。出入人员、运载工具和相关设施设备要按规定进行消毒。禁止易感动物出入和相关产品调出。

疫点为生猪屠宰场点的，停止生猪屠宰等生产经营活动。

4.疫区应采取的措施

疫情发生所在地的县级以上人民政府应按照程序和要求，组织设立警示标志，设置临时检查消毒站，对出入的相关人员和车辆进行消毒。禁止易感动物出入和相关产品调出，关闭生猪交易场所并进行彻底消毒。对疫区内未采取扑杀措施的养殖场（户）和相关猪舍，要严格隔离观察、强化应急监测、增加清洗消毒频次并开展抽样检测，经病原学检测为阴性的，存栏生猪可继续饲养或经指定路线就近屠宰。

疫区内的生猪屠宰企业应暂停生猪屠宰活动，在官方兽医监督指导下采集血液、组织和环境样品送检，并进行彻底清洗消毒。检测结果为阴性的，经疫情发生所在县的上一级畜牧兽医主管部门组织开展风险评估通过后，可恢复生产。

封锁期内，疫区再次发现疫情或检出病原学阳性的，应参照疫点内的处置措施进行处置。经流行病学调查和风险评估，认为无疫情扩散风险的，可不再扩大疫区范围。

对疫点、疫区内扑杀的生猪，原则上应当就地进行无害化处理，确需运出疫区进行无害化处理的，须在当地畜牧兽医部门监管下，使用密封装载工具（车辆）

运出，严防遗撒渗漏；启运前和卸载后，应当对装载工具（车辆）进行彻底清洗消毒。

5.受威胁区应采取的措施

禁止生猪调出调入，关闭生猪交易场所。疫情发生所在地畜牧兽医部门及时组织对生猪养殖场（户）全面开展临床监视，必要时采集样品送检，掌握疫情动态，强化防控措施。对具有独立法人资格、取得《动物防疫条件合格证》、按规定开展非洲猪瘟病原学检测且病毒核酸为阴性的养殖场（户），其出栏肥猪可与本省符合条件的屠宰企业实行"点对点"调运；出售的种猪、商品仔猪（重量在30千克及以下且用于育肥的生猪）可在本省范围内调运。

受威胁区内的生猪屠宰企业应当暂停生猪屠宰活动，并彻底清洗消毒；经当地畜牧兽医部门对血液、组织和环境样品检测合格，由疫情发生所在县的上一级畜牧兽医主管部门组织开展动物疫病风险评估通过后，可恢复生产。

封锁期内，受威胁区内再次发现疫情或检出病原学检测阳性的，应参照疫点内的处置措施进行处置。经流行病学调查和风险评估，认为无疫情扩散风险的，可不再扩大受威胁区范围。

6.运输途中发现疫情应采取的措施

疫情发生所在地的县级人民政府依法及时组织扑杀运输的所有生猪，对所有病死猪、被扑杀猪及其产品进行无害化处理，对运载工具实施暂扣，并进行彻底清洗消毒，不得劝返。当地可根据风险评估结果，确定是否需划定疫区并采取相应处置措施。

（三）野猪和虫媒控制

养殖场（户）要强化生物安全防护措施，避免饲养的生猪与野猪接触。各地林业和草原部门要对疫区、受威胁区及周边地区野猪分布状况进行调查和监测。在钝缘软蜱分布地区，疫点、疫区、受威胁区的养猪场（户）要采取杀灭钝缘软蜱等控制措施，畜牧兽医部门要加强监测和风险评估工作，并与林业和草原部门定期相互通报有关信息。

（四）紧急流行病学调查

1.发病情况调查

掌握疫点、疫区、受威胁区及当地易感动物养殖情况，野猪分布状况、疫点周边地理情况；根据诊断规范（附件1），在疫区和受威胁内进行病例搜索，寻找首发病例，查明发病顺序，统计发病动物数量、死亡数量，收集相关信息，分析疫病发生情况。

2. 追踪和追溯调查

对首发病例出现前21天内以及疫情发生后采取隔离措施前，从疫点输出的易感动物、相关产品、运载工具及密切接触人员的去向进行追踪调查，对有流行病学关联的养殖、屠宰加工场所进行采样检测，评估疫情扩散风险。

对首发病例出现前21天内，引入疫点的所有易感动物、相关产品、运输工具和人员往来情况等进行追踪调查，对有流行病学关联的相关场所、运载工具进行采样检测，分析疫情来源。

疫情追踪调查过程中发现异常情况的，应根据风险分析情况及时采取隔离观察、抽样检测等处置措施。

（五）应急监测

疫点所在县、市要立即对所有养殖场所开展应急监测，对重点区域、关键环节和异常死亡的生猪加大监测力度，及时发现疫情隐患。要加大对生猪交易场所、屠宰场所、无害化处理厂的巡查力度，有针对性地开展监测。要加大入境口岸、交通枢纽周边地区、中欧班列沿线地区以及货物卸载区周边的监测力度。要高度关注生猪、野猪的异常死亡情况，应急监测中发现异常情况的，必须按规定立即采取隔离观察、抽样检测等处置措施。

（六）解除封锁和恢复生产

1. 疫点为养殖场、交易场所

疫点、疫区和受威胁区应扑杀范围内的死亡猪和应扑杀生猪按规定进行无害化处理21天后未出现新发疫情，对疫点和屠宰场所、市场等流行病学关联场点抽样检测为阴性的，经疫情发生所在县的上一级畜牧兽医主管部门组织验收合格后，由所在地县级畜牧兽医主管部门向原发布封锁令的人民政府申请解除封锁，由该人民政府发布解除封锁令，并通报毗邻地区和有关部门。

解除封锁后，病猪或阳性猪所在场点需继续饲养生猪的，经过5个月空栏且环境抽样检测为阴性后，或引入哨兵猪并进行临床观察、饲养45天后（其间猪只不得调出）哨兵猪病原学检测为阴性且观察期内无临床异常表现的，方可补栏。

2.疫点为生猪屠宰加工企业

对屠宰场所主动排查报告的疫情，应对屠宰场所及其流行病学关联车辆进行彻底清洗消毒，当地畜牧兽医主管部门对其环境样品和生猪产品检测合格的，经过48小时后，由疫情发生所在县的上一级畜牧兽医主管部门组织开展动物疫病风险评估通过后，可恢复生产。对疫情发生前生产的生猪产品，需进行抽样检测，检测结果为阴性的，方可销售或加工使用。

对畜牧兽医主管部门排查发现的疫情，应对屠宰场所及其流行病学关联车辆进行彻底清洗消毒，当地畜牧兽医主管部门对其环境样品和生猪产品检测合格的，经过15天后，由疫情发生所在县的上一级畜牧兽医主管部门组织开展动物疫病风险评估通过后，方可恢复生产。对疫情发生前生产的生猪产品，需进行抽样检测和风险评估，经检测为阴性且风险评估符合要求的，方可销售或加工使用。

疫区内的生猪屠宰企业应进行彻底清洗消毒，当地畜牧兽医主管部门对其环境样品和生猪产品检测合格的，经过48小时后，由疫情发生所在县的上一级畜牧兽医主管部门组织开展动物疫病风险评估通过后，可恢复生产。

（七）扑杀补助

对强制扑杀的生猪及人工饲养的野猪，符合补助规定的，按照有关规定给予补助，扑杀补助经费由中央财政和地方财政按比例承担。

**四、信息发布和科普宣传**

及时发布疫情信息和防控工作进展，同步向国际社会通报情况。未经农业农村部授权，地方各级人民政府及各部门不得擅自发布发生疫情信息和排除疫情信息。坚决打击造谣、传谣行为。

坚持正面宣传、科学宣传，第一时间发出权威解读和主流声音，做好防控宣传工作。科学宣传普及防控知识，针对广大消费者的疑虑和关切，及时答疑解惑，引导公众科学认知非洲猪瘟，理性消费生猪产品。

**五、善后处理**

（一）后期评估

应急响应结束后，疫情发生地人民政府畜牧兽医主管部门组织有关单位对应急处置情况进行系统总结，可结合体系效能评估，找出差距和改进措施，报告同级人民政府和上级畜牧兽医主管部门。较大（Ⅲ级）疫情的，应上报至省级畜牧兽医主管部门；重大（Ⅱ级）以上疫情的，应逐级上报至农业农村部。

（二）表彰奖励

疫情应急处置结束后，对应急工作中态度坚决、行动果断、协调顺畅、配合紧密、措施有力的单位，以及积极主动、勇于担当并发挥重要作用的个人，当地人民政府应予以表彰、奖励和通报表扬。

（三）责任追究

在疫情处置过程中，发现生猪养殖、贩运、交易、屠宰等环节从业者存在主体责任落实不到位，以及相关部门工作人员存在玩忽职守、失职、渎职等行为的，依据有关法律法规严肃追究当事人责任。

（四）抚恤补助

地方各级人民政府要组织有关部门对因参与应急处置工作致病、致残、死亡的人员，按照有关规定给予相应的补助和抚恤。

六、附则

（一）本实施方案有关数量的表述中，"以上"含本数，"以下"不含本数。

（二）针对供港澳生猪及其产品的防疫监管，涉及本方案中有关要求的，由农业农村部、海关总署另行商定。

（三）家养野猪发生疫情的，按家猪疫情处置；野猪发生疫情的，根据流行病学调查和风险评估结果，参照本方案采取相关处置措施，防止野猪疫情向家猪和家养野猪扩散。

（四）常规监测发现养殖场样品阳性的，应立即隔离观察，开展紧急流行病学调查并及时采取相应处置措施。该阳性猪群过去21日内出现异常死亡、经省级复核仍呈病原学或血清学阳性的，按疫情处置。过去21日内无异常死亡、经省级复核仍呈病原学或血清学阳性的，应扑杀阳性猪及其同群猪，并采集样品送中国动物卫生与流行病学中心复核；对其余猪群持续隔离观察21天，对无异常情况且检测为阴性的，可就近屠宰或继续饲养。对检测为阳性的信息，应按要求快报至中国动物疫病预防控制中心。

（五）常规监测发现屠宰场所样品阳性的，应立即开展紧急流行病学调查并参照疫点采取相应处置措施。

（六）在饲料及其添加剂、猪相关产品检出阳性样品的，应立即封存，经评估有疫情传播风险的,对封存的相关饲料及其添加剂、猪相关产品予以销毁。

(七)动物隔离场、动物园、野生动物园、保种场、实验动物场所发生疫情的,应按本方案进行相应处置。必要时,可根据流行病学调查、实验室检测、风险评估结果,报请省级有关部门并经省级畜牧兽医主管部门同意,合理确定扑杀范围。

(八)本实施方案由农业农村部负责解释。

### 附件1  非洲猪瘟诊断规范

#### 一、流行病学

(一)传染源

感染非洲猪瘟病毒的家猪、野猪(包括病猪、康复猪和隐性感染猪)和钝缘软蜱等为主要传染源。

(二)传播途径

主要通过接触非洲猪瘟病毒感染猪或非洲猪瘟病毒污染物(餐厨废弃物、饲料、饮水、圈舍、垫草、衣物、用具、车辆等)传播,消化道和呼吸道是最主要的感染途径;也可经钝缘软蜱等媒介昆虫叮咬传播。

(三)易感动物

家猪和欧亚野猪高度易感,无明显的品种、日龄和性别差异。疣猪和薮猪虽可感染,但不表现明显临床症状。

(四)潜伏期

因毒株、宿主和感染途径不同,潜伏期有所差异,一般为5至19天,最长可达21天。世界动物卫生组织《陆生动物卫生法典》将潜伏期定为15天。

(五)发病率和病死率

不同毒株致病性有所差异,强毒力毒株可导致感染猪在12至14天内100%死亡,中等毒力毒株造成的病死率一般为30%至50%,低毒力毒株仅引起少量猪死亡。

(六)季节性

该病季节性不明显。

#### 二、临床表现

(一)最急性:无明显临床症状突然死亡。

(二)急性:体温可高达42℃,沉郁,厌食,耳、四肢、腹部皮肤有出血点,可视黏膜潮红、发绀。眼、鼻有黏液脓性分泌物；呕吐；便秘，粪便表面有血液和黏液覆盖；腹泻，粪便带血。共济失调或步态僵直，呼吸困难，病程延长则出现其他神经症状。妊娠母猪流产。病死率可达100%。病程4至10天。

（三）亚急性：症状与急性相同，但病情较轻，病死率较低。体温波动无规律，一般高于40.5℃。仔猪病死率较高。病程5至30天。

（四）慢性：波状热，呼吸困难，湿咳。消瘦或发育迟缓，体弱，毛色暗淡。关节肿胀，皮肤溃疡。死亡率低。病程2至15个月。

### 三、病理变化

典型的病理变化包括浆膜表面充血、出血，肾脏、肺脏表面有出血点，心内膜和心外膜有大量出血点，胃、肠道黏膜弥漫性出血；胆囊、膀胱出血；肺脏肿大，切面流出泡沫性液体，气管内有血性泡沫样黏液；脾脏肿大，易碎，呈暗红色至黑色，表面有出血点，边缘钝圆，有时出现边缘梗死。颌下淋巴结、腹腔淋巴结肿大，严重出血。

最急性型的个体可能不出现明显的病理变化。

### 四、实验室鉴别诊断

非洲猪瘟临床症状与古典猪瘟、高致病性猪蓝耳病、猪丹毒等疫病相似，必须通过实验室检测进行鉴别诊断。

（一）样品的采集、运输和保存（附件2）

（二）抗体检测

抗体检测可采用间接酶联免疫吸附试验、阻断酶联免疫吸附试验和间接荧光抗体试验等方法。

（三）病原学检测

1. 病原学快速检测：可采用双抗体夹心酶联免疫吸附试验、聚合酶链式反应或实时荧光聚合酶链式反应等方法。

2. 病毒分离鉴定：可采用细胞培养等方法。从事非洲猪瘟病毒分离鉴定工作，必须经农业农村部批准。

### 五、结果判定

（一）可疑病例

猪群符合下述流行病学、临床症状、剖检病变标准之一的，判定为可疑病例。

1. 流行病学标准

（1）已经按照程序规范免疫猪瘟、高致病性猪蓝耳病等疫苗，但猪群发病率、病死率依然超出正常范围；

（2）饲喂餐厨废弃物的猪群，出现高发病率、高病死率；

（3）调入猪群、更换饲料、外来人员和车辆进入猪场、畜主和饲养人员购买生猪产品等可能风险事件发生后，15天内出现高发病率、高死亡率；

（4）野外放养有可能接触垃圾的猪出现发病或死亡。

符合上述4条之一的，判定为符合流行病学标准。

2. 临床症状标准

（1）发病率、病死率超出正常范围或无前兆突然死亡；

（2）皮肤发红或发紫；

（3）出现高热或结膜炎症状；

（4）出现腹泻或呕吐症状；

（5）出现神经症状。

符合第（1）条，且符合其他条之一的，判定为符合临床症状标准。

3. 剖检病变标准

（1）脾脏异常肿大；

（2）脾脏有出血性梗死；

（3）下颌淋巴结出血；

（4）腹腔淋巴结出血。

符合上述任何一条的，判定为符合剖检病变标准。

（二）疑似病例

对临床可疑病例，经县级或地市级动物疫病预防控制机构实验室检测为阳性的，判定为疑似病例。

（三）确诊病例

对疑似病例，按有关要求经省级动物疫病预防控制机构实验室复核，结果为阳性的，判定为确诊病例。

## 附件 2　非洲猪瘟样品的采集、运输与保存要求

可采集发病动物或同群动物的血清样品和病原学样品，病原学样品主要包括抗凝血、脾脏、扁桃体、淋巴结、肾脏和骨髓等。如环境中存在钝缘软蜱，也应一并采集。

样品的包装和运输应符合农业农村部《高致病性动物病原微生物菌（毒）种或者样本运输包装规范》等规定。规范填写采样登记表，采集的样品应在冷藏密封状态下运输到相关实验室。

### 一、血清样品

无菌采集 5 毫升血液样品，室温放置 12 至 24 小时，收集血清，冷藏运输。到达检测实验室后，冷冻保存。

### 二、病原学样品

（一）抗凝血样品

无菌采集 5ml 乙二胺四乙酸抗凝血，冷藏运输。到达检测实验室后，-70℃ 冷冻保存。

（二）组织样品

首选脾脏，其次为扁桃体、淋巴结、肾脏、骨髓等，冷藏运输。样品到达检测实验室后，-70℃ 保存。

（三）钝缘软蜱

将收集的钝缘软蜱放入有螺旋盖的样品瓶/管中，放入少量土壤，盖内衬以纱布，常温保存运输。到达检测实验室后，-70℃ 冷冻保存或置于液氮中；如仅对样品进行形态学观察，可以放入 100% 酒精中保存。

## 附件 3　非洲猪瘟消毒规范

### 一、消毒产品推荐种类与应用范围

| 应用范围 | | 推荐种类 |
| --- | --- | --- |
| 道路、车辆 | 生产线道路、疫区及疫点道路 | 氢氧化钠（火碱）、氢氧化钙（生石灰） |
| | 车辆及运输工具 | 酚类、戊二醛类、季铵盐类、复方含碘类（碘、磷酸、硫酸复合物） |
| | 大门口及更衣室消毒池、脚踏垫 | 氢氧化钠 |

续表

| 应用范围 | | 推荐种类 |
|---|---|---|
| 生产、加工区 | 畜舍建筑物、围栏、木质结构、水泥表面、地面 | 氢氧化钠、酚类、戊二醛类、二氧化氯类 |
| | 生产、加工设备及器具 | 季铵盐类、复方含碘类（碘、磷酸、硫酸复合物）、过硫酸氢钾类 |
| | 环境及空气消毒 | 过硫酸氢钾类、二氧化氯类 |
| | 饮水消毒 | 季铵盐类、过硫酸氢钾类、二氧化氯类、含氯类 |
| | 人员皮肤消毒 | 含碘类 |
| | 衣、帽、鞋等可能被污染的物品 | 过硫酸氢钾类 |
| 办公、生活区 | 疫区范围内办公、饲养人员宿舍、公共食堂等场所 | 二氧化氯类、二硫酸氢钾类、含氯类 |
| 人员、衣物 | 隔离服、胶鞋等，进出 | 过硫酸氢钾类 |

备注：1.氢氧化钠、氢氧化钙消毒剂，可采用1%工作浓度；2.戊二醛类、季铵盐类、酚类、二氧化氯类消毒剂，可参考说明书标明的工作浓度使用，饮水消毒工作浓度除外；3.含碘类、含氯类、过硫酸氢钾类消毒剂，可参考说明书标明的高工作浓度使用。

## 二、场地及设施设备消毒

（一）消毒前准备

1.消毒前必须清除有机物、污物、粪便、饲料、垫料等。

2.选择合适的消毒产品。

3.备有喷雾器、火焰喷射枪、消毒车辆、消毒防护用具（如口罩、手套、防护靴等）、消毒容器等。

（二）消毒方法

1.对金属设施设备，可采用火焰、熏蒸和冲洗等方式消毒。

2.对圈舍、车辆、屠宰加工贮藏等场所，可采用消毒液清洗、喷洒等方式消毒。

3.对养殖场（户）的饲料、垫料，可采用堆积发酵或焚烧等方式处理，对粪便等污物，做化学处理后采用深埋、堆积发酵或焚烧等方式处理。

4.对疫区范围内办公、饲养人员的宿舍、公共食堂等场所，可采用喷洒方式消毒。

5.对消毒产生的污水应进行无害化处理。

（三）人员及物品消毒

1.饲养管理人员可采取淋浴消毒。

2.对衣、帽、鞋等可能被污染的物品，可采取消毒液浸泡、高压灭菌等方式消毒。

（四）消毒频率

疫点每天消毒3至5次，连续7天，之后每天消毒1次，持续消毒15天；疫区临时消毒站做好出入车辆人员消毒工作，直至解除。

## 附件4　非洲猪瘟无害化处理要求

在非洲猪瘟疫情处置过程中，对病死猪、被扑杀猪及相关产品进行无害化处理，按照《病死及病害动物无害化处理规范》（农医发〔2017〕25号）规定执行。

# 第八章

# 猪禽主要疫病症候群的鉴别诊断

# 第一节　猪病症候群

## 一、夏秋季节猪高热病的鉴别诊断

### (一) 类症病种

夏秋季节，即从每年5月至11月初，在长达半年的时间里，因诸多原因导致这段时间猪病多发。据粗略统计，夏秋季节的猪病发生率约占全年的70%左右。这段时间猪病的显著特点在临床上以高热为主要特征，体温大多升高到41℃以上，呈稽留热或反复高热。其中常见多发病有：猪瘟、猪高致病性蓝耳病、猪伪狂犬病、猪圆环病毒病、猪丹毒、猪肺疫、仔猪副伤寒、猪败血性链球菌病、猪流行性感冒、猪嗜血杆菌病（亦称猪传染性胸膜肺炎）、猪弓形虫病、猪附红细胞体病等。这些病包括病毒病、细菌病、寄生虫病，临床上常以一种病先发生，而后并发或继发其他一至两种病。诊断不准确常贻误治疗，从而导致病死率和淘汰率大大增加，使基层兽医在临床诊治时陷入困惑，也常给一个地区的养猪业造成惨重损失。

### (二) 鉴别诊断

夏秋季节猪病多以高热或反复高热为主要特征，临床上以耳朵发紫、皮肤充、出血（红、紫斑）现象多见。因此，临床上必须将一个地区、一个猪场猪病的流行病学、饲养管理、临床表现及剖检病理变化等综合起来考虑，有条件的可结合实验室诊断，如此则不难确诊。所以，作为临床兽医，必须透过现象看本质，学会鉴别诊断。

1. 从流行病学上进行鉴别

这是诊断正在流行的猪病疫情的基础，因许多猪病在流行病学上是存在差异的。如猪的四大病（猪瘟、猪丹毒、猪肺疫、仔猪副伤寒）大多因漏防引起；仔猪副伤寒多发生在 2～4 月龄的断奶后仔猪或小架子猪；猪嗜血杆菌病（传染性胸膜肺炎）、猪败血性链球菌病则以架子猪多见发生；发病急、死亡快得多见于急性猪肺疫或猪败血性链球菌病，猪肺疫则大猪发病严重；弓形虫病大多发生在气温 25℃以上的季节里，且以 3 月龄以上的猪发病较多；仔猪副伤寒、链球菌病等常与猪瘟并发；单纯的流感常呈一过性地区性流行，而附红细胞体病、猪嗜血杆菌病则常继发于猪流感；弓形虫病、亚急性猪瘟病程较长等。

2. 从病原学上进行鉴别

夏秋季节猪病高热症中除猪瘟、猪流感、猪高致病性蓝耳病、猪伪狂犬病、猪圆环病毒病等 5 种病毒性传染病外，其余几种均可通过实验室检查，用血涂片或组织触片在油镜下检出病原体，且病原体（细菌、原虫、立克次体）均有各自的形态和生化特征。如弓形虫在油镜下为月牙形（或逗点形），附红细胞体为圆环形，猪丹毒杆菌为革兰氏阳性细小杆菌，链球菌为革兰氏阳性短链状球菌，其余几种菌均为革兰氏阴性杆菌等。目前，猪瘟、猪流感、猪高致病性蓝耳病、猪伪狂犬病等病毒检测均有专用诊断液，在省级动物疫病控制中心可进行病毒分离鉴定。

3. 从临床症状上进行鉴别

除了高温稽留或反复高热，以及耳、腹下、四肢内侧等皮肤出现充、出血斑点等类似症状之外，可用排除法和归纳法来分析其不同的临床表现。

如仔猪副伤寒多发生于断奶后不久的仔猪，病猪多拉淡黄色带有恶臭的稀粪（有时呈水样）；猪瘟除未按程序预防接种外，从病猪钻草窝、病程长、脓性眼屎、公猪包皮积尿、先便秘后拉稀（或交替进行）等方面也容易识别；从皮肤的特殊性充、出血疹块很容易识别猪丹毒；从具有相类似的呼吸困难症候群中包括蓝耳病、猪肺疫、弓形虫病、猪流感、嗜血杆菌病等，其中流感病猪一般只见到呼吸加快，很少见到犬坐势呼吸，且流清水样鼻液；猪肺疫病猪常喉头肿胀，触之有热痛感；弓形虫病多发生在气温达 25℃以上的环境里，且病程可长达 15～20 天；嗜血杆菌引起的胸膜肺炎病猪常呼吸极度困难，口鼻流淡红色分泌物，可在短期内死亡；猪伪狂犬病重点侵害断奶后大仔猪和小架子猪，出现典型的神经症状，且多见到毛孔根部出血点；蓝耳病多在幼仔猪发生呼吸困难；从皮肤、黏膜苍白、贫血、黄疸来识别猪附红细胞体病。

4. 从剖检病理变化上进行鉴别

剖检时可根据具体病的一些特征性病变来为确诊提供依据。如猪瘟一般从病变淋巴结横切面的大理石样花纹，脾脏远端的出血性梗死，肾脏在苍白不肿胀背景上小点状出血点及盲结肠的纽扣状溃疡来确诊；猪伪狂犬病有不同程度卡他性胃肠炎，肝脾等实质器官见到灰白色坏死灶，脑充血、水肿，淋巴结充血、水肿；猪蓝耳病气管、支气管内有大量泡沫、淋巴结、肾肿大出血；肺肿大出血，呈弥漫性间质性肺炎；猪丹毒病猪从樱桃红色肿大的脾脏，烫毛后的（剥皮的从皮的反面看）皮肤疹块以及心内膜的菜花状赘生物等方面与其他病相区别；从大肠黏膜弥散性麸皮状的坏死物（常使肠壁增厚）来识别仔猪副伤寒；从喉头严重的肿胀、出血，肺门及支气管淋巴结肿胀出血以及肺的肿胀、肝变及大理石样切面花纹等病变来识别猪肺疫；从病猪全身性淋巴结肿大出血，肺水肿出血及暗红色光泽，脾丘状出血点，肝灰黄白色坏死灶来识别弓形虫病；从严重的胸膜、肺膜纤维素性渗出、粘连，气管内有泡沫样浅红色黏液来识别猪传染性胸膜肺炎。又如链球病与附红细胞体病均有血液稀薄、凝固不全表现，但附红细胞体病猪尸体常皮肤及黏膜苍白、全身性黄疸，肝呈黄棕色，脾呈黄灰色，肾苍白肿大等很易与链球菌病相区别。

5. 流行早期从药物治疗上也可进行鉴别

对于本地区正在流行的猪发热性疾病，早期病例的药物疗效可作为临床诊断的参考依据。如当用抗生素及抗菌药物治疗无效时，则应将其按病毒性传染病去分析，用疫苗作紧急预防和用药进行对症疗法，反之则按细菌性传染病进行具体治疗；如不同的抗菌药物分别对发病早期的猪丹毒、猪肺疫、仔猪副伤寒有效，一些喹诺酮类对支原体及放线菌有效，磺胺类对弓形虫有效，土霉素类及磺胺-6甲氧对附红细胞体有效等。

## 二、让生猪远离高热症的应对策略

步入21世纪以来，高热症成为夏秋季节生猪最主要疫病，它使许多地区的生猪养殖遭受毁灭性的打击，在某些地区可以使整个村庄生猪一扫而光（发病死亡及发病淘汰），成为单个的甚至连片的无猪村和无猪地区。有的地区因为年年流行高热症，使得该地区的一些农民因为害怕猪得高热症而多年不敢养猪；许多空置的猪圈被改做羊圈、鸡舍或用来堆放杂物。往往一场生猪"高热症"大流行过后，许多地区的农村猪空圈率高达50%以上；有的省夏秋生猪高热症的发病猪高达几百万头，死亡加淘汰（病淘率）猪占发病数的40%以上。

许多地区（如华东地区）由于年复一年在夏秋季节流行猪的高热症，使省市县乡的兽医部门和临床兽医逐渐认识到它的危害性和严重性，并逐年开始重视和研究它。高热症每年多在6~9月流行，10月止息，而第二年夏秋季节又依然发生。因此，如何帮助临床兽医和养猪大户们充分认识生猪的"高热症"，找出引发"高热症"的主要发病因素，学会如何消除和杜绝这些发病因素，使广大农村的养猪业远离高热症，获得应有的养猪效益，在当前显得尤为重要。

### （一）生猪高热症的由来及其造成的灾难性危害

1. "高热症"是一组庞大的猪病症候群

回顾历史是认识当前的有效办法。因为历史上被认为是无名高热的猪病（如猪瘟、猪弓形虫病）发展到目前的10多种高热性猪病症候群。

2. 生猪高热症的临床诊治难度逐年增大

夏秋季节猪病在临床上以高热为主要特征，体温大多升高到41℃以上，呈稽留热或反复高热；其中一部分病种伴有呼吸道症状，或伴有耳、背、腹侧、四肢等部分出现出血斑、点或连片紫斑等病症。

近几年来，生猪高热症在临床上常以一种病先发生，而后在同一头猪机体内并发或继发其他一至两种病，使病情变得繁杂化，使临床诊断难度加大，死亡率和淘汰率大大增加。

3. 高热症近年来给养猪业造成的灾难性危害

（1）发病率高

据2002年第5期《中国兽医科技》杂志报道，在2001年华东地区夏秋季节生猪以流感为主引发的高热症大流行中，仅安徽省发病猪就达300多万头，据对当年苏鲁豫皖边界联防地区20多个县的调查了解，平均每县发病猪在10万头以上，部分县（市）发病猪达15~20万头。其中散养户和中小规模养猪户所养的猪发病数占发病总数的80%以上。

(2)死亡率及淘汰率高

据对苏北地区2001年以来几年中夏秋季节生猪高热症的调查了解，发病猪中大多死于并发症或继发症，死亡数占发病数的20%左右。农民对100斤以上的猪在连续治疗几天（一般为3天左右）后未见明显好转的情况下，大多采取低价（如几十元至100元左右）卖给个体屠宰户宰杀的做法，致使发病率、淘汰率大大增加，许多地区这种死亡率加淘汰率超过发病猪的50%。这种死、淘率的增加，每年都在一段时期内导致了农村空圈率的增加。

(3)部分农民对养猪失去信心

年复一年的夏秋季节高热症的发生和流行，使相当多的农户对养猪丧失了信心。他们认为，生猪的高热症防不住也没法防，与其发病死亡亏本，不如不养，因为不养则不会亏本。他们不仅对养猪失去了信心，也对当地兽医部门的防控能力失去了信心。

(4)临床兽医对生猪高热症诊治乏术，深感困惑

许多临床兽医对年复一年发生且越来越复杂的生猪高热症的诊治显得力不从心、困惑不解。由于乡镇兽医站大多解体，临床兽医大多下岗，他们一方面为了养家糊口在看病卖药挣钱，另一方面也不可能组织有效的会诊或对疫情进行分析诊断，而是凭借各自的经验在给猪禽防疫治病。他们受到文化、专业技术等多方面的制约，临床诊疗水平有限，对于一些混合感染、继发感染的猪病，往往缺乏鉴别诊断能力；在临床诊治时，有的兽医甚至对近几年来本地区新发生的如蓝耳病、圆环病毒、伪狂犬病等猪病缺乏最基本的认识和防治能力。

(5)疫情周而复始、经久不息

生猪高热症呈现明显的季节性和周期性，即每年6月中下旬开始，7月下旬进入高峰，一般持续到10月中旬前止息。但在局部地区，这种年复一年的周期性疫情，其发病和流行周期可向后延长至10月底甚至11月底，如2001年夏季的生猪高热症疫情在某些地区就从当年6月下旬开始一直延续至11月底。

### （二）生猪高热症的发病因素分析

1. 自然因素（环境因素）

夏秋季节气温高、湿度大，微生物（病毒、细菌、支原体、立克次体）寄生虫

等病原体在高温高湿的环境里繁殖快,侵袭力强,加之吸血昆虫(蚊、蝇、蠓、虻等)的叮咬,常导致这些病的发生和流行。

这段时期包括2~3个季节交替(如春夏之交、夏秋之交,有时乃至秋冬之交)。在这段时间里气候变化大,冷热不均,酷暑、冷风、暴雨、闷热、高湿等均形成高热症的诱发因素;加上大多数地区的千家万户散养条件下,圈舍简陋、低矮狭小、阴暗潮湿、通风不良,不经常打扫和消毒等,均可引起畜体抵抗力下降,从而导致发病。调查中发现,越是闷热多雨的季节里发病越重,越是低洼的河网地区发病越重,越是饲养条件落后的乡村发病越重。

2. 人为因素

(1)放松饲养管理

夏秋季节包括全年最重要的两个农忙季节,即夏收夏种和秋收秋种,散养农户为了田里的庄稼往往对所养的动物无暇顾及。在大忙季节里,忘了给猪打防疫针,饲养管理由平常的精细型变为粗犷型,甚至致猪饱饿不均,很容易引起猪只发病。

(2)免疫接种混乱

养猪户为了省钱,自己买回疫苗给猪打防疫针,几十头猪或几百头猪用1根针头打到底,其中只要有一头猪是潜伏期感染,则很容易造成传染病在猪群中暴发。有的养猪户直到猪在自己手里治不好或出现死亡时才找乡镇兽医来看病,由此造成很大损失。

(3)出售宰食病死猪导致恶性循环

农民将病猪卖给个体屠宰户宰杀,病肉在市场上销售或被送到宾馆饭店。于是,病肉甚至卖到郊区的农民家,宾馆饭店的泔水又被拉回农村喂猪,不仅造成了病更大面积和远距离地传播,而且造成了疫情此起彼伏的恶性循环和在长时间内难以止息。其次是部分农民将体重小的病死猪尸体到处乱扔,造成疫源的扩散和对环境的深度污染,这些潜伏的病原体在次年一旦环境及气候因素适宜时,则引起疫情的再度发生。

(4)漏防是重要根源因素

近年来许多地方将基层兽医站撤销或撤并,兽医人员基本下岗,导致许多地区猪禽防疫针没人打,产地检疫没人搞,疫情报表报不出。于是,猪瘟、猪丹毒、猪肺疫、仔猪副伤寒、猪链球菌病等通过疫苗预防的疫病,多因漏防而发生和流行。

## （三）如何让生猪远离高热症？

1. 提高农村散养户的生猪免疫水平

当前，由于诸多因素（前面已叙述过）造成许多地区生猪面上免疫接种率只有50%，而漏防和不规范防疫主要发生于散养农户的生猪。因此，要提高一个地区生猪的免疫水平，必须从提高防疫密度入手。

（1）让农户认识到生猪防疫接种的重要性和法律规定的强制性

最有效的办法和形式，是通过基层兽医和村防疫员去宣传和教育农民；生猪的许多重大疫病不仅导致了他们养殖效益的重大损失，还会传播给人，导致人的发病甚至死亡，2005年四川内江地区人患猪的链球菌病就是典型的例子。

（2）逐村逐户逐头落实免疫接种

免疫接种要做到村不漏户、户不漏猪，必须依靠基层兽医和村防疫员。近年来各地普遍推行的免疫档案（一户一档）、免疫标识（挂耳标）等制度是行之有效的做法。农户何时补栏进猪，何时断奶出售苗猪，何时需要免疫接种等，只有基层兽医的村防疫员最清楚。因此，调动他们的积极性和提高他们为农户服务的责任感是至关重要的。

（3）让散养农户的生猪用上高效疫苗

即使是正规生物药厂生产的疫苗，在运输、贮藏、保管和使用过程中也会随时因人为或条件因素而降低效价失效的。因此，在一个地区，真正做到县兽医站有冷库、乡镇站有冷藏柜，村防疫员使用时有冷藏瓶，做到冷运输、冷贮藏、冷稀释使用是相当有难度的，但必须做到。同时，在一个地区，完全杜绝兽药门市、个体药贩公开或半公开地出售疫苗是很不容易的；依赖于当地市县动物防疫监督机构下大气力去做好。

（4）规范一个地区猪病的免疫程序和免疫操作规程

当前，在许多地区猪病的免疫程序杂乱无章，甚至完全不按程序免疫是十分普遍的现象。近年来，各地的猪病免疫程序更是五花八门；如有的地区使用2头份和4头份，有的使用4头份和8头份，还有的使用10头份以上。这种免疫程序和操作规程混乱的局面直接影响该地区的免疫效果，各地省级动物防疫监督机构应在经过科学试验后在辖区内予以界定和统一。

（5）告诫农民不要自己给所养的猪接种免疫

目前，各地农民自充兽医给所养猪搞防疫的现象已成常见现象，这种做法常是一个地区猪病发生和流行的因素之一。基层兽医和村防疫员如果能主动热情地上门为散养猪防疫，大多数农民是愿意接受这种有偿服务的。管好疫苗的生产源头和销售渠道，使散养户买不到主渠道以外的疫苗；同时，一方面要告诫农民必须依法服从动物防疫监督机构的计划免疫；另一方面，县、乡两级按规定标准防疫收费，广大农民是能够接受的。

2. 从基础抓起、提高饲养水平

（1）抓养殖模式的转变

千家万户的散养模式，为猪禽重大疫病的防控造成极大的难度。因此，不抓养殖模式的转变，想长期有效地控制猪常见多发病和烈性传染病是不可能的。当前各地正在兴建的猪禽养殖小区是一种由散养向集约化饲养的载体和过渡形式，为动物疫病的防控打下较好的基础和有利条件。

（2）抓养殖环境的转变

养殖小环境的污染，如圈舍的简陋狭小，低矮潮湿，肮脏泥泞，冬不能御寒，夏不能避暑，造成了猪场和农户家的猪只夏秋大批发病和死亡；养殖业造成的环境污染和猪禽重大疫病的反复发生和流行，则导致了地区性乃至大环境污染。因此，养殖环境的净化和最大限度地减少环境污染，不仅对养猪场、养猪户的养殖效益很重要，而且对整个地区的环境保护，对于人体健康的重要性也是不可忽视的。通过科普宣传和以点带面推广，逐步普及养殖小区和圈舍的科学改造。在许多地区特别需要取缔泔水养猪和垃圾养猪的做法，防止恶性事件的发生。

（3）抓科学饲养，提高养猪人的水平

科学饲养水平是靠养猪户去实现的。加大良种良法的培训推广力度，加大科学养殖技术知识的宣传和普及力度，让每一个养殖户都能掌握科学养殖的基本技术和知识，需要各级农牧主管部门配合有关单位和依靠乡、村两级政府机构做大量的长期的工作方能奏效。

3. 提高基层兽医对高热症的诊疗水平

（1）让基层兽医从猪病诊疗的旧模式中解脱出来

大多数基层兽医对以猪为主的猪禽疾病的诊疗一直顺延着旧的传统模式，即一靠经验印象，二靠对临床症状主观判断，既不搞流行病学调查，也不搞剖检检查，又没有条件搞实验室检查。他们多年来就是靠老方法用药（如惯用安乃近、青霉素、地塞米松）或赶时髦用药，却又不喜欢用中草药。因此，他们的诊断和用药均带有盲目性和主观性，在复杂的几种病混在一起（并发或继发）的生猪高热症面前，则显得力不从心和束手无策。市、县两级动物防疫监督机构应强化培训，让每一位临床兽医学会从流行病学、临床症状、剖检变化、实验室检查这四个环节上来诊断猪禽常见多发病，尤其是猪禽重大疫病的诊断。在确诊的前提和基础上，制订有效的防控和治疗方案。

（2）加强基层兽医同养猪户的联系和依赖关系

千家万户农民的养殖业离不开基层兽医的技术服务，而农户养殖的猪禽既是基层兽医的服务对象，也是他们技术服务获取报酬的生活来源，两者是互相联系和互相依赖的。因此，基层兽医必须具有指导农民科学养殖和为猪禽防疫治病的真本领，同时具有为农户服务的热情和责任感，才能赢得农民的欢迎和爱戴；而农民也必须遵守国家动物防疫的法律法规，主动配合基层兽医搞好猪禽的防疫灭病，使养殖业健康发展，他们才能获得应有的养殖报酬。

（3）让基层兽医掌握生猪高热症的鉴别诊断方法

生猪高热症应立足于防疫和消毒。一旦疫情发生，则应准确诊断，采取紧急防疫、消毒和综合防治的方法，力求尽快使疫情得到控制。确诊是防控和治疗的基础，因此，市、县两级兽医监督机构应及时派专业技术能手深入乡村，具体指导基层兽医掌握生猪高热症的鉴别方法。

4. 加强和提高防疫监管水平

（1）加强对防疫效果的监管

季节性防疫、阶段性面上普防及平时的补防，均以抽测抗体滴度为准。将阶段性的监测和平时的抽检结合起来，改变原来只查防疫报表和免疫档案、免疫标识的做法。每次抽测结果分别向县（区）乡（镇）政府和两级业务主管部门通报，对于防疫密度、防疫质量长期上不去的乡镇在相应范围内予以通报批评，限期改进，并以重大动物疫病指挥部名义追究有关负责人的责任。

（2）加强兽用生物制品的监管

加强源头管理、打破地方保护伞：全国所有生物制品生产许可证及产品文号的审批权全部收归农业部，取消各省审批临时生产许可证的权力，明文规定所有农业院校和省农业科学院，均不得生产和销售兽用生物制品。

加强销售管理、紧缩销售渠道：以法规条款规定兽用生物制品不准像一般兽药那样在市场上销售，严格动物防疫监管机构的主渠道计划订购和逐级发放。包括市、县、乡兽医站在内的任何单位和个人均不得销售生物制品。

层层公布举报电话、重奖举报人：举报电话应在各级媒体上公布，使之高度透明，像报警的110一样；从农业部到地方各级农牧部门，应像公安部门禁毒那样下大决心花大力气去整治假劣兽用生物制品。

（3）加强对病死猪无害化处理的监管

在各级范围内，严禁将病死猪尸体到处乱扔、乱抛，养猪户应在基层兽医人员的监督下将病死猪尸体做烧毁和深埋处理。对于出售、收购、宰杀病死猪和加工销售病死猪肉的违法行为，依照动物防疫法的规定追究当事人的法律责任和疫情赔偿责任。依法从严从重查处专门收购病死猪的单位和个人，一经查获，将无害化处理和行政处罚经过在媒体上曝光，使之成为过街之鼠，人人喊打，无处藏身。

（4）提高县级对疫情普查和确诊的水平

据调查目前有50%以上的县级兽医站缺乏对猪禽疫情普查和确诊的能力。有的县兽医站目前化验室设备老化、人员他用，有的连化验室都不复存在，多数县站化验室连三大常规检查和细菌检查都不能搞。因此，财政部门及相关主管部门应尽快从房屋、仪器设备和技术人员等，将县级兽医站化验室功能健全和完善起来，这种局面决不能再拖延下去。

## 三、苗猪阶段消化系统疾病鉴别诊治

苗猪阶段疾病引起的死亡，占猪一生中各种疾病引起的总死亡率的70%，而苗猪阶段所发生的疾病中传染病占60%以上。

以拉稀为主要临床症状的猪的消化系统疾病是猪一生中最常见多发的疾病，但其发病率最高和死亡率最高则主要表现在苗猪阶段。因为其临床大多以拉稀为共同的主要症状，如不能对其进行及时确诊，由于误诊而造成防治上的损失是极其严重的。临床兽医必须掌握其发病原因、流行规律和诊断要点，不被其相类似的临床症状所迷惑，才能达到对其有效防治的目的。

苗猪阶段的拉稀病主要有 8 种，其中病毒性拉稀有 3 种，它们是：猪传染性胃肠炎、猪流行性腹泻、猪轮状病毒病；细菌性拉稀有 5 种，按所拉稀粪特征可以分为：一是拉血痢有 2 种病，即猪痢疾和仔猪红痢；二是大肠杆菌引起的仔猪黄痢和仔猪白痢；三是由沙门氏菌引起的仔猪副伤寒。

## （一）临床粗略分类鉴别

1. 区别出是病毒性腹泻还是细菌性拉稀

（1）从发病流行季节上找差异

病毒性腹泻多发生在冬春季节，而细菌性拉稀一年四季均可发生。

（2）临床表现上找差异

从名词上可看出腹泻要比拉稀来势凶猛，故从形态上、颜色上、气味上、排便频率上是多有区别的。腹泻多呈水样，也称水泻；而拉稀则是指粪便稀薄，多呈稀糊状。

如猪传染性胃肠炎：仔猪常突然发病，呈水样急剧腹泻、恶臭、呕吐，很快脱水，体重及体温下降，死亡率达 80% 以上，断奶仔猪呈水样腹泻及呕吐，粪便呈灰色或茶褐色。猪流行性腹泻：病猪体温升高至 41℃，但开始腹泻后体温恢复正常。10 日龄内仔猪发病严重，拉黄色或浅绿色稀粪。猪轮状病毒病：病猪呕吐腹泻，粪呈水样至糊状，呈黄、灰或黑色。而细菌性拉稀中，无论是拉血便的猪痢疾和仔猪红痢，还是大肠杆菌引的仔猪黄痢和白痢，以及拉黄色稀糊状有恶臭味的仔猪副伤寒，大多可从拉稀粪便的颜色、气味上相区别。

（3）常规实验室检查排除细菌性拉稀

当从上述诊断方法上依然不能区分是病毒性腹泻还是细菌性拉稀时，则可通过常规实验室检查来排除细菌性拉稀，一旦排除了细菌性拉稀，则可诊断为病毒性腹泻。因为临床上苗猪的 5 种细菌性拉稀，大多可以通过常规实验室检查找出其病原菌。通常用病猪的小肠黏膜做触片染色镜检以及小肠黏膜刮取物做细菌培养，一旦找出或培养出病原菌，则可确诊。否则可排除细菌性拉稀，结合其他方面的诊断而确定其属病毒性腹泻。

## （二）对病毒性腹泻进行分析区别

3种病毒性腹泻的鉴别诊断相对比较容易。

1. 发病日龄

传染性胃肠炎多发生于10日龄内猪且有很高的死亡率，而猪流行性腹泻可发生于各种日龄的猪，而且死亡率远低于前者，猪轮状病毒病，不仅仅发生于幼猪，其他动物也可发生。

2. 临床症状

猪流行性腹泻在发病早期有体温升高变化，而其他2种病毒性拉稀没有体温升高表现。

3. 剖检变化

其共同特点是胃肠内有未消化的凝乳块，小肠大多膨胀臌气，小肠绒毛萎缩。所不同的是，猪传染性胃肠炎的哺乳仔猪胃扩张，胃黏膜有出血斑，猪轮状病毒病猪肠内容物为灰黄色或黑色液体。

4. 病原分析

苗猪的3种病毒性腹泻无论从病原、流行病学特点还是临床症状都有各自的特点，临床上凭据经常性的比较分析还是容易区别的。

（1）传染性胃肠炎病毒属于冠状病毒科冠状病毒属，是猪的一种急性、高度接触性胃肠道传染病。寒冷季节高发、传播迅速（潜伏期12～18小时），10日龄内仔猪有很高的发病率和死亡率，断奶后仔猪发病较轻，大猪则可自行康复，病猪和带毒猪为主要传染源。

（2）猪流行性腹泻由粪冠状病毒引起，可感染各种年龄的猪，但年龄小的猪发病严重，潜伏期新生仔猪为15～30小时，育肥猪为2天，冬春季节多见发生，消化道为主要传播途径，发病率几乎为100%。

（3）猪轮状病毒属于呼肠孤病毒，为人畜共患病，多种幼龄动物均可感染发生，发病季节为晚冬到早春，发病快（潜伏期1～14小时），幼猪发病率为50%～80%，但死亡率仅为0～10%，传播途径与上述二种病相似。

### （三）对细菌性拉稀进行分析区别

苗猪的细菌性拉稀中，无论是拉血便的猪痢疾和仔猪红痢，还是大肠杆菌引起的仔猪黄痢和白痢，以及拉黄色稀糊状有恶臭味的仔猪副伤寒，大多可从拉稀粪便的颜色、气味上相区别。

从流行病学特点上也比较容易区别后3种细菌病，如从发病日龄上分析，仔猪红痢主要发生在1～3日龄的初生仔猪，仔猪黄痢主要发生在1周龄内的仔猪，仔猪白痢主要发生在10～30日龄仔猪，仔猪副伤寒多发生在2～4月龄的断奶后仔猪至小架子猪。

1. 苗猪血痢的鉴别诊断

（1）从流行特点上相区别

苗猪血痢主要是猪痢疾和仔猪红痢，前者多发生在断奶仔猪及小架子猪，后则多发生在1～3日龄内仔猪，1月龄以上仔猪很少发病；前者病程长、流行缓慢，后者病程短，死亡率高。

（2）从临床症状上相区别

前者病猪开始排黄灰色软粪，几天后发展为出血性腹泻，后者开始为出血性腹泻，1天左右即发生死亡。

（3）从剖检变化上相区别

前者主要病变在大肠，病变肠段肿胀出血，肠黏膜有点状坏死或坏死性伪膜；后者主要病变在小肠，小肠黏膜广泛性出血，肠壁呈深紫红色，俗称"血肠子"。

（4）从实验室诊断上相区别

前者用新鲜病料压片，在暗视野下可见到蛇状运动的密螺旋体；后者取病料做涂片或触片，染色镜检可见到革兰氏阳性的两端钝圆的单个或多个杆菌（魏氏梭菌）。

2. 苗猪黄白痢的鉴别诊断

（1）从流行病学特点上进行区别

黄痢发病无季节性，多发生于1月龄内仔猪，发病率、死亡率均高，病程较短；白痢多发生于寒冷季节，多发生于10～30日龄仔猪，病程长、死亡率低。

（2）从临床症状上相区别

从粪便的形态和颜色上很容易将两病区别开。

(3)从剖检变化相区别：黄痢病猪尸体可见到颈腹部皮下水肿，小肠内容物为黄白色带腥臭味液体，心肝肾有出血点及坏死点；白痢病猪尸体在胃肠内见到凝乳块，肠壁呈半透明状，肺时有继发性肺炎。

3. 仔猪副伤寒的诊断要点

（1）临床症状

病猪呈顽固性腹泻，体温升高41℃～42℃，排淡黄色带恶臭的液体粪便，病程稍长者耳及胸腹部皮肤有紫红色出血斑。病程2～4天，死亡率达25%～50%。慢性的可长期腹泻，排灰白色或黄绿色水样物，有恶臭并混有大量坏死组织，碎片或纤维素物。生长停滞、贫血、有脓性眼屎，可持续数日最后衰竭死亡。

（2）剖检变化

大肠坏死性炎症，肠系膜淋巴结肿胀、出血，在回肠和盲肠黏膜上有灰色弥散性麸皮状坏死灶，肠黏膜增厚肿胀，脾肿大，肠系膜及内肠淋巴结肿大出血，全身淋巴结呈浆液性炎。

（3）实验室诊断

根据流行特点，临床症状及剖检变化，一般可作出诊断。必要时可用新鲜病料做触片染色镜检，见到两端钝圆革兰氏阴性的小杆菌，即可确诊。

### （四）综合性分析（8种病）与临床鉴别诊断要点

其鉴别程序原则是：先区别出是病毒性腹泻还是细菌性拉稀（前面已作分析），再依据流行病学调查结果和临床症状检查分别对病毒病或细菌病进行鉴别诊断，最终确诊是哪一种疫病。

1. 从流行病学特点上进行鉴别

（1）流行季节

3种病毒病及仔猪白痢在冬春季节多见发生，而其他4种病一年四季均可见发生。

（2）发病日龄

仔猪红痢主要发生在1～3日龄的初生仔猪，仔猪黄痢主要发生在1周龄内的仔猪，猪传染性胃肠炎主要发生在10日龄以内的仔猪；仔猪白痢主要发生在10～30日龄仔猪，而1月龄以上的猪则一般不发生白痢；猪轮状病毒病主要发生在8周龄以内的仔猪，猪痢疾及仔猪副伤寒则断奶后仔猪至小架子猪发病率较高，而猪流行性腹泻可发生于各种日龄的猪。1周龄以上的仔猪则不发生红痢和黄痢。

（3）发病率和死亡率

仔猪红痢、仔猪黄痢在仔猪出生后数小时至十多个小时即可发病，猪传染性胃肠炎的发病率高且病死率达80%～90%；几种病毒病均有很高的发病率，但轮状病毒病死率很低。猪轮状病毒病除感染猪外，犊牛、羔羊均可感染发病，且日龄小的猪发病率可达50%～80%，但病死率仅为10%以下。

2. 从临床症状上进行区别

这8种猪病均以拉稀为主要特征，但在临床症状上仍可以找出许多不同点来进行鉴别：如剧烈的水样腹泻的有猪传染性胃肠炎、猪流行性腹泻，但前者传播快，死亡率高，后者传播慢，死亡率低；猪轮状病毒在临床症状上与猪传染性胃肠炎、猪流行性腹泻相似，所不同的为传染性胃肠炎多发生于10日龄内的仔猪，而成年猪常为隐性感染。

发生顽固性腹泻，排淡黄色恶臭的液体粪便，同时耳及胸腹部皮肤有紫红色出血斑的为仔猪副伤寒；排乳白色或灰白色腥臭味黏稠的糊状稀粪的为仔猪白痢；能见到出血性下痢的有猪痢疾、仔猪红痢、仔猪黄痢3种，其中后2种多见于出生1～3日龄的乳猪，而前者多为断奶后仔猪至架子猪发病较多，故可以区别出来；仔猪黄痢开始时排黄色糊状稀粪，且有腥臭味，渐变为黄色液体稀粪，仔猪红痢则拉黏液状灰黄色到红色稀粪，仔细观察是可以区别的。

3. 从剖检变化上进行区别

从剖检变化上，3种病毒性拉稀病极其相似。如胃内均有未消化的凝乳块，小肠膨大臌气，小肠壁变薄，小肠绒毛萎缩等；这相似的共同点可以与其他5种细菌性拉稀症候群区别出来，再以前面的临床症状和流行病学特点的不同一一加以区分。仔猪白痢可从胃肠内容物的颜色（乳白色或灰白色）很容易区别出来；从大肠坏死性炎症，即盲肠、结肠、回肠瓣处肠黏膜的灰黄色麸皮状弥散性坏死灶的特征性病变容易识别仔猪副伤寒；从大肠黏膜的出血性坏死性炎，且病变部位肠段肿胀，点状坏死灶等来识别猪痢疾；从腹腔红色积液，小肠呈深紫红色、肠内容物暗红色等来识别仔猪红痢；从颈腹部皮下水肿，小肠黏膜肿胀出血、腥臭味黄白色内容物则容易识别仔猪黄痢。

4. 从病原学诊断上进行区别

（1）3种病毒性拉稀病的实验室检查一般使用荧光抗体或酶联免疫试验方法，可使其得到确诊。如使用直接免疫荧光技术检测病料和病毒抗原，也是可靠的诊断方法，具有特异性和实际应用价值。

（2）其余5种细菌性拉稀病均可用病料做压片、涂片、触片，通过染色镜检查到各自病原体。如猪痢疾的病原体可用新鲜病料压片在暗视野下观察到猪密螺旋体的蛇状运动；仔猪副伤寒除镜检见到革兰氏阴性小杆菌外，还可以用SS培养基来分离出沙门氏杆菌；仔猪白痢及仔猪黄痢均为大肠杆菌，革兰氏阴性，两者的区分需通过血清学方法，用因子血清（或抗原）来鉴别病原菌的血清型；仔猪红痢的病原为革兰氏阳性的魏氏梭菌，易于与其他几种菌相区别。

## （五）防治对策

针对苗猪阶段最常见多发的8种以拉稀为主要症状的消化道疾病，作为临床兽医应该掌握其每个病的临床诊断要点和防治技术，尤其要掌握这8种病的鉴别诊断方法，避免误诊误治，尽可能减少猪场和养猪大户的损失，从而保障养猪业的健康发展。

在8种猪拉稀病中，猪传染性胃肠炎、猪流行性腹泻、仔猪副伤寒、仔猪黄白痢等有疫苗的猪病，通过加强按程序防疫，提高免疫率，来降低发病率。其他几种病通过加强饲养管理，加强卫生消毒和药物预防，使发病率下降，大大提高苗猪的成活率。

坚持中西结合治疗，使病的治愈率提高。仔猪副伤寒在发病早期用抗生素、呋喃类、磺胺类药物治疗有效。中药"白龙散"防治仔猪黄白痢有效率达80%以上。（附白龙散方：白头翁2份、龙胆粉1份、黄连1/3份，研为细沫，加米汤灌服，每日1次，连用3天）。

## 四、猪流产症候群的鉴别诊断

## （一）类症病种

猪的病因性流产常见的有10多种，其中大多数是由病原微生物的感染引起的，也有的因霉菌毒素中毒引起。本文收集了病毒性疫病4种，包括：猪细小病毒病、猪伪狂犬病、猪繁殖与呼吸综合征（猪蓝耳病）、猪乙型脑炎；细菌性传染病4种，包括：猪李氏杆菌病，猪钩端螺旋体病、猪布氏杆菌病、猪衣原体病；寄生虫病1种即猪弓形虫病；另有猪霉饲料中毒病。

流产只是猪的临床症状中的一种表现形式，同时还包括其他形式的临床表现，只有搞清楚发病的原因，将临床表现与流行病学调查以及剖检病理变化结合起来进行综合分析，才能对病进行确诊。又因为不同的病其防治方法不同，只有确诊才能采取正确的防治措施。如每一种有流产临床症状表现的病都能确诊了，则猪流产症候群中的若干疾病就不难鉴别。这要求临床兽医多实践、多分析、多总结，透过现象抓住本质，鉴别诊断就容易掌握。

## （二）临床鉴别诊断

1. 从流行病学特点上进行区别

（1）在10种流产的猪病中，霉饲料中毒发生在高温多雨的季节，且有饲喂霉变饲料的历史，较容易找出病因和初步确诊。猪伪狂犬病为接触性感染，且大多由伤口（包括损伤的皮肤或黏膜）引起，且多种动物均可感染。

（2）猪繁殖与呼吸综合征多由从外地引进猪只、未进行严格检疫而异地传入，而且主要侵害母猪和仔猪；猪乙型脑炎的发生与传播有严格的季节性，以每年6~9月多发，且与蚊虫的媒介传播有关；猪布氏杆菌病主要感染性成熟的猪只，而弓形虫病则多在夏秋季节气温达25℃以上的环境发生较多；从这几方面对上述几种病可以初步区别。

（3）猪细小病毒病、猪乙型脑炎，多见发生于头胎母猪；猪繁殖与呼吸综合征及霉饲料中毒则经产母猪及仔猪发病较多见，而李氏杆菌病各种年龄的猪均可感染，钩端螺旋体病主要发生于仔猪，而母猪多在怀孕前期流产。

（4）猪细小病毒病多以怀孕母猪流产和产木乃伊胎为主，且多在头胎母猪中发生，且秋季发生较多。

2. 从临床症状上进行区别

在这10种猪病中，流产是它们共同的类似症状，要鉴别它们，必须撇开共同症状，寻找它们不同的临床表现来分项加以区别。

（1）临床症状中具有体温升高表现的有猪伪狂犬病、猪乙型脑炎、猪钩端螺旋体病、猪弓形虫病、猪李氏杆菌病 5 种；其中猪伪狂犬病，4 周龄左右仔猪症状较重，且有神经症状，而成年猪发热较轻，多呈隐性感染，症状恢复较快；猪乙型脑炎则主要反映在公猪高温稽留，而经产母猪则很少发病；钩端螺旋体病猪除了有高温稽留 3～5 天表现外，还伴有黄疸、血尿、头部肿胀等，容易区别出来；李氏杆菌病除高热之外，还有共济失调，头颈后仰的"观星"症状，容易区别；弓形虫病的高温稽留呈反复高热，病程可达 15～20 天。

（2）在这 10 种猪流产病中，病猪皮肤充血、出血或瘀血，形成红斑、紫斑、发绀（蓝耳）等症状的有：猪蓝耳病、猪弓形虫病、猪霉饲料中毒。这 3 个病在病因上、病表现形式上差异很大，易于区别。同时猪霉饲料中毒可见到下痢，而前 2 种病一般见不到；弓形虫病病程长达 15 天以上，反复高热，且磺胺药治疗有效，也易于区别；而蓝耳病主要是初生仔猪有呼吸障碍，且很快死亡等均可作为鉴别依据。

3. 从剖检变化上进行区别

（1）皮下组织或全身黄疸病变的有猪钩端螺旋体病和猪霉饲料中毒 2 种。前者伴有全身各脏器广泛出血、水肿，肾有散在的灰白色坏死灶；而后者肝肿大、色淡或发黄、质脆，有的肝则变为砖红色。

（2）生前有神经症状的有猪伪狂犬病、李氏杆菌病，剖检变化上都能见到脑的病变。但其中前者一般仅见到脑膜充血，而后者则可见到脑膜及脑充血，脑干变软，有小的化脓灶病变，容易将两者区别。

（3）猪布氏杆菌病发病无季节性，体温正常，无神经症状，子宫内膜有浅黄色大小不等的干酪样小结节；猪衣原体病产下的弱崽多在 3～4 天内死亡，子宫内膜充血，流产胎儿的肾、肝充血出血，肺水肿、出血，有灰色的硬变；猪弓形虫病的剖检重点在于肺水肿、出血，呈暗红色带有光泽，体表出现紫斑，脾丘状出血等均易与其他病相区别；猪细小病毒病主要病变是胎盘有部分钙化，感染的胎儿死后有胸膜炎症状。

4. 从病原学诊断上进行区别

（1）在 4 种病毒性猪流产疾病中，用血凝试验、荧光抗体试验、ELISA 酶联吸附试验均可查出它们各自的特异抗体，从而确诊。猪伪狂犬病，还可用动物接种法，接种兔出现典型的奇痒症状后死亡来得以确诊。

（2）在5种细菌性猪流产疾病中，均有较确切的实验室诊断方法：如用血液、尿液、肾脏等做暗视野镜检，可见到扭动或呈螺旋状的钩端螺旋体；用李氏杆菌病的病料做涂片或触片，染色镜检可见到革兰氏阳性，呈"V"形排列的小杆菌；而布氏杆菌的血清学检查，国家法定的方法则是试管凝集试验，其凝集值达到1：50则判为阳性；猪衣原体病是取病料做涂片吉姆萨染色，可见到有稀疏的深蓝色或紫色的衣原体包涵体；用同样方法可见到呈逗点形或月牙形的弓形虫虫体。

（3）猪霉饲料中毒的实验室诊断方法，则是检测饲料中的霉菌毒素（如黄曲霉毒素、赤霉菌毒素等）。

## 五、猪呼吸道症候群的鉴别诊断

### （一）类症病种

猪呼吸道症是一组较大的症候群，临床上容易见到的有10种病，其中非洲猪瘟是法定的一类传染病，作为临床兽医还是应该了解和掌握它的鉴别方法。这10种病中，病毒性传染病为3种，它们是非洲猪瘟、猪流行性感冒、猪蓝耳病；细菌性传染病为4种，它们是猪气喘病、猪李氏杆菌病、猪传染性胸膜肺炎、猪肺疫；寄生虫病2种为：猪弓形虫病和猪肺线虫病，猪中毒病1种即猪山芋黑斑病中毒。这10种病的共同临床特征都有呼吸困难，有的病患猪呈腹式呼吸或呈犬坐势呼吸（患猪为了减轻肺部病区的压力即减少胸部疼痛）。

在呼吸道症候群的10种病中，有一半以上的病猪伴有体温升高或高温稽留的，这是肺部炎症常有的伴发症状；而且这10种病中除了肺线虫病之外，大多属于猪常见多发的重要疫病，是基层兽医临床经常碰到和必须善于鉴别诊断的疾病，而不要被其相类似的症状所迷惑。因为某一具体病的防治方法及其效果如何均取决于对病的确诊。

### （二）临床鉴别诊断

1. 从流行病学特点上进行区别

在上述10种病中，没有体温升高症状同时也见不到体表皮肤出现红斑或发绀紫斑的有3种，它们是猪气喘病、猪山芋黑斑病中毒及猪肺线虫病。其中猪山芋黑斑病中毒一般发生在春季山芋育苗期间，经调查中毒前有饲喂黑斑病山芋或山芋渣的过程，一般是容易确诊的；而猪气喘病的病猪其喘、咳和呼吸困难的病情一般比猪肺线虫病要严重得多，尤其是肺线虫病猪其临床表现主要是强烈的阵咳，一般没有喘的表现，且气喘病病猪体温不升高，而肺线虫病病猪间或有轻度体温升高；气喘病多发生于外来引进猪及其后代，即以幼猪和怀孕母猪多见发生，而肺线虫病则以仔猪和架子猪多见发生。

2. 从临床症状上进行区别

从临床症状上看，除了共同的呼吸道症状和体温升高症状之外，可以从其相似的症状中加以分组排除，这样容易区别。

（1）有类似猪瘟临床症状的，如生脓性眼屎、先便秘后拉稀、粪便带血等症状，但其病程比猪瘟短（猪瘟一般要1周以上至半月以上，而非洲猪瘟一般4天左右即死亡）、死亡快的应怀疑非洲猪瘟。有上述症状的应该首先怀疑猪瘟，再进一步用实验动物接种试验来确诊。

（2）有流产症状的有猪蓝耳病、猪李氏杆菌病。前者多发生在怀孕后期母猪流产，产死胎及木乃伊胎，产下的弱崽发生呼吸障碍及很快死亡；而李氏杆菌病则有运动失调、转圈、头颈后仰呈"观星"症状等神经症状，两者容易区别。

（3）猪流感病猪流清水样鼻液和打喷嚏等症状也是其他病猪没有的临床症状，而且其传播快，多呈一过性经过，往往可在一两天即波及全群，在几天内波及整个村庄，且大多猪容易康复等现象均可与其他猪病相区别。

（4）呼吸极度困难，呈犬坐势用腹式呼吸的有猪肺疫、猪传染性胸膜肺炎。这两种病在临床症状上的区别在于猪肺疫同时伴有脓性鼻汁、喉头肿胀、坚硬发热（俗称"锁喉风"），经兽医确诊与后者相区别。

3. 从剖检变化上进行区别

呼吸道症候群的病猪其剖检病理变化主要表现在肺、气管、支气管、胸膜的病变；如肺水肿、气肿、出血，气管、支气管黏膜出血，管内有渗出物等，其肉眼观察表现几多相似，在具体病方面仍有一些可供鉴别的差异。

（1）猪流感气管支气管内充满泡沫样渗出物，肺有轻度的肝变区。猪弓形虫病肺呈暗红色带有光泽；猪气喘病肺有灰黄色的肝变区，整叶肺呈"肉样"病变；猪肺疫的肺切面呈大理石样花纹，伴有心包及胸腹腔积液；传染性胸膜肺炎则表现为肺胸膜纤维素性粘连，肺间质切开有白色胶样液体；而山芋黑斑病中毒的肺有块形连片状出血，切开流出带血的泡沫和黏液等。

（2）除了肺病变外，猪蓝耳病有肾肿大出血；猪弓形虫病肾不肿大但出血有坏死灶，脾呈丘状出血；李氏杆菌病脑膜及脑出血，脑干变软有小化脓灶，肝局灶性坏死，胎盘出血坏死；肺线虫病在支气管内可切开看到白色虫体和黏液。

4. 从病原学诊断上进行区别

在综合分析流行病学调查、临床症状和剖检病理变化后一般可以做出诊断或初步诊断；在必要时，如确诊当地发生的或已经开始流行的疫情时，必须对疫情做出确诊，为制定紧急防控措施提供科学依据，则有必要进行病原学的检查与诊断。

（1）在本组症候群的 10 种猪病中，猪弓形虫病、猪李氏杆菌病、猪传染性胸膜肺炎、猪肺疫 4 种细菌性疾病均可用病料做涂片或触片染色镜检，查到各自的病原体，而使病得到确诊，而猪肺线虫也可以在剖检时切开支气管查到虫体而确诊。

（2）猪蓝耳病和猪气喘病可以用血清学方法，如琼扩、ELISA 方法来检测血清中的抗体或检测病原的抗原特异性，可有力地配合临床诊断。

（3）非洲猪瘟与猪瘟的鉴别方法，是以高热期的猪血液或病料做成 1∶10 的悬液加双抗，以每头 10 毫升的量肌注猪瘟免疫猪和易感猪，如 5 天后两组都发病则为非洲猪瘟，如仅易感组猪发病则为猪瘟。

## （三）防治措施

1. 在确诊的基础上，对病毒性疫病有疫苗的应立足于预防（如猪蓝耳病目前已有灭活苗对母猪预防注射），对阳性猪进行淘汰，扑杀病猪，彻底消毒，建立健康猪群；对单纯的猪流感，可使用清热解毒药，如柴胡、大青叶等中成药制剂，同时使用退热和发汗类药物。对细菌性疫病，则应选用该菌株敏感的抗生素类或抗菌类药物，如氨苄青、磺胺 6 甲氧等；对气喘病目前疗效显著的药物很少，金霉素、四环素、土霉素类药物有一定疗效；磺胺类药物对弓形虫病有显著疗效，而肺线虫病只要定期对猪群用药物（如左旋咪唑、阿维菌素等）驱虫即可。

2. 在难以确诊猪患某单一疫病时，或怀疑患猪有继发感染或并发感染时，则应将抗病毒药与抗细菌药物同时使用。目前抗病毒药物中药较好的有黄芪多醣、清瘟败毒散；抗菌药有氟苯尼考、磺胺6甲氧、恩诺沙星、氧氟沙星等，临床上可注意配合使用。

## 六、与高致病性蓝耳病相类似猪病的临床鉴别与排除

高致病性蓝耳病又称猪繁殖与猪呼吸综合征，1987年美国首次报道，国内1995年发现。2005年起我国称之为高致病性蓝耳病，近年来该病已向架子猪和大猪感染发病，成为夏秋季节生猪高热病的主要病种之一。因该病临床上常与猪的多种疫病并发或继发，而其中多种病在临床上均可出现耳、腹、尾跟等部位皮肤呈蓝紫色症状，容易与高致病性蓝耳病相混淆，容易引起误诊误治，故作为临床兽医，学会和掌握这类疾病的临床鉴别与排除方法，非常必要。

临床上与相类似的猪病有：猪瘟、仔猪副伤寒、猪丹毒、猪肺疫、猪传染性胸膜肺炎、猪链球菌病、猪附红细胞体病、猪弓形虫病等8种。其中猪瘟为病毒病，猪附红细胞体病、猪弓形虫病为寄生虫病，其余5种为细菌性传染病。临床兽医应学会和掌握从如下几方面进行鉴别和排除：

### （一）从流行病学调查上进行鉴别和排除

1. 查漏防因素

如猪的四大病（猪瘟、猪丹毒、猪肺疫及仔猪副伤寒）大多因漏防引起，目前猪高致病性蓝耳病、猪链球菌病也已有定型的疫苗供使用。因此，这5种病在发生时，首先要调查是否存在漏防因素，因为从漏防因素里可大大缩小鉴别诊断的范围，而在漏防范围里，发病率最高的首先应想到猪瘟。

2. 查发病年龄

仔猪副伤寒多发生在2~4月龄的断奶后仔猪或小架子猪；猪嗜血杆菌病（传染性胸膜肺炎）、猪败血性链球菌病则以架子猪多见发生；猪肺疫则大猪发病严重；弓形虫病以3月龄左右的猪发病较多。

3. 查病程长短

发病急、死亡快多见于急性猪肺疫或猪败血性链球菌病，弓形虫病、亚急性猪

瘟病程较长达半个月以上，近年来的猪高致病性蓝耳病多在发病 2～3 天后开始出现死亡。

4. 查发病季节和继发因素

弓形虫病大多发生在气温 25℃ 以上的季节里，猪瘟一年四季均可发生，仔猪副伤寒在晚秋和早春发生较多。仔猪副伤寒、链球菌病等常与猪瘟并发；而附红细胞体病、猪嗜血杆菌病则常继发于猪流感；高致病性蓝耳病近年来常继发于猪瘟和口蹄疫。

## （二）从临床症状上进行鉴别和排除

除了高温稽留或反复高热，以及耳、腹下、四肢内侧等皮肤出现充、出血斑点等类似症状之外，可用排除法和归纳法来分析其不同的临床表现。如仔猪副伤寒多发生于断奶后不久的仔猪，病猪多拉淡黄色带有恶臭的稀粪（有时呈水样）；猪瘟除未按程序预防接种外，从病猪钻草窝、病程长、脓性眼屎、公猪包皮积尿、先便秘后拉稀（或交替进行）等方面也容易识别；从具有相类似的呼吸困难症候群中包括蓝耳病、猪肺疫、弓形虫病、嗜血杆菌病等，猪肺疫病猪常喉头肿胀且触之有热痛感；呼吸极度困难多呈犬坐式呼吸的应考虑到嗜血杆菌病，猪肺疫病猪多伴有严重的脓性鼻液；弓形虫病多发生在气温达 25℃ 以上的环境里，且病程可长达 15～20 天；嗜血杆菌引起的胸膜肺炎病猪常呼吸极度困难，口鼻流淡红色分泌物，可在短期内死亡；蓝耳病多在仔猪发生呼吸困难；从皮肤、黏膜苍白、贫血、黄疸来识别猪附红细胞体病。

## （三）从病理变化上进行鉴别和排除

剖检时根据具体病的一些特征性病变来为确诊提供依据。如猪瘟一般从淋巴结、脾脏、肾脏、盲结肠的纽扣状溃疡等器官的特征性病来确诊。猪蓝耳病在气管、支气管内有大量泡沫，淋巴结、肾肿大出血，肺肿大出血，呈弥漫性间质性肺炎。仔猪副伤寒、猪丹毒、猪肺疫、弓形虫病、猪传染性胸膜肺炎的特征性病变前文均已叙述过。又如链球菌病与附红细胞体病均有血液稀薄、凝固不全表现；但附红细胞体病猪尸体常皮肤及黏膜苍白、全身性黄疸，肝呈黄棕色，脾呈黄灰色，肾苍白肿大等很易与链球菌病相区别。

### (四) 从病原学检查上进行鉴别和排除

这 8 种猪病高热症中除猪瘟为病毒性传染病外,其余几种均为可通过常规实验室检查来查找病原体。用血涂片或组织触片在油镜下检出病原体,且病原体(细菌、原虫、立克次体)均有各自的形态和生化特征。如弓形虫在油镜下为月牙形(或逗点形),附红细胞体为圆环形,链球菌为革兰氏阳性短链状球菌,其余几种菌均为革兰氏阴性杆菌等。目前,猪瘟、猪高致病性蓝耳病等病毒检测均有专用诊断液,在省级动物疫病控制中心可进行病毒分离鉴定。

## 七、重视猪流感的防控与临床鉴别

### (一) 猪流感近年来的危害性在逐年增强

猪流感在我国属养猪业上常见多发病之一,但自进入 21 世纪以来,该病毒变异速度加快,危害程度加重,该病已成为猪夏秋季节高热病症候群中主要病种之一。

2001 年猪高热病在华东、华中、华南等地区首次形成跨地区大流行,其中罪魁祸首就是猪流感。据公布的资料报道,当年仅安徽省发病猪就达 300 万头。近年来(主要指 2005 年以来)猪夏秋季节高热病愈演愈烈,危害越来越大;虽然近年来出现了蓝耳病、圆环病毒等新的高热病病种,但在每年的猪高热病中,猪流感依然扮演着疫情的急先锋和导火索的角色。一个地区往往猪群先发生流感,而后继发或并发其他高热病种,从而使疫情加重和复杂化,导致该地区的猪高热病严重流行。

尤其是近年来猪流感、禽流感、人流感的疫情都在呈逐年加重趋势,据业内资料报道,凡是人群流感严重地区,其猪群中流感阳性检测率普遍升高;反之,每年猪高热病流行后期,人的流感发病率也增高。另外近年来,国外曾多次发生人患猪流感死亡的病例报道,但一直没有引起我们的重视。

2009 年 4 月墨西哥、美国等国家地区发生的人感染猪流感疫情,印证了人、猪流感病毒有着密切的互感联系,只是目前没有搞清其相互感染的机理而已。事实上,人、猪、禽的流感病原同属 A 型流感病毒,均可相互感染;而且猪流感病毒变异特别快,人缺少对变异株的天然抗体,一旦在人与人间发生流行,后果极其严重。

## （二）猪流感的临床诊断要点

1. 病原特征

本病是猪的一种高度接触性呼吸道传染病。常突然发病，传播迅速，发病率高。

病原为猪A型流感病毒，据报道此病毒也可引起人的流感。病毒存在于病猪和带毒猪的呼吸道分泌物中，对一般消毒药物均敏感，对日光和热的抵抗力较弱。此外，猪放线杆菌（猪传染性胸膜肺炎病原）对猪流感病毒有协同作用，即使之发病成功和使病情加重。本病一般呈良性经过，但巴氏杆菌、双球菌、链球菌、沙门氏菌、弓形虫、附红细胞体等，均可参与继发感染而使病程复杂化，使病死率大大提高。

2. 流行特点

（1）不同品种、性别、年龄的猪均可发生，部分地区架子猪发病率高，经产母猪、仔猪发病率低。

（2）病毒经呼吸道吸入后，在易感猪的呼吸道上皮细胞内繁殖，很快发病并向外界排毒。往往2～3天即可传播全群，多呈地方性流行。但有时可呈跨地区的暴发性大流行。

（3）本病发生和流行有一定的季节性，多发生在春、夏、秋的季节之交，特别是天气骤变，忽冷忽热时最易发生，部分地区5～9月为高发季节。

3. 临床症状

本病潜伏期平均为4天，呈急性经过，发病突然，体温可高达41℃；食欲废绝，精神委顿，喜卧，四肢有痛感，步态不稳，流清水样鼻液，咳嗽，呼吸加快，病猪多在1周左右康复，死亡率低。如治疗不及时或不彻底，常可继发感染传染性胸膜肺炎、猪瘟、猪肺疫、弓形虫病、附红细胞体病、链球菌病等，则病情变复杂、死亡率增高。

4. 剖检变化

死猪剖检，喉、气管、支气管黏膜充血，气管内充满泡沫状渗出液，有时混有血液。肺有不同程度炎症，有的充血、水肿严重，也有的出现较轻的大叶性肺炎变化。

### （三）猪流感的临床鉴别

1. 从流行特点上鉴别

单纯的猪流感在某一地区发生的季节性很强，即每年这个季节都发生。多呈一过性流行，一般呈良性经过，病猪多在1周左右康复，死亡率低。

2. 从临床症状和剖检变化上鉴别

单纯的猪流感可出现呼吸加快和流清水样鼻液，但不会出现腹式呼吸和流脓性鼻液，也不会像其他高热病那样皮肤出现蓝紫色的出血斑。

猪流感的病变主要反映在气管和肺的变化，其他脏器不明显；而多数的高热病在大多数脏器有肿胀、出血等病变严重，尤其是猪肺疫、猪传染性胸膜肺炎、弓形虫病等可见到肺的严重"肝变"区，甚至发生肺与胸膜、心包等粘连。

3. 从实验室诊断上鉴别

实验室用标准抗原做血清学反应，可检测到血样中阳性血清的抗体来诊断猪流感，本法可用以鉴别排除猪的其他高热病。

4. 从治疗效果上鉴别

发病早期，用解清热毒药剂配合抗继发感染药，治疗单纯的猪流感往往疗效显著；只要保证剂量和疗程，病一般不会反复。如果有反复，说明已有继发感染或并发症产生。

### （四）猪流感的防控措施

1. 预防

（1）加强饲养管理，在气候骤变时，注意猪的保暖，平时保持猪舍的清洁卫生；流行期在饲料中添加一些中草药散剂或抗菌药物等，既有利于防病又促进猪生长；病流行时还应注意隔离治疗，圈舍用2%烧碱水消毒。

（2）规模化猪场应使用疫苗预防，采用的免疫程序为：每年秋季对种猪普遍接种一次，10月上旬至下年3月上旬，对产前3周母猪再接种一次；疫区使用弱毒苗，非疫区使用灭活苗。

2. 治疗

本病的治疗重点应放在防止继发感染上，一旦继发感染其他病，则应确诊和分析病情，准确选择用药。

（1）用氨基比林、安乃近配合青、链霉素、磺胺类药物对症治疗，同时口服水杨酸钠，有利于康复，防止继发感染。

（2）在饲料中拌饲"清瘟败毒散"和"磺胺5甲氧"粉剂，配合针剂治疗，可提高疗效，也可防止继发感染。

（3）中药治疗：

方一：柴胡注射液，30～50千克体重的每次注射10毫升，每日2次，3～5天为一疗程。

方二：金银花、连翘、黄芩、柴胡、陈皮、牛蒡子、甘草各15克，水煎内服，连用3天。

## （五）发生猪流感特殊疫情时的防控建议

假若我国受到来自周边国家（如墨西哥发生的人感染猪流感）疫情威胁时，我国是世界第一养猪大国，也是猪流感年年发生的国家之一，如何有效防止猪流感传入和发生，显然是国家和各级政府的重要工作之一。

从外堵上着手，如从海关禁止从疫情国进口活猪、猪产品以及从人的外出旅游等方面把关，防止疫情传入固然十分重要，而从国内防止猪流感疫情发生同样重要。因为我国广大农村生猪散养、环境卫生条件很差，人、猪在同一环境下生活的情况十分普遍，人发生猪流感疫情的隐患因素很多，一旦发生人的猪流感疫情，其后果将不堪想象。因此，内防和外堵同样重要。

把猪流感纳入重大动物疫病防控范畴，制定猪流感防控预案，一旦疫情发生，则启动预案。在未发生疫情而受到周边疫情威胁时，针对如何做好内防，特提出如下建议：

1. 把松散的指挥机构健全、运转起来

针对部分地区市、县两级（尤其是县级）重大动物疫病防控指挥部机构松散、人员更换频繁的情况，上级政府应敦促他们立即将指挥机构健全、运转起来。无论是常年的防控还是重大疫情的扑灭，离开指挥机构是不行的。

2. 地方政府应加大财政预算和投入

地方政府对辖区内重大动物疫病的防控负有领导责任，但据了解部分地区政府的重视仅仅在口头上，不愿意或很少在这方面拿钱。因此，各级地方政府要加大重大动物疫病、人畜共患病防控的经费，将其纳入政府财政预算；做好疫苗、消毒药及疫情扑灭所需的物资储备，以保证防控工作的有效开展。

3. 花大气力搞好病死猪禽尸体的无害化处理

近年来猪流感、猪瘟、口蹄疫、蓝耳病、链球菌病等重大疫病时有发生，疫情逐年加重；农民将治不好的病猪、死猪卖给个体屠宰户宰杀，病死猪肉在市场上销售，泔水返回农村喂猪，由此造成疫情恶性循环。因此，不下大气力搞好病死猪禽尸体的无害化处理，是很难搞好重大动物疫病及人畜共患病防控的。

在高热病流行季节，乡村两级应设立举报箱和公布举报电话，对出售、屠宰加工病死猪的农民和个体屠宰户给以经济处罚和刑事处分，对检举人给予奖励。县、乡两级兽医人员应积极宣传和指导农户做好病死猪禽尸体的无害化处理。

4. 把消毒工作落到实处

在我国，猪的流感疫苗质量尚差，使用也不够普遍；因此，发动群众做好消毒工作，对猪流感的防控是十分有效的。

当前各地的消毒工作存在着严重问题：一是免费消毒剂没有了；二是牲畜市场和农贸市场很少搞消毒了；三是有关部门有厌烦情绪。而要克服这些现实困难，应该由地方财政拿钱购置消毒药品、器械，由当地动物防疫监督机构制订辖区内的消毒计划，按计划发放给有关部门和养猪大户。让农民搞好养猪场和圈舍的消毒，基层兽医站参与和指导搞好牲畜市场、屠宰场的消毒，工商部门做好农贸市场的消毒。做到责任到人，定期督查。

5. 开展猪流感的疫情检测和疫情报告制度

据了解，各地很少（基本上没有）开展猪流感的疫情监测工作，各地应像开展其他动物重大疫病监测一样开展猪流感的监测，并落实包括猪流感在内的重大疫病疫情报告制度和24小时值班制度。

## 八、非洲猪瘟与同症状相类似三种猪病的鉴别诊断

2018年8月之后仅半年多的时间里，我国已经发生了100多起非洲猪瘟疫情了，共扑杀了上百万头生猪，对整个养猪业造成了很大的影响。非洲猪瘟最急性和急性

感染死亡率高达100%，但是发病症状和一些其他疾病比较相似，因此我们在临床诊断上一定要做好排查工作。掌握非洲猪瘟的症状以及与同症状相类似三种疾病的鉴别诊断。

非洲猪瘟的症状：临床表现为发热（达40℃~42℃），心跳加快，呼吸困难，部分咳嗽，眼、鼻有浆液性或黏液性脓性分泌物，皮肤发绀，淋巴结、肾、胃肠黏膜明显出血。

### （一）非洲猪瘟与猪瘟的鉴别

二者的临床症状，尤其是急性猪瘟和急性非洲猪瘟之间的临床症状和死后病变相似度都比较高。目前二者通过临床症状和剖检病理变化很难鉴别诊断，诊断方法就是通过实验室检测。

### （二）非洲猪瘟与猪蓝耳病的鉴别

蓝耳病同非洲猪瘟可通过以下几点：第一看眼睛分泌物：非洲猪瘟病猪眼睛分泌物增多，甚至有脓性分泌物，而蓝耳病眼睛无明显病变；第二看口鼻分泌物，非洲猪瘟病猪会从口鼻排出血色泡沫，而蓝耳病不会；第三看非洲猪瘟会导致病猪皮肤出现斑点状出血，而蓝耳病只会导致病猪耳朵呈青（蓝）紫色，身上皮肤无明显变化。

### （三）非洲猪瘟与猪丹毒病的鉴别

首先，猪丹毒病猪发病2~3天后身上会起规则的菱形或方形淡红色、紫红色疹块，而且疹块会高于皮肤表面，而非洲猪瘟皮肤红斑无规则；其次，通过治疗进行鉴别，猪丹毒可通过青霉素、阿莫西林等敏感药物治愈，一般2~3天症状即可明显缓解，而对非洲猪瘟没有任何治疗效果。

非洲猪瘟临床症状与猪瘟症状相似，只能依靠实验室监测确诊。因此，只要猪只出现猪瘟的症状就要及时上报，积极配合相关部门的检测工作，尽量把损失降到最低。

# 第二节　禽病症候群

## 一、禽拉稀症候群的鉴别诊断

### （一）类症病种

这是一组以拉稀为主要临床症状的症候群，由4种病毒病（新城疫、鸡传染性法氏囊病、鸭瘟、小鹅瘟）和6种细菌疾病（禽霍乱、鸡白痢、禽伤寒、禽副伤寒、禽伪结核病、禽螺旋体病）组成。还有一些临床症状中虽有拉稀表现，但不以拉稀为主要症状，同时还有其他一些临床表现才是该病的主要症状（如神经症状等）的，则没有放到本症候群中加以阐述。

拉稀则易引起脱水，而脱水则易引起共济失调之类的神经症状。脱水还易引起衰竭，易导致死亡，对禽群造成极大的危害和长期难以净化，造成恶性循环。

在鉴别诊断方法上，这10种病中鸭瘟、小鹅瘟都是单独的病种，只要掌握其各自的诊断方法（如各自特征和病理变化特点，结合流行病学和临床症状），一般均可做出诊断，必要时可结合实验室诊断来确诊。

### （二）临床鉴别诊断

1. 从流行病学特点上进行区别

（1）多发生于幼禽的有鸡白痢、禽副伤寒、禽螺旋体病。其中鸡白痢仅发生于雏鸡、成鸡呈隐性感染；而禽副伤寒则不仅发生于幼鸡，而且幼鹅、雏鸭均可感染发病；而螺旋体病则多发生于环境中有蜱存在的地区，主要靠蜱和吸血昆虫进行机械性的叮咬传播。

（2）主要感染鸡的有禽伤寒、鸡传染性法氏囊病、新城疫；而禽流感、禽霍乱、禽伪结核病则多种家禽都可感染。其中发病急、死亡快，同时死亡率高的为传染性法氏囊病和新城疫。目前由于许多养鸡户和饲料厂家在配合饲料中使用药物添加剂，细菌性疾病大多得到控制。因而像禽霍乱、禽伤寒等细菌性疾病渐呈零星散发，很少成批发生或流行发生。

2. 从临床症状上进行区别

（1）拉稀是这10种病共同的也是主要的临床症状，但拉稀的颜色、剧烈程度依然是有差异的。

（2）拉黄绿色稀粪的有新城疫、禽伤寒、禽螺旋体病，其中禽螺旋体病的稀粪不仅为绿色的，而且其中含有大量的尿酸盐，容易识别；新城疫与禽伤寒的腹泻稀粪虽在课本上均描述为黄绿色或黄白色，而在实践中新城疫的稀粪以绿色为主，且其浓度远比禽伤寒的黏稠。禽伤寒的稀粪以黄白色为主，而且很稀薄近于水样。

（3）鸭瘟、小鹅瘟、禽霍乱、鸡白痢的拉稀其粪便颜色夹杂差异更加明显，在临床上容易相互区别：如鸭瘟绿色中带灰白色；小鹅瘟的稀粪为黄白色且其中带有气泡，内含纤维素状碎片，呈混浊的稀粪；禽霍乱的稀粪为灰绿中带有红色；鸡白痢为白色黏性糊状稀粪，常糊住雏鸡肛门，使之排粪困难而发出尖叫声。

3. 从剖检变化上进行区别

这10种拉稀为主要症状的禽病在剖检病理变化上均有许多相似的病变，如胃肠道黏膜的充血、出血、坏死灶等，但同时又或多或少有各自的特征病变，使之容易相区别。

（1）全身性败血症变化

新城疫、鸭瘟、禽霍乱、小鹅瘟、禽螺旋体病，这5种病都有全身浆膜、黏膜、淋巴结的充出血、肿大的变化，肝、脾、心包、心外膜的出血点或肿大的变化；它们的主要区别在于：

新城疫：嗉囊胀满，充满酸臭味的液体；腺胃乳头间水肿、出血，或有溃疡和坏死；盲肠扁桃体肿大、出血；脑及脑膜充血出血；肺瘀血、水肿等。

鸭瘟：喉头、食道、泄殖腔可出现灰黄色或黄绿色的假膜；腺胃的两端有出血、坏死。

禽霍乱：肝肿大，表面可见到灰白色针尖大至粟米粒大密集的坏死点；有大叶性肺炎（"肝变"区）症状，心包积液等。

小鹅瘟：在小肠后段可检查到如香肠状的栓塞，使该段肠肿大2~3倍。

禽螺旋体病：肾苍白肿大，输尿管内有尿酸盐沉着；心肌脂肪变性和纤维素性心包炎。

（2）肝、脾有肿大

鸡白痢、禽伤寒、禽副伤寒、禽伪结核病的区别在于：各自肝、脾肿大程度不同，有的除肿大外还有坏死灶，而且还有其他脏器的不同病变。

鸡白痢：肝肿大，呈土黄色，带条纹状；肺有灰色肝变区；在心、肝、肺、肌胃、盲肠、大肠上有白色的小结节和坏死点。

禽伤寒：肝肿大为正常的3～4倍，肝呈黄色或古铜色，有灰白色稀疏的坏死点，胆囊肿大充满浓稠的胆汁。

禽副伤寒：肾瘀血，盲肠扩张有黄白色干酪样堵塞物。

禽伪结核病：肌肉有粟粒大的坏死灶；长骨生长板附近出现干酪样坏死灶。

（3）法氏囊的变化

传染性法氏囊病鸡除了胸、腿肌肉有斑块或条状出血外，法氏囊的变化有特征性；感染后2～3天法氏囊肿大为正常的1.5～3倍，或为潮红色，黏膜内有胶胨状黄色渗出物，表面有乳白色纵条纹，囊内有果酱样、干酪样物，第5天恢复正常大小，第8天只有原来的1/3大小。

（4）腺胃的变化

新城疫为腺胃乳头间的充血、出血，或有溃疡和坏死；传染性法氏囊病是腺胃与肌胃交界处呈带状出血；禽螺旋体病是腺与肌胃的交界处有出血点；鸭瘟是腺胃的两端有出血及坏死。

4. 从病原学诊断上进行区别

（1）新城疫、鸭瘟、小鹅瘟、传染性法氏囊病4种病毒性疾病的实验室确诊，主要依靠病毒分离，也可以进行血清学试验，如琼扩、HI血凝抑制试验或用其抗血清做中和试验。

（2）其余的6种细菌性疾病中，禽霍乱可以血涂片或组织触片，用亚甲蓝染色，查到两极染色的小杆菌（巴氏杆菌）即可确诊；禽螺旋体病是用其发热期的血涂片，用吉姆萨染色镜检，见到无钩端的螺旋体即可确诊；另4种病（鸡白痢、禽伤寒、禽副伤寒、禽伪结核病）中前3种病可以各自的诊断液做玻板凝集试验来检测以鉴别；后一种病则应用病料做细菌培养后做生化鉴定来确诊。

## 二、禽呼吸道症候群的鉴别诊断

### （一）类症病种

禽呼吸道病症候群主要包括：新城疫、传染性支气管炎、禽流感、传染性喉气管炎、慢性呼吸道病（禽霉形体病）、传染性鼻炎（副鸡嗜血杆菌引起）、小鹅瘟、禽霍乱、传染性气囊炎（禽曲霉菌病）、禽大肠杆菌病、禽维生素 A 缺乏症等。

这类症候群其相类似的临床症状表现为：呼吸困难、张口呼吸、气喘、咳嗽、流鼻液、打喷嚏等。

### （二）常用的鉴别方法

1. 从病原学检查上进行鉴别

在这组禽病症候群中，除维生素 A 缺乏症为普通病外，其余 10 种均为传染病，均有各自不同的病原体。其中新城疫、禽流感、传染性支气管炎、传染性喉气管炎、小鹅瘟 5 种为病毒性传染病，其余 5 种为细菌性传染病。

其中维生素 A 缺乏症大多发生于成鸡，呈渐进性发生，除呼吸道症状外，尚有较典型的视力障碍，容易区别。5 种细菌性传染病可以用其血涂片或组织触片染色镜检，其中传染性鼻炎的病原体副鸡嗜血杆菌为革兰氏阳性球杆菌，呈现两极染色；禽霍乱为巴氏杆菌、革兰氏阴性，呈两极染色；传染性气囊炎的病原体禽曲霉菌可用霉菌斑点处病理组织做压片镜检，可看到霉菌孢子和菌丝体；禽大肠杆菌为革兰氏阴性的细长杆菌。

小鹅瘟病只感染 20 日龄以内的雏鹅，其他家禽不感染；其余 4 种病毒在基层无法查找病原体，但可用各自专用的诊断血清做血凝试验或分离血清后用专用抗原做凝集试验来诊断；霉形体病除可在显微镜查找病原外，也可用专用诊断液做平板全血凝试验来诊断。

2. 根据病的流行病学特点结合临床症状来区别

因为这 11 种病除了小鹅瘟之外，若单从临床症状或流行病学特点的某一方面上是很难将其一一区别出来的，必须将两者结合起来分析，则容易找出相互间的差别。

（1）在除小鹅瘟之外的10种病中发病死亡快、死亡率高、病程短的有：禽流感、禽霍乱、新城疫。而这3种烈性传染病中，新城疫仅感染鸡，而不感染其他家禽，且多数呈渐进性死亡，远不如高致病性禽流感及急性禽霍乱那样死亡快速；且新城疫病鸡除了呼吸困难之外，尚有嗉囊膨胀充满酸水，将病鸡倒提可从口鼻流出酸水，以及拉绿色稀粪等症状，易与其他2种病相区别。禽霍乱在一个地区发生多呈点状，很少连片大面积流行，另外禽霍乱病禽的冠髯虽可发紫但一般不肿胀，且病禽多呈剧烈腹泻，易与禽流感和新城疫相区别。而高致病性禽流感除冠髯及头部发紫肿胀外，还发生腿鳞出血，呈大批发病，死亡迅速等易与新城疫及禽霍乱相区别。

（2）余下的7种禽病中，维生素A缺乏症一般仅发生于个别禽场，成年禽多见发生，且病禽有视力障碍，易于区别；传染性气囊炎一般多发生在育雏期，7日龄内的幼雏多见发生，多由霉变的垫料或喂霉饲料引起，易于找到病因，从而也易于识别。

（3）在传染性支气管炎、传染性喉气管炎、慢性呼吸道病、传染性鼻炎、大肠杆菌病等5种禽病中，虽都具有发病快、死亡率低、病程长和呼吸道等症状，但其临床表现上仍有各自的特点。如传染性鼻炎，病禽的鼻孔、鼻道常被黏液性分泌物所糊住，且有结膜炎症状，面部及冠髯同时发生水肿，与其他几种呼吸道病容易区别；传染性喉气管炎的呼吸症状与其他病种截然不同，病禽常呈伏卧姿势，呼吸时突然向上伸头张口，发出很响的勾喽声，病禽咳嗽时咳出带血的黏液或血凝块，检查口腔可见到喉部周围黏膜和气管充血；慢性呼吸道症（慢呼）病程长，渐进性消瘦，鸡群中常可听到成片的气管啰音，成年鸡有时白天呼噜声不明显，而到晚上则明显表现出呼噜声；传染性支气管炎病鸡群中，除呼吸道症状外往往同时伴有拉石灰浆样白色稀粪，腿皮呈苍白色，易于区别；大肠杆菌病禽往往呼吸道症状不如其他几种呼吸道病严重，但该病表现形式呈多样性，常伴有拉稀、腹水、消瘦等症状，确诊应结合剖检病理变化。

3. 根据剖检病理变化的不同点进行鉴别

在11种疾病中病禽都会有轻重不一的呼吸道病变，如鼻腔、鼻窦的炎性分泌物，喉头、气管环的充血出血等，具有共性。但在其他脏器上的病变仍有各自病理特征，应与流行病学调查和临床症状等结合起来综合分析，则病容易区别和确诊。

（1）在发病急、死亡率高的3种病中，尤其要注意高致病性禽流感与新城疫在病理变化上的区别，因为禽霍乱在肝脏肿胀基础上表面密集小点状灰白色的坏死灶，可以很容易区别出来；而新城疫和禽流感除均可见到一侧或两侧大叶性肺炎症状，许多情况下可见到肺与有纤维素渗出的胸膜粘连，两者也常可见到腺胃乳头出血。由于典型的新城疫一般病程多在3～5天，比禽流感病程长，因而在剖检变化上较禽流感的病变更为典型。如新城疫常见到盲肠扁桃体严重肿胀，常肿成黄豆粒大的圆疙瘩，剪开后呈严重增生和出血，胸腹腔气囊多呈化脓性气囊炎，这两样典型病可与禽流感相区别。

（2）传染性支气管炎、传染性喉气管炎、慢性呼吸道病、传染性鼻炎等几种禽呼吸道病不仅在临床症状上相似，其剖检病理变化仅就呼吸道（鼻腔、窦、喉、气管等）病变也有诸多相似之处，因此在鉴别诊断方面有一定难度，必须抓住其各自相关的特征加以区别。

传染性支气管炎：除气管、支气管、鼻腔和鼻窦中有浆液性、卡他性和干酪性分泌物外，气囊有时浑浊或有黄色纤维素渗出物。但其常常伴有肾性病变，即肾脏呈菜花样肿胀，称之为花斑肾，同时直肠后段膨大部有石灰膏样尿酸盐。

传染性喉气管炎：常在喉部及气管有充血、出血，充满混有血凝块的黏液，易于区别。

传染性鼻炎：除鼻腔、窦、气管有类似病变外，常见病鸡面部肿胀。

慢性呼吸道病：病程长，气囊内有黏性渗出物，黏膜增厚，呈念珠状，有的气囊内有大量干酪样渗出物，眼结膜可挤出灰白色干酪样物。

大肠杆菌病：大多数见到肝周炎和心包炎，即肝表面有胶陈状渗出物、纤维素性腹膜炎、气囊炎、心包增厚或与胸膜粘连。

（3）传染性气囊炎：主要病变表现为腹腔气囊带有黄白色霉菌斑，肺呈紫黑色、灰白色，有散在的小米粒至黄豆大的黄白色结节，结节切开见到干酪样物。

（4）小鹅瘟：病变特征是小肠或盲肠黏膜增厚，内含渗出物出血、坏死黏膜等形成栓塞、肿硬似香肠。

## 三、禽神经症状症候群的鉴别诊断与防控措施

### （一）类症病种

家禽由疾病造成的神经症状，不像大中家畜那样表现在行动上的粗暴或意识

上的障碍，如狂犬病那样攻击人畜，脑炎那样狂暴型，或反应迟钝。家禽的神经症状主要由于运动神经受损或脑神经受损，临床表现为肢体麻痹，头颈歪斜、共济失调、痉挛、战栗、抽搐、角弓反张、蹬腿挣扎、失衡转圈、趾爪弯曲等症状。

至于一些疾病造成家禽在临死前的短时间挣扎或抽搐，则不能归为神经症状。

本文收集的8种疾病造成的家禽神经症状，是其临床症状的主要症状或主要症状之一，并非全部临床症状。这些症状往往成为家禽死亡的主要因素之一，即在整个家禽病中起着主要或重要的作用。临床兽医通过这类症候群的鉴别，达到对具体病的疫情确诊，以准确有效地制定预防、控制以及抢救措施，使禽群尽快向健康方向发展。这8种禽病分别是：鸡马立克氏病、鸭病毒性肝炎、鸡传染性乙型脑炎、禽霍乱、禽传染性脑脊髓炎、鸟疫（鹦鹉热）、硒与维生素E缺乏症、维生素$B_2$缺乏症。

### （二）临床鉴别诊断

1. 从流行病学特点上进行区别

这8种有神经症状症候群禽病中，4种是病毒性疾病，2种细菌性疾病，2种维生素缺乏症。它们的流行病学方面的差异主要表现在发病年龄上及病的发生季节上。2种维生素缺乏症主要发生在2～4周龄的雏鸡和育成鸡（肉鸡）上，表现为生长发育受阻，营养不良，与季节没有明显关系；鸭病毒性肝炎主要感染3周龄内的雏鸭，1周龄内雏鸭一旦发病，其发病率和死亡率均可达90%～100%，发病快，死亡迅速；鸡马立克氏病及禽霍乱主要发生在青年鸡及成鸡（禽），前者仅鸡发生，而后者不仅鸡发生，鸭发病比鸡更严重；禽传染性脑脊髓炎主要感染3周龄以内的幼鸡，而成年鸡不表现症状，且多与带毒的种蛋有关；鸡传染性乙型脑炎为人畜共患，牛、猪均可感染，且与当地的吸血昆虫（尤其是蚊子）的滋生和流行季节（6～9月）有很大关系；而鸟疫（鹦鹉热）鹦鹉和鸽子最易感，鸡感染该病症状不明显，家禽主要是鸭、鹅发病后出现典型症状。

2. 从临床症状上进行区别

这8种病中，有的是以神经症状为主的，如鸡马立克病，而大多数则以神经症状作为临床症状中的一个主要部分。因此，病的鉴别诊断不仅要看其神经症状，同时还要参考其他方面的临床症状，何况临床症状仅是病诊断的一个重要方面，而确诊则需要包括剖检病理变化、实验室诊断等诸多方面的因素。

（1）鸡马立克氏病和鸭病毒性肝炎的临床症状都比较特殊，容易与其他几种病相区别：马立克氏病几种类型表现明显，无论肢神经麻痹造成的腿的"劈叉"状或翅下垂，颈神经麻痹造成的低头、歪颈，内脏型造成的消瘦衰竭和突然死亡，眼型造成的虹膜受损和眼肿胀、失明，皮肤型造成的体表肿瘤和结痂，都容易从临床表现上识别和诊断出来。鸭病毒性肝炎雏鸭运动失调、角弓反张以及快速死亡表现也容易做出诊断。

（2）禽传染性脑脊髓炎、鸡传染性乙型脑炎、鸟疫（鹦鹉热）三种病都有共济失调、震颤（惊厥）的神经症状，但三者仍有许多差异：前者往往不能站立，以飞节着地行走，仍有食欲，死于饿死或被踩死；中者表现为羽毛松乱、沉郁、两翅下垂、嗜睡，最后倒地死亡；后者鸭、鹅等发病后废食，排绿色水样粪便，消瘦，死于痉挛。

（3）硒与维生素E缺乏症和维生素$B_2$缺乏症，其差异较大。前者运动失调，身体失去平衡，头向后仰或向下挛缩，向一侧扭转，向后翻倒或向前冲，双腿急剧伸缩等；后者主要表现为趾爪内卷曲、双腿不能站立，以飞节着地负重，以展翅保持平衡，后期两腿伸开铺地而卧，与前者及前面的几种病均截然不同。

3. 从剖检变化上进行区别

（1）在本组禽病症候群中，剖检变化具有神经组织（含脑组织）病变的有5个病，它们分别是鸡马立克氏病、禽传染性脑脊髓炎、鸡传染性乙型脑炎、硒与维生素E缺乏症、维生素$B_2$缺乏症。

在这5种病中，鸡马立克氏病和维生素$B_2$缺乏症均有坐骨神经、臂神经肿胀变粗的病变，但前者除神经型之外，还有内脏型（内脏器官出现淋巴细胞性肿瘤）、皮肤型（皮肤上有许多结痂或疣状物）、眼型（眼睑肿胀，内含干酪样物或眼的巩膜受损）几种类型和各自特征性病变；而后者则还有肝肿胀、脂肪变性及肠黏膜萎缩等病变。其他3种病均有脑膜的病变，如非化脓性脑炎，脑与脑膜充血、出血等，但禽传染性脑脊髓炎可见到腺胃肌肉层有白色小病灶；硒与维生素E缺乏症可见到脑室里有黄绿色坏死区，还可见到胸、腿肌肉出血、腹腔积水，水肿液呈蓝绿色，心包扩张积液等病变；而鸡传染性乙型脑炎则一般只见到脑与脑膜的充血、出血和非化脓性脑炎变化。

（2）另外3种细菌性疾病则剖检时一般见不到神经组织的病变，它们病变的相似点为3者均见到肝脏的肿大病变，但3者病变上仍有较大差异：鸭肝炎的肝肿大，有点状或斑块状出血，颜色变淡，表面斑马花纹，胆囊肿大，脾肿大充满花斑，肾肿大充血，心肌变性，肺瘀血等；鸟疫则有纤维素性心包炎，肝周炎，脾肿大，肝脾有灰黄色坏死灶；禽霍乱最大不同之处在于肝肿大基础上，表面布满灰白色大小不一的密集的坏死点，同时有大叶性肺炎和心包积液。

4. 从病原学诊断上进行区别

在8种病中，两种维生素缺乏症可以分别做饲料成分的含量及品质检测得以确诊（结合临床症状和剖检变化）；禽霍乱可用病料触片染色镜检查到两极染色的巴氏杆菌；鸭病毒性肝炎可用病变组织制成悬液接种鸭胚的尿囊腔，鸭胚在2~6天内死亡来确诊；鸡马立克氏病用琼扩方法，用已知阳性血清来检测病鸡的羽髓病毒；鸟疫可用血清学试验（补体结合反应）来检测衣原体病；其余2种病毒均可使用病毒分离和血清学反应来检测其存在。

## （三）防控措施

1. 平时预防措施

两种维生素类缺乏症，只要保证禽在不同饲养阶段饲料中该类维生素的需要量，尤其是自配饲料的养殖户，必须做到所配饲料的"全价"，满足禽在不同饲养阶段的营养成分，则可避免缺乏症的发生。

由于药物性添加剂的广泛应用，目前本文所说的两种细菌性传染病目前大多数地区仅在散养禽中且多呈点状发生。而且这2种病中，禽霍乱的疫苗质量不过关，鸟疫目前尚无疫苗可用。因此，在病的多发地区，可选择在病的流行季节提前用药物添加、加强卫生消毒等措施来预防。

4种病毒性传染病中，鸭病毒性肝炎、禽传染性脑脊髓炎3种病均有疫苗可用于预防，只要严格按制定的免疫程序进行免疫接种，都可获得预期的免疫效果。需要说明的是，鸡马立克氏病疫苗接种须在雏鸡出壳后24小时内进行，而且疫苗须使用专用稀释液，稀释好的疫苗应在1小时内用完。鸡传染性乙型脑炎目前没有疫苗可用，预防该病主要靠夏秋季节搞好养殖面积环境的卫生消毒和灭蚊，因为蚊子是该病的主要传染源。

2.发病时的防控措施

硒与维生素 E 缺乏症、维生素 $B_2$ 缺乏症发病时只要在饲料中按比例添加硒－维生素 E 粉和维生素 $B_2$ 粉即可，以 2 倍量拌饲，1 周后改为常规量，由于维生素 $B_2$ 粉容易失效，故选料要注意选用新鲜材料。

两种细菌性传染病一旦发病时可选用敏感药物进行治疗。

对于病毒性传染病，其中鸭病毒性肝炎可用抗血清进行治疗。其余三种病一旦发病，对临床病鸡和血清检测阳性鸡进行扑杀销毁，对发病率高的进行全群扑杀销毁；禽舍进行彻底消毒，净化 3～6 个月后方可重新引进鸡苗进行饲养。发生过鸡马立克氏病、传染性脑脊髓炎的鸡群，不能再留做种用。

## 四、禽减蛋症候群的鉴别诊断

### （一）类症病种

禽的减蛋症候群是一组以产蛋下降和畸形蛋增多的疾病，它们往往是亚急性疾病，发生于成年蛋禽，只是产蛋减少而不是停止产蛋，一般不导致病禽的死亡。常见的禽减蛋症候群包括鸡产蛋下降综合征、非高致病性禽流感、禽痘、鸡传染性支气管炎、禽弯曲菌病、维生素 A 缺乏症 6 种病。其中病毒性传染病 4 种，细菌性传染病 1 种，维生素缺乏症 1 种。

### （二）临床鉴别诊断

1.从流行病学特点上去区别

（1）产蛋下降综合征鸡大多在 170～220 日龄发病，而且发病时一般不表现其他临床症状。因此，比较容易与其他 5 种相区别；禽痘在一个地区流行时，不仅鸡发病，其他如鸽子、鹌鹑均易感染发病；因而通过流行病学调查，也容易判断和识别。

（2）非高致病性禽流感，传染快，发病急，不仅鸡发病，各种家禽、鸟类均易感染，有明显的一过性感冒症状，死亡率很低；而鸡传染性支气管炎与之相似，但后者只感染鸡，且发病往往与鸡舍通风不良、营养差等诱发因素有关，传染性支气管炎发生在雏鸡群有较高的死亡率，可与前者相区别。

（3）禽弯曲菌病在成年鸡中呈慢性病程，可长达1至2个月以上；维生素A缺乏症在雏鸡中有很高的致死率，而在成年鸡中死亡率很低，且雏鸡死亡前和视力障碍可与其他几种病相区别。

2. 从临床症状上去区别

（1）仅从产蛋下降多少是不好区别这6种病的。因为这几种病均可导致产蛋率大幅度下降，同时产浅色蛋、薄壳蛋、软壳蛋、畸形蛋等也不同程度地增多。但其中患传染性支气管炎的蛋清稀薄如水，同时腹泻，拉黄白至黄绿色稀粪；患维生素A缺乏症的蛋内带血斑的量严重增加等现象容易区分出来。

（2）鸡产蛋下降综合征和非高致病性禽流感，可在1个月左右恢复产蛋（但难以回到原来的水平上），而其他4种病其产蛋下降现象一般难以恢复。

（3）在6种病中，禽痘的临床症状比较特别，如冠、髯、肉垂、口角、眼睑等处的痘疹结节很容易识别；呈现明显呼吸困难的为鸡传染性支气管炎；冠、髯水肿、发绀，头部有肿胀发生的为非高致病性禽流感；禽弯曲菌病主要感染青年鸡，其感染后鸡冠有皱缩并有痂片，同时伴有水泻、消瘦，而母鸡虽减蛋，但直到临死前尚能产蛋，这些表现也容易与其他几种病相区别。

3. 从剖检变化上去区别

这6种病均有各自的剖检病理变化，比较容易识别。

（1）鸡产蛋下降综合征仅见到输卵管黏膜水肿、肥厚，卵巢出血或萎缩，而其他脏器看不到病变；非高致病性禽流感则见不到腺胃与肌胃交界处有出血点、盲肠扁桃体肿大、出血，肠道的环形斑块出血，轻重不一的心包炎等症状。

（2）禽痘除了体表无毛区的痘疹或结痂外，还可在喉头、咽喉部、食道等部位（有时胃肠道也可见到）纤维素性坏死假膜；传染性支气管炎则可见到气管、支气管、鼻腔和窦中有浆液性、卡他性、干酪样分泌物，气囊混浊或有纤维素性渗出物；传染性支气管炎还可见到肿胀的花斑肾和直肠后段（以壶腹部为甚）尿酸盐沉着。

（3）维生素A缺乏症的特征性病变表现在口腔、咽部食道有典型的白色小脓疱结节，有的融合成灰白色假膜，同时内脏器官上有尿酸盐沉着；禽弯曲菌病的病变主要表现在肝脏上，肝肿大、出血，呈黄褐色，表面隆起呈菜花状，其内部含有化脓灶，严重的有腹水、心包积液，肾苍白肿大，卵泡干瘪或萎缩退化成豌豆粒大小的卵泡。

4.从病原学诊断上去区别

(1)其中的4种病毒可用病毒分离或血清学诊断(如琼扩、血清中和试验、ELISA试验等方法来确诊病原。其中鸡产蛋下降综合征还可在病变部位查到特征性的胞浆内包涵体。

(2)维生素A缺乏症可通过检测饲料的营养成分及其品质来确诊;禽弯曲菌病则可用病料直接涂片、革兰氏染色镜检,可见到阴性的单个短螺旋体、S状、逗点状的弧形菌。

## 五、家禽快死症候群的鉴别分析与防控措施

在家禽临床疫病防控实践中,可造成家禽大批发病、快速死亡的疾病很多,其中有传染病、寄生虫病、中毒病等,属于涉及多病种的禽类症候群。由于这类症候群禽病在临床主要表现成批、成片死亡的特征,容易在短时间里造成巨大损失。故能在第一时间里快速做出诊断,拿出最佳防控方案和措施,使损失降到最低点显得尤其重要。因此,要求临床兽医(尤其是规模禽场的兽医)不仅要有丰富的临床防治经验,而且要有综合鉴别分析能力,不被相类似的现象所迷惑。现将这类禽病的临床鉴别体会阐述如下。

### (一)家禽快死症的常见病种

其中常见的病毒病有:高致病性禽流感、强毒性鸡新城疫、鸡传染性法氏囊病、鸭瘟、雏鸭病毒性肝炎、小鹅瘟、鹅副黏病毒病;常见的细菌病有:禽霍乱、雏禽绿脓杆菌病、雏禽传染性气囊炎;常见的寄生虫病有,鸡白冠病(住白细胞虫病);常见的中毒病有,一氧化碳中毒、痢特灵(呋喃唑酮)中毒、痢菌净中毒等。

### (二)临床鉴别诊断方法

1.从流行病学调查上进行区别

流行病学调查是猪禽疾病诊断的基础,常用的方法是先将家禽进行种的分类,然后再在年龄、季节、环境等因素方面进行区别。

（1）种类区分

如鸡、鸭、鹅共患的快死症有高致病性禽流感、禽霍乱、雏禽绿脓杆菌病、雏禽传染性气囊炎上述的几种中毒病等；除共患的病种之外，鸡容易得的快死症有鸡白冠病；鸭容易得的快死症有鸭瘟、鸭肝炎；鹅容易得的快死症有小鹅瘟、鹅副黏病毒病等。

（2）年龄区分

鸭肝炎、小鹅瘟、鹅副黏病毒病、雏禽绿脓杆菌病、雏禽传染性气囊炎等多发生在幼禽。其中雏禽绿脓杆菌病多发生于3日龄以内的雏鸡；鸭肝炎、小鹅瘟以1～2周龄为发病高峰，3周龄后则很少发生；鹅副黏病毒病则多见发生在育雏中期；鸭瘟则以青年鸭和成年鸭较多发生；传染性法氏囊病主要以30～50日龄鸡为发病高峰，而成年鸡群发病较少；雏禽绿脓杆菌病、雏禽传染性气囊炎多发生在育雏早期；中毒病则可发生于整个育雏期里；鹅副黏病毒病多发生于1月龄以上的大雏；禽霍乱多见发生于性成熟后的鸡鸭；高致病性禽流感、强毒性鸡新城疫等可发生于各种日龄的多种禽和鸟类。

（3）季节因素

鸡住白细胞虫病多发生在7～9月蚊子、库蠓肆虐的季节，病毒多发生在冬春季节，而细菌病多发生在夏秋的高温高湿季节，一氧化碳中毒则多发生在冬天和早春。

（4）环境因素

雏禽传染性气囊炎多因高温高湿的环境和由饲喂霉变的饲料和使用霉变的垫料引起，一氧化碳中毒则因育雏期取暖煤炉漏烟引起。痢特灵（呋喃唑酮）中毒、痢菌净中毒的都有用药史等。

2. 从发病的临床症状上进行区别

尽管在发病急、死亡快、死亡率高是这类禽病的共同特征，但它们在临床症状上还可以找出许多区别。如羽毛粗乱、精神委顿、食欲降低或完全废食等尽管也是临床表现，但这几乎是所有禽病的表现。因此，要进行鉴别诊断，必须找出有关病的特征性表现加以区别。

（1）体表症状上的区别

高致病性禽流感、强毒性鸡新城疫、禽霍乱等均可见到冠、髯发紫、肿胀的表现；但高致病性禽流感的水肿明显，而且头部、面部肿胀明显，且伴有腿鳞出血，而鸡新城疫很少见到腿鳞出血现象，但新城疫濒死鸡嗉囊肿满，倒提时可从口腔流出酸臭液体。鸭瘟除了头部显著肿胀之外，尚可见到眼睑水肿，口腔、泄殖腔的灰黄色假膜。高致病性禽流感除了冠、髯、头部肿胀之外，还可见到眼结膜充血、流泪的症状。住白细胞虫病的病鸡鸡冠苍白（故称白冠病），许多鸡整个面部都苍白。

（2）呼吸道症状上的区别

一氧化碳中毒时在雏禽群中可出现普遍的呼吸困难、不安；禽流感病禽可见到程度不同的咳嗽症状；新城疫可见到病鸡甩头并发出勾喽声；传染性气囊炎的可见到大批雏禽抬头张口喘气、呼吸困难。

（3）粪便上的区别

在这10多种病中大多数病禽都有拉稀粪症状，但粪便的颜色、黏稠度、形态不尽相同；或所拉粪便虽相类似，但因年龄、禽种不同，故也不难区别。如鸡传染性法氏囊病、鹅副黏病毒病早期都拉白色稀粪，新城疫和鸭瘟都拉绿色糊状稀粪，从禽种上就不难区别。当然临床上主要还应就同一种禽的不同疾病能进行区别诊断。如小鹅瘟的剧烈腹泻是拉黄绿色带气泡的稀粪，鹅副黏病毒病早期拉白色稀粪，中期拉稀粪中带红色物，后期稀粪中带有纤维素碎片。强毒性鸡新城疫、禽霍乱都有拉绿色稀粪，但新城疫稀粪带灰绿、草绿色，禽霍乱的稀粪带黄绿色。

（4）神经症状上的区别

高致病性禽流感的神经症状主要反映在水禽（鸭、鹅），尤其是雏禽的摇头、角弓反张等具有重要的诊断意义。鸭肝炎的角弓反张多发生在临死前，而鸭、鹅高致病性禽流感的角弓反张在发病后就可以见到。急性禽霍乱的鸡鸭往往看不到临床症状即倒地死亡，但亚急性的禽霍乱可见到病鸭频繁的摇头动作（俗称摇头瘟）。中毒性疾病常可见同一时间里雏禽的成批死亡，其中药物中毒者死前可见到倒地震颤、打转、抽搐而死。

3. 从剖检病理变化上进行区别

剖检病理变化检查是禽病诊断的重要依据和主要方法。但在临床应用中，常常是在流行病学调查和临床症状检查的基础上，进行有目的有范围的检查，而不是盲目地检查。

（1）消化道检查

高致病性禽流感、新城疫、禽霍乱者可见到有口腔黏液，但只有新城疫病鸡嗉囊充满酸臭液，倒提可从口腔流出。从胃肠内容物看，只有新城疫病鸡的呈典型的绿色，禽流感和禽霍乱的则呈黄绿色或酱黄色，而法氏囊病的肠道为黄白色水样内容物。前3种病均可见到肠道出血，其中禽流感的肠道为轮环状出血，新城疫、禽霍乱为弥漫性出血。禽霍乱一般见不到腺胃乳头出血，禽流感、新城疫可见到腺胃乳头出血，但新城疫除了腺胃乳头出血还可见到肌胃角质层出血。药物中毒的胃肠道内容物可见到所用药物的颜色和嗅到药物气味。小鹅瘟的肠道病变具有特征性，小肠黏膜的大量炎性坏死物凝固在一起，形成套管状栓塞堵塞小肠后段，使该段肠管肿大2～3倍，硬如香肠。鸭瘟在喉头、食管、泄殖腔可见到灰绿或黄绿色的假膜，假膜下有溃疡面。

在高致病性禽流感、新城疫、禽霍乱中均可见到盲肠扁桃体肿胀出血，但以新城疫的为甚，常常肿成很硬的圆疙瘩，内含暗红色的出血块；禽霍乱的盲肠扁桃体肿胀出血相对较轻。高致病性禽流感病例可见到十二指肠和盲肠出血。鹅副黏病毒病的肠道有散在性或弥漫性大小不一的淡黄色或灰白色的坏死灶。

（2）胸腔检查

胸腔的病变主要在心、肺及胸膜上，但单纯的心、肺病理变化往往不能确诊一种病，因为许多热性、急性病大多能引起心、肺的出血和纤维素渗出等病变。如禽流感、新城疫、禽霍乱三病都有心外膜、冠状脂肪出血的表现，但禽流感的心脏可见到稀疏的灰白色或乳白色的斑状坏死灶，而禽霍乱则同时可见到大叶性肺炎病变。

（3）肝、脾、肾、胰、法氏囊检查

禽霍乱病例的肝病变最具特征性，在显著暗紫色肿胀的肝表面上，布满了大小不等的灰白色坏死灶。禽流感病例的肝可见到肿大出血，而新城疫的肝可见到出血但不肿大。雏鸭传染性肝炎的主要病变在肝脏，肝肿大为正常肝的1～2倍，质脆易破裂，多呈古铜色条纹且有大小不等的出血点，同时胆囊肿大充满胆汁，具有特征性。鹅副黏病毒病的脾脏肿大，有灰白色大小不一坏死灶。

（4）脑检查

新城疫病例的脑膜充血或出血，脑实质没有眼观变化；高致病性禽流感病例可同时见到脑组织充血或出血。

（5）肌肉和其他脏器检查

新城疫呈化脓性坏死性气囊炎，而雏鸡传染性气囊炎的气囊上往往可见到灰黄色大小不一的霉斑；前者呈融合性，而后者呈斑点状。鸡传染性法氏囊病的肌肉出血及法氏囊病变具有特征性，其腿肌和胸肌呈条纹状和斑块状出血，法氏囊在发病3～5天时可肿大为正常的1～3倍，呈紫红色，黏膜沟纹处可见到出血和干酪样坏死物。鸭瘟在胸腺可见到大量出血点和黄色病灶区。

4. 从实验室检查上进行区别

在上述10多种病中，细菌病和寄生虫病主要是用组织触片染色镜检查找病原体，而病毒病则主要是通过血清学检查来鉴别具体病毒。

（1）在显微镜下，禽霍乱的病原体为革兰氏阴性且两极染色的小杆菌，而绿脓杆菌则为蓝紫色的革兰氏阳性杆菌；雏禽传染性气囊炎取气囊上的病变结节压片镜检可见到大量的霉菌孢子和菌丝体。

（2）血清学检查是对病毒性禽病的疫情监测和疫病诊断最常用的方法之一。本文叙述的6种病毒性禽病都有各自专用的诊断抗原或诊断血清，而且这些诊断抗原或诊断血清很少发生交叉反应。对于同样都能凝集红细胞的病毒，则依靠凝集抑制试验来鉴别。如鹅流感病毒和鹅副黏病毒都具有凝集红细胞的特性，但鹅副黏病毒血凝性能被特异抗血清所抑制，而不被禽流感抗血清所抑制；相反，鹅流感病毒血凝性能被特异抗血清（禽流感抗血清）所抑制，而不被鹅副黏病毒特异抗血清所抑制。

（3）家禽常见的中毒病一般不采用病原学检查的方法来诊断。

### （三）常用的防控措施

1. 日常防控措施

（1）在基础养殖硬件上舍得投资

所有的家禽都应该在隔离状态下进行饲养，养殖场须远离居民区和闹市区；养殖场的周围应有壕沟、围墙、阔叶乔木隔离带等设施；设有门卫消毒池、消毒通道；饲养人员吃住在养殖场，进出饲养区须消毒和更换衣帽鞋。所有这些，都是保持养殖场不受外来病原侵袭的基础和首要条件。

(2) 在饲养管理上狠下功夫

消毒制度不是落实在墙上和纸上，必须落实在行动上，必须定岗定人定指标。日常消毒是保持圈舍内外清净无菌无毒的关键所在，而必须在环境清洁卫生为前提下的消毒才能达到预期的效果。

家禽养殖要坚决反对密度过高。密度高则舍内空气混浊，从而引发以呼吸道为主的多种传染病。这是许多养禽场最容易忽视而又屡遭损失的致命因素。

(3) 病死家禽的无害化处理

出售和乱扔病死禽，是造成养殖环境深度污染的主要原因。而养殖环境一旦被深度污染，则极易导致消毒失效和免疫无效。长此以往，还易导致病原体的变异，和耐药菌（毒）株的形成，从而导致养殖场长年得不到清净，疫病此起彼伏，甚至导致养殖场的垮台。

(4) 按科学的免疫程序免疫接种

在农村，尤其要防止所接种疫苗的失效。在疫苗逐级发放和保管的过程中，省、市、县这三级一般不会出问题，而乡、村这两级则很容易出问题。有的乡镇兽医早上将疫苗从冰箱取出来放在挎包里一直用到晚上，在烈日炎炎的夏季，其疫苗早已失效。在农村，不按程序、不按剂量、不按部位接种，一根针头打到底的情况十分常见，这些都是导致免疫失败的关键因素。

(5) 搞好疫情监测

定期配合当地动物防疫监督机构搞好抗体监测，准确地把握禽群的免疫动态；以便及时调整好免疫程序，做到防患于未然。

2. 发生疫病流行时的紧急防控措施

(1) 采取措施、尽快确诊、上报疫情、划定疫点、疫区

对于法定的重大动物疫病（如高致病性禽流感等）一旦发生，必须按具体病的法定要求，迅速组织专家现场诊断和取样，上报疫情，划定疫点、疫区和受威胁区。必要时报当地县以上人民政府发布封锁令和启动紧急预案，采取一系列必要的扑灭和防控措施。

(2) 搞好鉴别诊断，采取有效措施扑灭疫情

当有两种以上相类似症状的疫病混合感染时，则必须组织专家按上述程序进行鉴别诊断，一切防控措施都必须建立在疫情确诊的基础之上。如基层不能确诊的疫

病，须立即采样送省动物防疫监督机构确诊。

（3）紧急免疫接种

对疫区和受威胁区的禽群，无论其当时免疫状况如何，都应实施紧急免疫接种。一般做法是从外围区域向中心地段顺序进行，力争做到一户不漏、一只不漏。对经紧急免疫接种后的猪禽群，进行定期抗体监测，确保免疫效果，这是疫情扑灭的关键，也是封锁能否在预定时间内得以解除的关键。

（4）无害化处理措施应果断彻底

发生重大动物疫情时的无害化处理措施，不仅仅指病死禽尸体的处理，还包括疫点、疫区内的同群动物和易感动物。根据国家的当前法规规定，经确诊为高致病性禽流感等，则须按规定将同群动物和易感动物进行扑杀销毁处理，并由国家财政给予补贴。这是在特定情况下对特定疫病无害化处理的果断措施，也是扑灭疫情必须做到的防控措施之一。

（5）彻底消毒和终末消毒措施

对疫点、疫区内染疫动物（有时也包括受威胁区动物）进行扑杀销毁等无害化处理的同时，彻底消毒工作必须跟上，这是防止疫情扩散和扑灭疫情必不可少的措施。连续性多次反复的彻底消毒，能有效杀灭养殖业内外环境中的病原体。当最后一头（只）病害动物扑杀后，经过具体疫病一个完整的潜伏期无新的感染动物出现，而且经抗体检测受威胁区内动物均已达到有效免疫保护效价后，则需经过一次全范围内的彻底消毒后，方可由原发布封锁令的政府宣布解除封锁。

## 六、重视与禽流感相类似禽病的临床鉴别与排除

在各地防控高致病性禽流感的过程中，最重要的环节是要把握好对疑似病例的确诊。高致病性禽流感的临床特征是发病急、传播快、死亡率高，目前我国政府对高致病性禽流感，采取一系列严厉的控制扑灭措施，如疫点向外围3千米半径划为疫区，疫区向外5千米半径（距疫点8千米半径）划为受威胁区；疫区的所有禽类一律扑杀销毁（国家财政给予补偿）、彻底消毒，受威胁区的所有禽类实行强制免疫注射。这种严厉的控制和扑灭措施是完全必要的，但付出的代价也是巨大的。但在实际工作中，有许多种禽病在临床表现上同样具有发病急、传播快、死亡率高的

特点，很容易与禽流感相混淆，而一旦造成误诊误判，其后果将不堪设想。因此，作为临床兽医必须熟练掌握这类禽病的鉴别诊断方法，抓住它们各自在流行病学、临床症状和剖检病理变化上的特点进行区别，通过排除达到确诊的目的。

### （一）中毒性疾病

1. 一氧化碳中毒

大多发生在育雏期，鸡、鸭、鹅均可发生，尤其在冬季和早春，育雏舍内用炉子或烟囱取暖漏烟造成中毒，中毒可在几个小时或一夜之间发生雏禽的成批死亡。雏禽群中普遍出现呼吸困难、不安，继而出现呆立、昏睡或瘫痪、运动失调、头向后仰等症状，其特征病变为病雏剖检时可见到血液和各脏器都呈鲜樱桃红色，容易与高致病性禽流感相区别。

2. 呋喃唑酮中毒

呋喃唑酮也称痢特灵，是育雏和育成期常用的抗球虫、抗菌类药物，鸡、鸭、鹅对其均较敏感，在饮水中沉淀下来的药物颗粒或拌料不均或比例过大时均可引起家禽中毒。对该病的诊断要点是抓住其用药史、用药比例的实地调查和剖检。急性中毒病例发病很快，有的精神委顿，有的则兴奋不安，运动失调、抽搐、倒地转圈；小鹅中毒时常"吱吱"乱叫、找水喝；雏禽死前多倒地震颤，一般在3小时内大部分死亡或全部死亡，最长的拖到十多个小时死亡。剖检可见到口腔、嗉囊和胃中有黄色黏液，出血性肠炎，肠内容物混有药物，肌胃角质膜易剥落、肝充血肿大等，容易确诊。

### （二）细菌性传染病

1. 禽葡萄球菌病

这是一种不大被人们重视的幼禽特别是肉用仔鸡多见的传染病。其中急性败血型常可引起很高的死亡淘汰率，近年来该病有发展抬头趋势。其主要诊断要点有三：一是饲养条件简陋，如垫架粗糙、尖锐易引起刺伤（有时注射疫苗时消毒不严的针头也可引起感染）感染；二是特征性症状是患禽的胸、腹、股内侧皮下浮肿，滞留血样渗出液，外观呈紫黑色，有波动感，病鸡多在2～5天死亡，快者1～2天急性死亡；三是做血涂片或接种培养基可查到金黄色葡萄球菌。

2. 禽霍乱

由多杀性巴氏杆菌引起的禽霍乱是鸡、鸭、鹅都可感染发病的一种急性败血性传染病，常以剧烈的下痢症状为特征，主要以成年鸡、鸭多见发生；发病率及死亡率均高，病程短的只有数十分钟至数小时即发生死亡。往往前一天晚上还好好的鸡，翌日清晨已死在圈中，但多数发病病程为 1～3 天。其临床症状与新城疫相似，冠髯发紫，但拉稀粪便多呈黄、灰绿或淡红色；病鸭还常常表现摇头，有"摇头瘟"之称。其剖检病理变化是皮下、肌肉、脏器的浆膜大多有出血，心脏冠状脂肪有针尖状出血点，大叶性肺炎明显，肠道弥漫性出血。其特征性病变表现在肝脏肿大，表面布满灰白色或灰黄色针尖大至粟粒大不等的坏死点，且其腺胃乳头一般见不到出血现象。这两点是与禽流感及新城疫的主要区别所在。另外，经血涂片或组织触片染色镜检，可见到革兰氏阴性两端浓染的巴氏杆菌。

## （三）病毒性传染病

1. 小鹅瘟

这是雏鹅的急性败血性传染病，10 日龄内感染的幼鹅其发病率和死亡率可高达 100%。常见不到前驱症状而突然死亡，或发现精神委顿后数小时即衰竭倒地、划腿、很快死亡；多数出现剧烈腹泻，几天内扩散到全群。其诊断要点上是在雏鹅的发病日龄上，一般不超过 20 日龄，以 1 周至 2 周龄多见，而成鹅与其他家禽不发病；二是剖检变化具有特征性，表现在小肠黏膜性炎症、坏死与大量渗出物凝固在一起，形成可移动的套管状栓塞，常堵塞小肠后段，使该段肠管膨大 2～3 倍，质地坚硬如香肠状；同时胆囊肿大，充满稀薄胆汁。容易与高致病性禽流感相区别。

2. 鸭传染性肝炎

该病是雏鸭的一种高度致死性、传播迅速的病毒性传染病，其特征是鸭群发病急、病程短，3 周龄之内的雏鸭发病率可达 100%，死亡率可达 50% 至 95%，成鸭及鸡鹅均不发病。发病雏鸭常精神委顿、闭目蹲伏、继而运动失调，死前常角弓反张，可在数小时内死亡。其剖检病理变化特征是肝脏肿大、有斑点状或条纹状出血，胆囊肿大，脾呈花斑状。从发病日龄、症状及剖检病理变化上综合起来容易诊断。

3. 鸭瘟

各种年龄的鸭均可感染，一般情况下不感染鸡、鹅，但1月龄以下的雏鸭较少发病。其临床特征是病鸭头颈部肿胀，俗称"大头瘟"，急性病程1～5天，亚急性6～10天，死亡率达90%以上，剖检病理特征表现在喉头、食道、泄殖腔均可出现灰黄色或黄绿色的假膜，剥离后出现出血溃疡面，有的假膜可波及食管膨大部，腺胃两端交界处也常有灰黄色坏死或出血带，时有溃疡。该病从其病程长，鸡不感染及特征性病理变化上可与禽流感相区别。

4. 新城疫

临床兽医对新城疫大多有较深的了解，这也是目前临床上最易与禽流感相混淆和需重点排除的禽病。该病除了病鸡冠髯发紫，个别也有肿头现象外，目前已极少见到最急性型，大多数表现为典型的急性型和亚急性型；其病程与高致病性禽流感比较起来，一般病程较长，且呈渐进性死亡。其发生死亡多在出现症状2～3天后，对于具体病鸡从发病到死亡常见的多在4～5天以上。临床症状上的不同点是病鸡独立一隅、闭目呆立、呈瞌睡状、拉绿色稀粪、呼吸时发出"呼噜声"，有甩头症状，倒提时可从口鼻腔流出水样黏液来。在剖检变化上新城疫除腺胃乳头肿胀出血和一般脏器出血病变外，可见到盲肠扁桃体严重肿胀，许多病例都肿成黄豆粒大的圆疙瘩，剪开后呈严重增生和出血，还可见到胸、腹腔呈现严重的化脓性坏死性气囊炎。凡出现盲肠扁桃体和气囊上述病变的鸡病程多在5天以上，且这两点病变与禽流感是截然不同的，若是高致病性禽流感鸡群早就死光了，目前常见的新城疫鸡群在多数情况下死亡率不到20%，且多感染鸡，鸭、鹅可感染但不发病。

5. 鸡传染性法氏囊病

该病是幼鸡和青年鸡的急性、高度接触性传染病，不感染鹅鸭。其临床症状除了与新城疫相类似外，其拉白色水样稀粪，一般发病后3天开始出现死亡，5～7天进入高峰，但单纯法氏囊病其死亡率不超过20%，但患该病同时易并发或继发新城疫，可使死亡率提高到30%以上。其特征性病理变化是胸肌、腿肌同时出现斑块状或条纹状出血，法氏囊在发病后2～3天可肿大到正常的1.5～3倍，浆膜可有胶胨状渗出物覆盖，颜色可变为淡红色至深红色，有出血点；囊内时有果酱样或干酪样坏死物，第4天重量增加1倍，第5天恢复正常重量，以后逐渐萎缩，至第8天只有原来重量的1/3；肾苍白肿大，腺胃与肌胃交界处或见到带状出血斑。本病病鸡一般少见有呼吸道症状，鹅鸭不发病，且从病程较长及法氏囊的典型病变等均容易与禽流感相区别。

## 七、临床上如何鉴别高致病性禽流感与新城疫

高致病性禽流感与新城疫同属禽类烈性传染病，都具有传播快、发病急、死亡率高的特征，在国家动物防疫法上同被列为一类动物疫病。在当前各地防控禽流感的过程中，我们在临床诊断时要特别注意禽流感与新城疫的鉴别，不要被两者相似症状所迷惑；又因为目前国家对这两种病采取的控制扑杀的规定不一样，所以一旦造成误诊误判，后果将难以想象。因此，必须具备鉴别新城疫排除禽流感的能力。两者在临床上可通过如下几个方面进行鉴别诊断。

### （一）从流行病学调查上去鉴别

1. 高致病性禽流感发病急、病程短、死亡快，临床上最为多见的是多呈短期内大批量死亡，有的死前甚至不表现临床症状。

目前高致死性（最急性）的新城疫已不多见，而临床上最为多见的是急性、亚急性的新城疫，多呈渐进死亡，且死亡率远比高致病性禽流感低得多，（目前一般在出现死亡的最初5天内不超过20%）病程也拖得较长，大群鸡病程多在4～5天以上。

2. 高致病性禽流感流行的疫点及疫点附近，不仅鸡发病，其他家禽（如鸭、鹅）也会发病，而新城疫一般只引起鸡发病。

3. 必须调查鸡场主（或农户）其鸡群免疫接种情况，其间新城疫疫苗、法氏囊病疫苗及禽流感疫苗是否按程序接种，在此之前鸡群是否患过其他疫病。如果前不久曾患过法氏囊病，则鸡群很可能因其免疫机能遭到破坏而影响新城疫疫苗的免疫效果，法氏囊病继发或并发新城疫在临床上是十分常见的。

4. 现场查看鸡舍的通风情况，兽医人员只要走进鸡舍就立即能感觉到舍内氨气的程度（冬春季节鸡舍只顾了保温而忽视了通风），又能亲眼看到鸡群的精神状态和发病状况。因为舍内空气过于混浊极易引发呼吸道病，而患呼吸道病（如慢性呼吸道病、传染性支气管炎或传染性气囊炎等）的鸡群也是很容易并发新城疫的。

## （二）从临床症状上进行鉴别

大多数临床兽医对于禽流感病鸡的临床症状是认识不够的，尤其是高致病性禽流感往往看不到明显的临床症状，鸡群就发生大批死亡，但有经验的临床兽医对新城疫的临床症状应该体会较深。应从如下几方面去观察分析：

1. 高致病性禽流感病鸡的典型症状是鸡冠、肉垂发紫、肿胀，肿头肿脸和腿鳞出血，而新城疫病鸡则很少肿头肿脸和腿鳞出血。

2. 新城疫病鸡常离群呆立、闭目缩颈、呈瞌睡状，常发出呼噜声和甩头症状，力图把口腔中的分泌物甩掉；将病鸡倒提会有酸水或黏液从口鼻流出来，同时在鸡群中必定有一部分鸡出现拉绿色稀粪的现象。而禽流感病鸡除了精神委顿、羽毛逆立松乱等与新城疫病鸡症状相似外，上述症状则大多不具备，从而两者在临床症状上容易相区别。

## （三）从剖检病理变化上进行区别

临床兽医在诊断禽病时，剖检病理变化是最基本的诊断方法。由于禽流感和新城疫两者都是鸡的烈性传染病，剖检时，除了皮下肌肉和大多数脏器及浆膜黏膜的出血之外，两者尚有许多不同点可加以区别，这也是一旦某地发生疫情时如何能把禽流感疫情排除的关键所在。

1. 典型的新城疫病鸡大多嗉囊膨胀且充满酸臭味的液体或糊状物，而禽流感病鸡一般见不到这种情况。

2. 两者的呼吸道虽然都可见到喉头、气管环的充血出血，内含黏液性分泌物的现象，但新城疫病鸡因病程长，不仅气管内分泌物黏液多见，而且肺一侧或两侧大多有大叶性肺炎症状，许多情况下可见到肺与有纤维素渗出的胸膜粘连。

3. 虽然两者能见到腺胃乳头的肿胀，出血点等现象，但新城疫病鸡的肌胃角质层下有出血，而且胃内容物大多呈绿色，非常典型。

4. 由于典型的新城疫病鸡病程一般比禽流感长，发生死亡多在出现症状2～3天后，对于具体病鸡发病至死亡常见的多在4～5天以上，因而在剖检变化上出现典型的病变。如临床上新城疫多见到：一是盲肠扁桃体严重肿胀，许多病例都肿成黄豆粒大的圆疙瘩，剪开后呈严重增生和出血；二是多数新城疫病鸡的胸、腹腔气囊呈现严重的化脓性坏死性气囊炎。凡出现盲肠扁桃体和气囊上述病变的鸡其病程多在4天以上，这两点病变与禽流感是截然不同的。因为若是高致病性禽流感，那鸡群早就死光了，目前较常见的新城疫鸡群多数情况下死亡率往往还不到20%。

### （四）从病原学诊断上去鉴别

禽流感病毒属于正黏病毒科，而新城疫病毒是副黏病毒科，只要有两者分别不同的标准抗原，标准分型诊断血清、标准对照血清，应该说做血凝试验和血凝抑制试验（即HA试验、HI试验）应该是不难区别的。只是禽流感的疫情确认国家有统一规定，不属于市、县级兽医部门诊断范围。因此，两者应该是不难区别的。

第九章

# 猪禽疫病常用生物制品与常用药物

# 第一节　兽用生物制品

## 一、兽用生物制品的概念

国家《兽药管理条例》规定，所称兽用生物制品是指以天然或者人工改造的微生物、寄生虫、生物毒素或者生物组织及代谢产物等为材料，采用生物学、分子生物学或者生物化学、生物工程等相应技术制成的，用于预防、治疗、诊断动物疫病或者改变动物生产性能的兽药。

常用的兽用生物制品主要指用于猪禽防疫的各种疫苗，有关疫苗的定义、分类及其作用特点和使用方法已在前面第四章第三节中叙述过，本节主要谈生物制品的管理。

## 二、兽用生物制品管理的重要性

生物制品是猪禽养殖业健康发展必不可少的武器，也是防控重大动物疫病的保障基础，历来受到国家和各级政府农牧主管部门高度重视。随着市场经济的深入发展，兽用生物制品如同兽药一样，作为比兽药更特殊的一类商品进入市场流通领域。由于相应职能部门的监管综合措施未能及时跟上，近年来重大动物疫病的频频发生，已经给养殖业和社会公共安全带来了极大隐患。兽用生物制品的混乱局面，如不加以彻底整治，将会给畜牧业乃至人类公共卫生安全造成更大的灾难。

假劣疫苗由于监管不力和地方保护伞的庇护，使其多年来源源不断地生产，又源源不断地流入市场，坑害了多少养殖场和养殖户，年复一年地给畜牧业带来深重的灾难，而且近年来又越来越凸现其给公共卫生安全及给人体健康带来巨大的灾难和深远的危害。

## 第二节　猪禽重大疫病常用防控药物

### 一、防控药物的选择

#### （一）根据适应证选择药物

主要针对预防或控制什么类型猪禽病而选择，因为绝大多数抗菌药（含抗生素类、磺胺类、合成类抗菌药等）都是对细菌性传染病和一部分寄生虫病有效，而其中大多数抗菌药对病毒性传染病是无效的，但可控制其继发感染。抗病毒药物品种比较少，而且抗病毒的效果大多也不像抗细菌病疗效明显。目前各地正在研究和使用中草药来抗猪禽病毒病很有发展前途，因为中药材品种多、药源广泛，而且药物残留量和副作用都比西药小。

#### （二）根据病原学特点和药物特性选择药物

选择使用药物预防时，必须根据临床实际需要，同时要考虑到药物的特性。因为药物使用一要对症下药，二要药物效果显著，否则就失去药物防控的意义。虽然药物防控不像疫苗那样有特异性，但仍要有针对性。药物防控不仅弥补了目前疫苗品种和剂型上的一些缺陷，还可争取在尽可能短的时间内达到防控的目的和效果。比如在针对细菌性疫病时，有条件的地方做病原菌分离培养和药敏试验，这样选择出来的高度敏感药物在临床上使用，往往可以达到事半功倍的效果。

#### （三）从减轻养殖成本出发选择药物

选择防控猪禽传染病的药物，既要高疗效和低药物残留，又要安全可靠和给药措施便于操作。如家禽用药大多采用拌料饲喂或饮水给药，这样做法不仅省工省力，又减轻对禽机体的应激反应。因此，在此基础上还应考虑到价格低廉，减轻和节省养殖成本。因为家禽用药不仅品种多,而且数量大,所谓要价廉效高,从减轻养殖成本出发来选择药物也是非常必要的。

### (四)注重中西兽药结合防控禽病

近年来,随着养禽业的蓬勃发展,我国中草药的方剂和散剂用于禽病防控得到了空前的开发和运用。尤其是按配方加工成散剂,既可以给禽拌料饲喂,又可以浸泡饮水。特别是当禽患一些传染病时食欲废绝,但仍能饮水时,使用起来非常方便。因为家禽的味觉功能较差,对饮食的味道不挑剔,这正是中药方散剂能够方兴未艾的原因之一。再者,中药方剂的防治功能比较广,一个组方往往能防治多种禽病,这是许多种西药所达不到的功效。因此,要求基层临床兽医同志,在搞猪禽传染病防控的时候,能熟练掌握其中一些病的中西兽药配合应用,以期防控工作获得更显著的效果。

## 二、防控药物的临床使用

为了便于临床兽医和养殖场主的查阅和使用方便,本书将用于猪禽传染病防控的常用抗菌药、抗病毒药及部分中兽药列表展示(见下表),而用于防控的生物制品及常用消毒药则已在其他章节中叙述过。

**猪禽传染病防控的常用抗菌药、抗病毒药表**

| 药物品称 | 适应证 | 用法与用量 | 注意事项与休药期 |
| --- | --- | --- | --- |
| 青霉素G | 抗G+菌(链球菌、李氏杆菌、螺旋体等) | 肌注:5万~10万单位/千克体重 | 与四环素等酸性药物及磺胺药有配伍禁忌。产蛋鸡禁用、休药期3天 |
| 氨卞青霉素(氨卞西林) | 对G+菌作用弱,但对G-菌强(如大肠杆菌、沙门氏菌、巴氏杆菌等) | 拌料:0.02%~0.05%;肌注:25~40毫克/千克体重 | 同青霉素G |
| 阿莫西林(羟氨卞青霉素) | 同上 | 饮水或拌料:0.02%~0.05% | 同青霉素G |
| 头孢氨苄(头孢菌素IV) | 同上、抗菌谱广 | 口服:35~50毫克/千克体重 | 同头孢曲松钠 |

续表

| 药物品称 | 适应证 | 用法与用量 | 注意事项与休药期 |
|---|---|---|---|
| 红霉素 | 抗G+的球菌、杆菌，对立克次体、钩端螺旋体也有效 | 饮水：0.005%～0.02%；拌料：0.01%～0.03% | 不能与莫能菌素、可卡因霉素合用，休药期1～2天 |
| 罗红霉素 | 猪禽呼吸道病，抗支原体、霉形体 | 饮水：0.005%～0.02%；拌料：0.01%～0.03% | 与红霉素存在交叉耐药性，休药期2天 |
| 泰乐菌素（泰乐霉素） | 抗G+菌、支原体、螺旋体等 | 饮水：0.005%～0.01%；拌料：0.01%～0.02%；肌注：30毫克/千克体重 | 注射部位反应大，与其他大环内酯类存在交叉耐药性，猪、禽休药期5天 |
| 北里霉素（吉他霉素、吉他霉素） | 抗G+菌和部分G-菌、立克次体、螺旋体、霉形体 | 饮水：0.02%～0.05%；拌料：0.05%～0.1%；肌注：30～50毫克/千克体重 | 产蛋期鸡禁用，肉鸡休药期7天 |
| 林可霉素（林可霉素） | 抗G+菌，家禽慢性呼吸道病、坏死性肠炎 | 饮水：0.02%～0.03%；肌注：20～30毫克/千克体重 | 与壮观霉素合用，对支原体、大肠杆菌等病效果提高，猪、禽休药期5天 |
| 杆菌肽 | 抗G+菌，对金葡萄、链球菌效果好 | 拌料：0.04%；口服：100～200单位/只 | 对肾脏有一定毒副作用 |
| 庆大霉素 | 广谱抗菌 | 饮水：0.01%～0.02%；肌注：5～10毫克/千克体重 | 与氨卞青霉素、头孢、红霉素、磺胺嘧啶钠、VC等有配伍禁忌；量大时有毒副作用，表现水泻、消瘦等。 |
| 链霉素 | 抗G-菌、禽霍乱、鸡伤寒、传鼻、慢性呼吸道病等 | 肌注：5～10万单位/千克体重 | 与新霉素、庆大、卡那等有交叉反应，量大或久用会产生毒副作用，产蛋鸡禁用，猪、禽休药期4天 |
| 新霉素 | 抗G+、G-菌，对绿脓杆菌，螺旋体、放线菌有效 | 饮水：0.01%～0.02%；拌料：0.02%～0.03% | 可通过气雾给药，防治呼吸道病 |
| 卡那霉素 | 抗大多数G-菌和部分G+菌有效 | 饮水：0.01%～0.02%；肌注：5～10毫克/千克体重 | 与氨卞青、头孢、磺胺嘧啶、氨茶碱、碳酸氢钠、维生素C等有配伍禁忌。量大有毒副作用 |

续表

| 药物品称 | 适应证 | 用法与用量 | 注意事项与休药期 |
|---|---|---|---|
| 阿米卡星（阿米卡星） | 抗菌谱广，对金葡菌、绿脓菌等耐药菌也有效 | 饮水：0.005%～0.01%；拌料：0.01%～0.02%；肌注：5～10毫克/千克体重 | 对氨卞青、头孢、磺胺嘧啶、四环素、地咪、环丙沙星有配伍禁忌，量大有毒副作用，水泻、消瘦 |
| 壮观霉素（大壮观霉素、速百治） | 抗G+菌、G-菌、对立克次体、支原体、沙氏、巴氏有效 | 饮水：0.025%～0.05%；肌注：7.5～10毫克/千克体重 | 产蛋鸡禁用，与林可霉素合用作用加强，休药期5天 |
| 土霉素 | 对G+菌、G-菌、立克次体、支原体、螺旋体有效 | 饮水：0.02%～0.05%；拌料：0.1%～0.2% | 与丁胺卡那、氨茶碱、青霉素G、氨卞青、头孢、新霉素、红霉素、磺胺、碳酸氢钠等有配伍禁忌，剂量大对孵化率有影响 |
| 四环素 | 同土霉素，作用比土霉素强 | 饮水：0.02%～0.03%；拌料：0.03%～0.05% | 同土霉素 |
| 金霉素 | 同四环素、比四环素作用强 | | |
| 甲砜霉素（甲砜霉素、甲砜霉素） | 广谱抗菌，抗G+菌，对大肠、沙门氏、巴氏等菌有效 | 饮水或拌料：0.02%～0.03%；肌注：20～30毫克/千克体重 | 对庆大、新生霉素、土霉素、四环素、红霉素、林可霉素、泰乐菌素等有配伍禁忌 |
| 氟苯尼考（氟甲砜霉素） | 同甲砜霉素，广谱、高效、低毒 | 肌注：20～30毫克/千克体重 | 与抗病毒药合治猪蓝耳病、高热病 |
| 氧氟沙星（氧氟沙星） | 抗猪禽G+菌、G-菌，用于细菌及支原体感染 | 饮水：0.005%～0.01%；拌料：0.015%～0.02%；肌注：5～10毫克/千克体重 | 与氨茶碱、碳酸氢钠有配伍禁忌；与磺胺药合用，加重对肾的损害，休药期5天 |
| 恩诺沙星 | 广谱抗菌，对支原体有特效 | 同上 | 同上，休药期7天 |
| 环丙沙星 | 广谱抗菌，主要用于细菌及支原体感染 | 饮水：0.01%～0.02%；拌料：0.02%～0.04%；肌注：10～15毫克/千克体重 | 与氨茶碱、碳酸氢钠有配伍禁忌；与磺胺药合用，加重对肾的损害，休药期7天 |

续表

| 药物品称 | 适应证 | 用法与用量 | 注意事项与休药期 |
|---|---|---|---|
| 达氟沙星（单诺沙星） | 主用于猪、禽大肠杆菌、禽霍乱、慢呼防治 | 饮水：0.05%～0.01%；<br>拌料：0.015%～0.02%；<br>肌注：5～10毫克/千克体重 | 与氨茶碱、碳酸氢钠有配伍禁忌；与磺胺药合用，加重对肾的损害，休药期7天 |
| 沙拉沙星（福乐星） | 广谱抗菌，作用强大，优于其他沙星 | 同上 | 同上 |
| 诺氟沙星（诺氟沙星） | 对G+、G-菌有效，治肠道及泌尿系统细菌感染 | 同上 | 同上，休药期10天 |
| 磺胺嘧啶 | 家畜脑炎、呼吸道、消化道感染，弓形虫病 | 饮水：0.1%～0.2%；<br>拌料：0.2%～0.4%；<br>肌注：40～60毫克/千克体重 | 不能与拉沙霉素、莫能霉素、盐霉素配伍，产蛋鸡慎用 |
| 磺胺二甲基嘧啶（菌必灭） | 广谱抗菌，对大肠、沙氏、巴氏等菌有效，抗球虫 | 同上 | 不能与拉沙霉素、莫能霉素、盐霉素配伍，产蛋鸡慎用 |
| 磺胺甲基异恶唑（磺胺甲唑） | 广谱抗菌，用于呼吸道、肠道、泌尿道感染，抗球虫，住白细胞虫 | 饮水：0.03%～0.05%；<br>拌料：0.05%～0.1%；<br>肌注：30～50毫克/千克体重 | 不能与拉沙霉素、莫能霉素、盐霉素配伍，产蛋鸡慎用 |
| 磺胺喹恶啉 | 广谱抗菌，抗球虫、住白细胞虫 | 饮水：0.02%～0.05%；<br>拌料：0.05%～0.1%； | 同上 |
| 三甲氧苄氨嘧啶（TMP、甲氧苄啶） | 抗链球菌、葡萄球菌、G-菌引起的呼吸道、消化道、泌尿道感染 | 饮水：0.01%～0.02%；<br>拌料：0.02%～0.04%； | 与拉沙霉素、莫能霉素、盐霉素、青霉素、维生素$B_1$、$B_2$、维生素C等存在配伍禁忌；易产生抗药性；与其他磺胺类、抗生素类、喹诺酮类按1：5配比增效 |
| 二甲氧苄氨嘧啶（DVD、敌菌净） | 同上，防鸡球虫、白痢、禽霍乱等 | 拌料：0.02%～0.04%； | 同上，作消化道抗菌增效优于TMP，产蛋鸡慎用。猪、肉禽休药期5天 |
| 磺胺-5-甲氧嘧啶（SMD 磺胺对甲氧嘧啶） | 广谱抗菌，对金葡菌、大肠杆菌、变形杆菌有效，抗球虫、鸡住白细胞虫 | 饮水：0.025%～0.1%；<br>拌料：0.1%～0.2%； | 毒副作用小，溶解度高，用于泌尿道、呼吸道、消化道感染，败血症等 |

第九章 猪禽疫病常用生物制品与常用药物

续表

| 药物品称 | 适应证 | 用法与用量 | 注意事项与休药期 |
|---|---|---|---|
| 磺胺间甲氧嘧啶（SMM、磺胺-6-甲氧嘧啶） | 抗G+、G-菌，抗球虫、猪弓形虫、附红细胞体、禽住白细胞虫、鸡传鼻等，作用强 | 拌料、饮水量同上，肌注：0.05～0.1克/千克体重 | 内服吸收好，有效血浓度高，毒副作用小 |
| 清瘟败毒散 | 抗病毒、细菌，对猪流感、蓝耳病、禽痘、法氏囊病、流感、巴氏杆菌、大肠杆菌、新城疫等有效 | 拌料：0.5% | 含穿心莲、金银花、大青叶等20味中草药。清热解毒，广谱抗病原微生物。每3～5天为一疗程 |
| 黄芪多糖 | 抗猪、禽流感、蓝耳病、瘟热症、法氏囊病、传染性支气管炎等 | 饮水：0.03%；拌料：0.07%； | 每3～5天为一疗程 |
| 救必应 | 抗禽流感、法氏囊病、禽霍乱、传染性支气管炎 | 饮水：0.025%～0.05% | 每日2次，3～5天为一疗程 |
| 肾肿康 | 鸡肾型传染性支气管炎、法氏囊病 | 口服或拌料：0.3～0.6克/天 | 清热解毒、滋肾消肿，利湿通便，3～5天为一疗程 |
| 速效囊炎康 | 抗新城疫、法氏囊病及细菌感染 | 拌料：0.5% | 病情严重可适当加量，3～5天为一疗程 |
| 肝复康散 | 主治：鸡包涵体肝炎、鸭肝炎、肉鸡腹水等 | 拌料：0.5%～1% | 清热解毒、疏肝利湿，3～5天为一疗程 |
| 桑菊散（抗感金刚） | 抗猪、禽流感、新城疫、法氏囊病、鸡痘、传喉、传染性支气管炎、病毒性肠炎等 | 拌料：0.125%～0.25% | 可集中在晚上喂，3～5天为一疗程 |
| 扶正解毒散 | 主治：鸡法氏囊病、产蛋下降综合征 | 每鸡0.5～1.5克 | （主药：板蓝根、黄芪、淫羊藿）3～5天为一疗程，每月拌料1～2次预防 |

续表

| 药物品称 | 适应证 | 用法与用量 | 注意事项与休药期 |
|---|---|---|---|
| 鸡病清散 | 主治：猪、鸡白痢、大肠杆菌、住白细胞虫、禽霍乱等 | 拌料：0.5% | （主药：黄连、黄檗、大黄）连用3天为一疗程 |
| 咳喘灵散 | 主治：猪、鸡慢性呼吸道病 | 每只鸡每天以2.5～3.5克拌料 | 连用3天为一疗程 |

## 三、防控药物使用注意事项

### （一）避免药害发生

1. 严格掌握药物的剂量、浓度和疗程

许多药物，如果剂量大，浓度大或疗程长，即可产生药害。举例如下：

（1）磺胺类药物对雏鸡毒性较大，若以0.5%比例混料连喂8天，可引起脾脏出血、坏死和肿胀，可在肾脏和尿道中形成结晶而造成伤害，蛋鸡可引起产蛋下降。

（2）氨基糖苷类抗生素用量过大，可造成听神经和肾脏的损害。如链霉素若超过每千克体重500毫克，鸡用药会引起衰竭死亡。喹乙醇对鸡、鸭敏感，口服用量超过每千克体重50毫克，鸡会中毒死亡。呋喃唑酮混料比例超过4/万，连用数天即可造成家禽死亡。

2. 临床药物不可滥用，尤其是抗生类药物不可滥用

尽可能避免同类抗菌药或具有相同毒副作用的药物不要联合使用，否则会加重损害，特别是加重对肾脏的损害。

3. 注意药物的配伍禁忌和药物代谢

例如氯霉素、红霉素、金霉素等都是经肝脏代谢，当肝功能受损时，则容易在体内造成蓄积和中毒；氨基糖苷类、头孢类、磺胺类等主要经肾脏代谢，当猪禽肾功能不全时，应避免使用或慎用。

4. 勤于观察，及时调整

在临床用药时，要认真观察药效和毒副作用，发现问题及时调整防治方案，把损失降到最低。

## （二）确诊后对症下药

俗话说，是药三分毒，在没有确诊（找出病因）的情况下用药，不仅带有盲目性，造成人工、药物的浪费，而且既治不好病，又延误了病机，可能造成病情加重，猪禽死亡等。因为未能及时确诊，还可能造成一个地区某种禽病疫情的扩散和流行，造成巨大的损失。因此，必须从如下几个方面去准确用药。

1. 弄清病因、准确用药

对猪禽传染病，尽快确诊，找出病因。确定是病毒引起的还是细菌引起的，这样就可以对症下药，采取紧急防控措施，扑灭疫情，挽救动物。

2. 对症治疗和综合用药

当病情复杂，受条件限制又不能及时分离病原时，应及时针对疫病的临床表现进行紧急救治，使症状得到缓解，这样做有利于猪禽机体功能的恢复，有利于机体抵抗力的提高。

# 第三节　休药期和允许残留量制度

## 一、药物残留对人体健康的危害性

其表现在引起人体的变态反应和过敏反应。轻者表现为红疹，严重者甚至发生危及生命的综合征；使动物体内的耐药菌株大量繁殖，通过动物食品传播给人，致使人体受到这些耐药菌株感染的疾病时，无药可治或几乎没有疗效。药物残留具有致畸、致癌、致突变作用，通过动物食品传递给人以后，引起人体发生癌变、畸变、突变和细胞坏死性损伤的增加，极大地威胁着人类健康。药物残留还有激素作用，出现儿童早熟，引发一系列社会公共安全问题。

我国 2000 年版兽药典中已有部分药物规定了最高残留限量。近年来，全国各地已普遍开展了对动物产品中药物残留的无公害检测工作，以保护消费者的身体健康。

## 二、兽药的休药期规定

所谓休药期,是指食品动物被屠宰前必须停药的时间。目的是防止药物残留量在动物食品中超标,从而保证人体健康。

我国 2004 年 11 月 1 日起施行的《兽药管理条例》第四十条明文规定:"有休药期规定的兽药用于食用动物时,饲养者应向购买者或者屠宰者提供准确、真实的用药记录;购买者或者屠宰者应当确保动物及动物产品在用药期、休药期内不被用于食品消费。"第一次把休药期规定作为国家法规确定下来,饲养者、购买者、屠宰加工者都必须遵守执行。

# 第四节　猪禽临床用药特点

## 一、猪禽疾病用药误区及其对策

### (一)误区表现形式

1. 在病因不明的情况下盲目用药

一些猪禽养殖大户和一部分乡镇兽医,在没有对动物疾病进行确诊的情况下,凭所谓的养殖经验或治疗经验或仅仅凭一知半解的理论知识,即对病猪禽用药治疗,结果往往适得其反;还有的地方兽医行医多年,从不搞动物剖检,治好了或治死了,都不明其理。他们一个共同的做法是,当发现治疗无效时,即频繁更换药物;所以,有一部分患病猪禽确实是被误治死的。他们对动物的一些病毒性疾病、真菌性疾病、代谢性疾病等往往没有识别能力,更谈不上对症下药。还有许多农户自充兽医,家中备有退烧药和抗菌药,遇上猪禽发病,则自己给猪禽打针用药,但当猪禽出现大批死亡时又慌了手脚,再去找兽医治疗。他们认为这样做可以省钱,但许多情况下,造成的损失往往更大。

2. 不明药物适应证用药

大多数猪禽养殖户和相当一部分基层兽医对兽药药理、猪禽病理及病原微生物特征，不甚明了或全然不知；他们不了解每种药物都有一定的适应性，即不明白什么钥匙开什么锁的道理。具体表现在用抗菌药去治疗病毒性疾病，用抗阳性菌的药去治疗阴性菌引起的疾病。在农村，用青霉素去治疗猪瘟、新城疫的大有人在。许多基层兽医常常凭自己的习惯用药，常用的用药模式是"安、青、地"，即安乃近＋青霉素＋地咪，当这惯用模式不顶用时则胡乱用药，到头来治疗失败的占多数。

3. 不懂得药物使用剂量和疗程

（1）当前兽药市场比较混乱，许多兽药厂家在产品介绍上往往只讲疗效而不介绍成分，特别是许多中西合制的兽药更是如此。有的产品介绍上似乎一种产品能包医百病，并赫然称之为可5分钟退烧、8分钟见效。厂家的这种做法，一方面让广大养殖户和基层兽医摸不着头脑，更是在临床上起着误导的作用。在使用剂量上许多兽药产品都是按千克体重来测算的，但大多没有标出上限量，这就为临床使用时导致药物中毒埋下隐患，一是大部分猪禽养殖户不会计算用药量，更有许多农户见一针打下去不见效，两针下去还不见效，则第三针使用加倍量乃至3倍量，这样往往由药害作用加重了动物的病情或加快患畜的死亡。与此相反的做法是用药量不足，达不到治疗效果，还造成病原微生物抗药性产生，使得治疗效果不佳或无效。其结果是相同的，既浪费了药费又未治好病。

（2）所谓疗程是指用药物治疗的全过程，即针对具体病发生在具体动物身上，需要使用什么药和用多大剂量，每天治疗几次，应连续治疗多少天，方可保证患畜完全康复而病不反复。但在基层，不按疗程用药的情况十分普遍。因为在农村，患畜打几天针（用几天药）不是由兽医说了算，而是猪禽养殖户说了算，许多情况下是养殖户自己在给患畜用药。有的农户见到打了1～2针猪能吃食了，为省钱，第二天则不再用药，其实患猪的病并没有好，第三天猪又不吃食了，于是再打针、再吃食、再停止用药。这种反复折腾的后果是：本来能治愈的患畜死掉了，本来很小的损失变成较大损失乃至严重损失。

同样情况，有的基层兽医在疾病流行期（如猪流感、流行性腹泻、仔猪大肠杆菌病等高发季节）往往顾此失彼，无法保证每个养殖户患畜的疗程；或是基层兽医自己对病的应有疗程掌握不准，均可导致治疗失败而给养殖户造成严重损失。

4. 给药途径不正确

给药的途径指的是用什么方法给猪禽用药,如口服(拌饲、饮水或直接口服)、肌肉注射、静脉注射等。用药途径可因猪禽种类、具体病症及不同药物而定。用药途径直接影响治疗或预防效果。如猪禽的消化道疾病用药一般多用口服的方法,患畜的机体炎症多用肌肉注射用药,而家禽的用药则多用饮水或拌料的方式给药,但家禽防疫的疫苗则根据免疫程序和具体疫病多使用滴鼻、点眼、饮水或肌注等不同途径操作。

给药途径不当,可导致动物药量不足,达不到防治效果或药物超量而引起中毒。如猪的味觉、嗅觉较发达,苦味或刺激性味大的药用以口服,则猪不愿吃下;饮水用药如果该药物在水中的溶解度差,则喝到上面水的药量不足而吃到下面未溶解的药碎粒的则易药物中毒。还有的药物本身不宜在消化道吸收(如某些抗生素)则不能口服,某些刺激性大的药液不宜做肌肉注射等,都说明用药途径的重要性。

## (二)对策

针对当前兽药在防治动物疾病中出现的诸多误区,其纠正的对策应从三个方面着手,一是要把住源头,二是要整顿兽药市场,三是要提高人员素质。

1. 加强兽药生产的源头管理

目前兽药生产的审批权在各省级牧医主管部门,必须按照新《兽药管理条例》,严格每一个兽药品种生产批准文号的审批。严格审查每个兽药品种包装说明书的内容,不应该让那些不真实的、夸大疗效作用的药品流入市场、欺骗用户。更不能让那些劣假药、非法产品流入市场,坑害农户。当前农业部已加强这方面的工作,各地都在实施 GMP 认证工作,标志我国的兽药质量将有一次质的飞跃。

2. 加大兽药市场整顿的力度

当前兽药市场相当混乱,有许多人是在无证经营兽药或超经营范围经营兽药;其中也有的是在乡镇兽医站解体后下岗的原基层兽医人员,他们为了养家糊口,在给动物诊疗的同时,都在经营兽药。许多经营兽药的人对动物疾病不懂,对兽药的常识原理(药理)和保管使用常识不懂或几乎什么也不懂,他们仅仅依靠药品外包装上的说明来向购药者进行推介。

经营劣假兽药现象、无证经营现象、超范围经营现象依然存在。如何整顿当前的兽药市场，对于农牧管理部门来说，依然任重而道远。

3. 抗菌药与疫苗不宜混用

有的养殖户喜欢在疫苗稀释时加入某些抗菌药物，其实这种做法会直接影响疫苗的效价和预防效果。因为这些抗菌药物会直接影响疫苗病毒的活性（因其会使疫苗稀释液的渗透压、酸碱度等发生改变），而最终影响免疫效果。一般情况下，在使用疫苗的前后1天内应停止使用任何抗菌药物，在必须使用时，应选择不同的给药途径来投服（最好是不用！）；在接种细菌性疫苗的前3天和后5天均不要使用抗菌药物，也不能使用已添加过抗菌药物的饲料和饲料添加剂。

## 二、谈家禽的科学用药

### （一）家禽的生理生化特点与用药

1. 家禽的习性与用药

禽类有挑食颗粒饲料的习性，因此在饲料中没有粉碎好的无机盐类颗粒，被鸡挑食了则会引起中毒。禽类有较好的嗅觉系统，因此不要给禽喂散发出药物气味的饲料和饮水。

2. 家禽的呼吸功能与用药

家禽具有其他动物所没有的气囊，它能增加肺通气量，气体经过禽肺运行，并循肺内管道进出气囊。这一特点可增大药物扩散的面积，从而增加药物的吸收量。可以通过呼吸系统对家禽给药，如用滴鼻或喷雾法投药。

3. 家禽的消化系统功能与用药

（1）家禽味觉不灵敏：可使许多药物拌在饲料中喂服，但也要防止其误食食盐中毒，雏鸡日粮中含2%食盐可致死亡，成鸡或鸭日粮中含4%食盐可致其死亡。

（2）禽类没有呕吐功能：当家禽中毒时不能使用催吐药来救治。

（3）家禽有两个胃：肌胃有利于磨碎，故可使用丸剂或片剂。

（4）家禽的消化道短：食物中的有效成分未经充分消化即随粪排出体外，药物及添加剂亦然，许多药物未被吸收进入血液循环即被排出，药效维持时间短。

（5）家禽对粗纤维的利用率低：仅为2%，而猪为12%，牛为70%，所以家禽不能使用粗纤维含量高的中草药制剂。

4. 家禽泌尿系统特点与用药

（1）家禽没有膀胱，尿在肾脏中产生后，经输尿管输送到泄殖腔，与粪便一起排出体外。禽尿呈弱酸性（如鸡尿 pH 酸碱度为 6.22～6.7），磺胺类药物的代谢产物为乙酰化磺胺在酸性尿液中易析出结晶，损害肝脏。所以在大剂量使用磺胺药物时，应添加一些碳酸氢钠，以减少对肾脏的损害。

（2）家禽的鸟氨循环不完全，因此家禽蛋白质代谢的主要终产物是大量的尿酸盐。在饲料中蛋白质过高、维生素 A 缺乏、肾功能损伤等情况下，大量的尿酸盐将沉积于肾脏，甚至关节和其他内脏器官表面，形成痛风。

（3）家禽类肾小球结构简单、有效过滤面积小，经肌肉注射的药物主要经肾排泄。其对链霉素、新霉素等比较敏感，容易发生中毒。

5. 家禽其他生理特点与用药

（1）如家禽的血脑屏障要在 4 周龄后才能发育完全，因此在早期一些病原体（如禽脑脊髓炎病毒）和某些药物（如高渗氯化钠）可以通过血脑屏障进入脑内而导致家禽发病。

（2）禽缺乏羟化酶，所以不能使用需要羟化代谢才能消除的药物（如樟脑、士的宁、巴比妥类等）。

## （二）家禽的给药途径和注意要点

1. 饮水给药

（1）了解所用药物的溶解度：如有的药容易溶解，有的药需加温、搅拌或加助溶剂后方可溶解。

（2）注意给药的浓度，即根据饮水量来计算用药量。如一般情况下按 24 小时 2/3 需水量加药，任其自由饮用，药液用完后，再添加 1/3 新鲜饮水。当使用在水中稳定性差的药物（如疫苗饮水时，则使用"口渴服药法"，停止供水 2 小时后，以 24 小时饮水量的 1/5 加药溶解供饮，令其在 1 小时内饮毕。禁止在流水中给药。

2. 混（拌）料给药

（1）用此法要保证混拌均匀，一般采用分级递增稀释法，直至药物在饲料中混合均匀。颗粒饲料不使用此法给药。

（2）注意药物与饲料添加剂的相溶性，相互间无拮抗关系。

3. 气雾给药

指用机械或化学方法，将药物雾化成微粒，通过家禽呼吸道吸入的给药方法。常用于气雾免疫和带鸡消毒。

（1）必须对环境进行彻底打扫，清除粪便、尘土及杂物，尽可能消除有机物的存在。

（2）科学配制药液：用深井水或自来水、纯净水，水温35℃左右，现用现配，一次用完。

（3）选用高压喷雾器，朝鸡舍上方以画圆圈方式喷洒、雾粒直径在80～120微米，雾粒太小易被禽吸入呼吸道而引发肺水肿，雾粒太大则喷雾不均匀和鸡舍太潮湿。

（4）活疫苗免疫接种前后3天停止带鸡消毒，防止影响免疫效果。

（5）为防止病原微生物对消毒药产生抗药性，应根据不同药物的消毒作用和机理，按一定时间交替使用。尽量避免病原微生物对消毒药产生抗药性。

4. 口服给药

与饮水给药所不同的，饮水给药是将药溶解在水中让家禽饮服，多用于群体；而口服给药多用于个体，药物有的需溶解在水中，有的则不需要溶解在水中直接令家禽口服。此方法剂量准确，但费工费时。

5. 嗉囊给药

此法主要用于对禽灌注有刺激性的药物，或者当禽张口困难时给药使用，此法操作简便，剂量准确。

6. 肌肉注射给药

操作简便，剂量准确，药效发挥迅速可靠稳定。

7. 静脉注射给药

主要在对珍禽或种禽抢救治疗时使用。鸡用翼下静脉，水禽用趾静脉或腿静脉。

# 第五节 猪禽疫病防控消毒用药

消毒药物在猪禽传染病防控工作中起着十分重要的作用，无论是平时养殖过程中的消毒，还是疫情扑灭过程中的消毒，都必须了解消毒药物的性能及其使用方法。由于消毒药是指能迅速杀灭病原微生物的药物，防腐药是指能抑制微生物生长繁殖的药物，但根据浓度不同，两者并无严格的界限，一般统称消毒防腐药，本节将其简称为消毒用药物。

## 一、常用消毒药的分类

按化学结构与成分及其作用机理，一般将消毒防腐药物分为：酸、碱、酚、醇、醛、卤素、染料、重金属、氧化剂、表面活性剂十类。其中每类常用的药物有数种或十余种不等，本节仅介绍其中常用品种。

### （一）酸类消毒药

分有机酸和无机酸两类。无机酸主要指硝酸、盐酸、硼酸等，其杀菌力取决于溶液中离解的氢离子浓度。有机酸的杀菌作用在于其不电离的分子能透过细菌的细胞膜，如甲酸、醋酸、乳酸、过氧乙酸等。

### （二）碱类消毒药

碱类的杀菌作用取决于在溶液中离解的氢氧根离子浓度，浓度大则杀菌力强。氢氧根离子可以水解蛋白质与核酸，还可以分解菌体中的糖类，使微生物的酶系统遭到破坏，因而对病毒和细菌均有很强的杀灭作用。常用的品种有氢氧化钠和氧化钙。

### (三)酚类消毒药

酚类是以羟基取代苯环上的氢原子而形成的化合物,它们可使微生物原浆蛋白变性、沉淀而起杀菌或抑菌作用,能杀死一般细菌。对芽孢无效,对病毒、真菌无杀灭作用。但由酚及酸类复合型消毒剂(复合酚)则为广谱、高效,可杀灭细菌、病毒、霉菌等。

常用的品种有苯酚(石炭酸)、煤酚(甲酚)、复合酚。

### (四)醇类消毒药

醇类具有杀菌作用,其中用途最广的为70%乙醇。它能使菌体蛋白迅速凝固并脱水,以70%～75%乙醇杀菌力最强。70%乙醇的杀菌作用与3%的苯酚相当,可杀死一般繁殖期病菌,但对芽孢无效。当浓度大于75%时,其杀菌作用减弱,因菌体表层蛋白质快速凝固妨碍了乙醇向内渗透,影响了杀菌效果。

### (五)醛类消毒药

醛类与醇类作用相似,能使蛋白质变性而发挥杀菌作用,但其杀菌作用比醇类强,其常用品种有甲醛、戊二醛、乌洛托品等。

### (六)卤素类消毒药

属消毒药中用途最广、品种最多的种类。其中主要的是氯、碘,常用的是它们的单质或能释放出氯、碘的化合物。其杀菌作用在于它们能氧化细菌原浆蛋白活性基因,并和蛋白质的氨基酸结合而使其变性。常用的为碘及能释放出碘、氯的碘化物、氯化物。

### (七)重金属类消毒药

重金属的化合物(分别含汞、银、锌等)能与菌体蛋白质结合而使之沉淀,从而发挥抗菌作用。其抗菌作用强度取决于重金属离子的浓度、性质以及病菌的特性。高浓度的重金属盐有杀菌作用,低浓度的能抑制细菌酶系而起抑菌作用。常用的有升汞、红汞、硫柳汞。

### (八)染料类消毒药

染料可分酸、碱两大类。它们的阳离子和阴离子可分别与菌体蛋白的羟基和氨基相结合而破坏菌体代谢呈抗菌作用。碱性染料对革兰氏阳性菌有效,酸性染料一般抗菌作用微弱。常用的品种有甲紫、亚甲蓝。

### (九)氧化剂类消毒药

这是一类含不稳定结合氧的化合物,当其遇到有机物或酶时则能释放出初生态氧(亦称原子氧),可破坏菌体蛋白或酶而呈杀菌作用,但对正常机体组织细胞有不同程度的损伤和腐蚀作用。其对革兰氏阳性菌、厌氧菌及某些螺旋体有效。常用的品种有过氧化氢、高锰酸钾等。

### (十)表面活性剂类消毒药

这是一类使用较广泛的消毒药,又称除污剂或清洁剂。通过吸附在细菌表面,改变菌体细胞膜的通透性,破坏酶系统作用,并使菌体蛋白变性等而呈杀菌作用。分为阳离子表面活性剂、阴离子表面活性剂及不游离的非离子表面活性剂3种。阳离子表面活性剂使用广泛,抗菌谱较广、显效快,对组织无刺激性,对多种革兰氏阳性菌、革兰氏阴性菌、真菌、病毒有效。阴离子表面活性剂仅对革兰氏阳性菌有效。非离子表面活性剂无杀菌作用,只有去污和清洁作用。常用的有苯扎溴铵、醋酸氯己定、消毒净、创必龙、百毒杀等。

### (十一)其他消毒药

常用的有环氧乙烷、霉敌等气体消毒药,对细菌芽孢、真菌、立克次体、病毒、霉菌等都具有杀灭作用。具有穿透力强、易扩散、消除快、对物品无损害及腐蚀等特点。

目前国内一些厂家将表面活性剂与卤素类、醛类等消毒药络合,使产品成为抗菌谱更加广泛,效果更加显著的消毒药。如江苏镇江威特药业有限公司生产的"威特宝碘""威特铵醛",该公司还将卤素类与醛类消毒药络合后加助燃剂,制成可用于房间熏蒸的消毒剂,使用方便。

## 三、常用消毒药的安全使用与注意事项

消毒工作是传染病防控的主要手段之一,各级动物防检机构和所有的养殖场对此均高度重视。但是由于常用消毒药种类较多,各自具有不同的理化性质,因而在使用时,应根据它们各自的特点实施使用浓度和方法。在使用时,既要保证消毒效果,又要保证人畜的安全健康,且不损坏器具设备,因而有许多必须注意和遵循的事项。

### (一)保证消毒效果

1. 消毒目的要明确

本次消毒是针对环境(如圈舍、活动场、孵化室、育雏舍、仓库等)消毒还是针对活体猪禽(如带禽)消毒的,是针对病毒消毒的还是针对细菌(含真菌或霉菌)消毒的,目的要明确。

2. 先清洁环境后进行消毒

这是保证消毒效果的前提和基础,因为猪禽的排泄物、分泌物、灰尘、粪便、污物等有机物,不仅可阻隔消毒药,使之不能接触病原体,而且有机物还能与许多种消毒药发生化学反应,明显地降低消毒药物的药效。

3. 药物的配制和使用的方法要合理

目前,许多消毒药是不宜用井水稀释配制的,因为井水大多为含钙、镁离子较多的硬水,会与消毒药中释放出来的阳离子、阴离子或酸、碱离子发生化学反应,从而使药效降低。因此,在稀释消毒药时一般应使用自来水或白开水。有些消毒药需增加水温方能充分溶解,而且应充分搅拌,使之充分溶解。至于是喷洒,还是熏蒸,则根据要消毒的是圈舍、环境、用具,还是带禽,以此来决定消毒药稀释浓度和用法用量。带禽消毒时还要根据被消毒的日龄及个体大小,来决定喷洒消毒药液的雾滴大小。雾滴太大,容易造成禽体羽毛过分潮湿;雾滴太小,容易被禽吸入呼吸道引起黏膜损伤甚至中毒。因此,雾滴应控制在80～120微米为宜,消毒后使禽体羽毛微湿即可。

5. 药物应现用现配,配好的消毒药应一次用完

许多消毒药具有氧化性或还原性,还有的药物见光见热后分解加快,须在一定

时间内用完，否则，很容易失效而造成人力物力的浪费。

## （二）必须注意消毒药的理化性质

1. 注意消毒药的酸碱性

酚类、酸类两大类消毒药一般不宜与碱性环境、脂类、皂类物质接触，否则明显降低其消毒效果。反过来，碱类、碱性氧化物类消毒药不宜与酸类、酚类物质接触，防止其降低杀菌效果。酚类消毒药一般不宜与碘、溴、高锰酸钾、过氧化物等配伍，防止发生置换反应而影响消毒效果。

2. 注意消毒药的可燃性、可爆性

过氧化物类（如过氧乙酸、过氧化氢等）、环氧乙烷属易燃易爆物品，在贮存和使用过程中必须防止接触火源，防止发生意外事故。

氧化剂中高锰酸钾不宜与还原剂接触，如高锰酸钾晶体在遇到甘油时可发生燃烧，在与活性炭研磨时可发生爆炸。

3. 注意消毒药的配伍禁忌

重金属类消毒药忌与酸、碱、碘、银盐等配伍，防止沉淀或置换反应发生。

表面活性剂类消毒药中，阳离子和阴离子表面活性剂的作用互相抵消，因此不可同时使用，表面活性剂忌与碘、碘化钾、过氧化物等配伍使用，不可与肥皂配伍。

凡能潮解释放出初生态氧或活性氯、溴等（如氧化剂、卤素类等）消毒药，不可与易燃易爆物品放在一起，防止发生意外事故。

4. 注意消毒药的特殊气味

酚类、醛类消毒药由于具有特殊气味或臭味，因而不能用于猪禽肉品、屠宰场及其加工用具的消毒。

## （三）使用消毒药要避免人畜受到危害

1. 防止发生伤害

强酸类、强碱类及强氧化剂类，如硼酸、过氧乙酸、氢氧化钠、过氧化氢等，对人畜均有很强的腐蚀性。

上述几类消毒药在实施消毒时也不宜与金属用具相接触，腐蚀这些用具。对棉织品、毛织品、漆面等应防止引起腐蚀和漂白作用。

2.防止气体毒害

凡实施熏蒸消毒时,其产生的消毒气体、烟雾,均对人畜有毒害作用,就是熏蒸后遗留的废气,对人禽的眼结膜、呼吸道黏膜均会引起伤害,故必须将废气彻底排净后,方可放进苗禽;搞带猪禽消毒时不能选择熏蒸消毒。

3.注意有毒的消毒药

凡有毒的消毒药均不能进行饮水消毒。酚类、酸类、醛类、碱类消毒药均具有不同程度的毒性;因此,这几类消毒药都不宜用于饮水消毒,也不宜使用这几类消毒药来消毒肉品(过氧乙酸除外)。环氧乙烷在正常情况下对人畜有毒,应避免接触。

4.浓度要准确

用作饮水消毒的消毒药其配制浓度要准确,能用作饮水消毒的消毒药主要有卤素类和表面活性剂和氧化剂类等几类消毒药中的大部分品种。但其配制浓度很重要,浓度高了则会对动物机体造成损害或引起中毒,浓度低了则可能起不到消毒杀菌的作用。

## (四)消毒药应定期更换

长期使用单一的消毒药,容易使动物体内及饲养场内外环境中的病原体由于多次频繁地接触这种消毒药而形成耐药菌株,其对药物的敏感性下降甚至消失,使药物对这些病原体的杀灭能力下降甚至完全无效,致使疫病发生和流行。

## 四、特效解毒药

中毒往往都是突然发生的,来势凶猛。尤其是家禽,由于大多是集约化饲养,一旦发生中毒事故,如果不能及时予以解毒和抢救,其造成的损失是十分严重的。对于家禽中毒的救治原则有:一是排出进入禽体内的毒物;二是阻止毒物的吸收;三是用特效解毒药进行解毒。因此,掌握和了解常用特效解毒药的性能、特点和使用方法,对于临床兽医和养禽场主人尤为重要。

解毒药一般分为一般性(非特异性)解毒药和特效解毒(特异性解毒)药两大类。前者在于能缓解毒物的吸收和促进毒物的排出,而后者则在于对抗和阻断毒物的效应,这类药物解毒的特异性强,只要使用及时和得当,往往能挽回大量损失。

## （一）阿托品

1. 药物性状

本品为颠茄中的生物碱，其盐为无色结晶状粉末，无臭，遇光易氧化。

2. 解毒性能

具有解除平滑肌痉挛、抑制腺体分泌等作用，用于有机磷中毒的解救。单用只能解除轻度中毒，中毒严重时应与解磷定反复应用才能有效。

3. 用法用量

0.05% 阿托品注射液：肌内、皮下或静脉注射一次量，每只鸡 0.1～0.25 毫克，水禽 0.5 毫克。马、牛 30～50 毫克/次；猪、羊 10～30 毫克/次；犬 2 毫克/次。

4. 注意事项

用于有机磷中毒时，越早用越好，必要时隔一段时间重复用药。严重中毒病例应配合胆碱酯酶复活剂。

## （二）解磷定（碘解磷定）

1. 药物性状

本品为黄色颗粒状结晶或晶状粉末、无臭、味苦、遇光易变质。易在水（1∶20）或热乙醇中分解，水溶液的稳定性不高，含肟量为 51.9%。

2. 解毒性能

具有迅速恢复已经磷酰化但未老化的胆碱酯酶作用，同时还能在体内直接与有机磷化合物作用，生成无毒的磷酰化碘解磷定由尿排出。因不能通过血脑屏障，对中枢神经中毒几乎无效。对有机磷中的乐果、敌百虫、敌敌畏、马拉硫磷等中毒的疗效较差。常与阿托品配合，用于有机磷中毒的治疗。

3. 用法用量

4% 碘解磷定注射液，肌注一次量每只鸡为 8～22 毫克，水禽为 48 毫克。症状缓解前每 2 小时注射 1 次。犬、猫 20 毫克/千克体重/次；其他家畜 15～30 毫克/千克体重/次。

4. 注意事项

每次作用仅维持 1.5 小时左右，故须反复给药。静注时剂量不宜过大，不能漏入皮下；不宜单用，在阿托品给药后使用本品效果为佳。

### （三）亚甲蓝

1. 药物性状

本品为深绿色有光泽的柱状粉末，易溶于水和乙醇。

2. 解毒性能

本品具有氧化还原作用。当亚硝酸盐中毒时，静脉注射小剂量本品，能使高铁血红蛋白还原为氧化血红蛋白，恢复携氧能力。

当氰化物中毒时，亚甲蓝能使血红蛋白氧化为高铁血红蛋白，后者能与体内的氰离子与细胞色素氧化酶结合的氰离子形成氰化高铁血红蛋白，解除组织的缺氧状态。

3. 用法用量

注射剂 10 毫升的含 0.1 克。亚硝酸盐中毒时，0.5 毫克/每千克体重；氰化物中毒时，5～10 毫克/每千克体重。

4. 注意事项

本品也可用于乙酰苯胺、非那西汀、对乙酰氨基酚、磺胺类引起的高铁血红蛋白血症，可恢复血红蛋白的携氧功能。

因亚硝酸盐中毒来势凶猛，因此抢救工作应在中毒早期进行。

### （四）氯解磷定

1. 解毒性能

作用与解磷定略同，但对敌敌畏、敌百虫效果差，对乐果、马拉磷等几乎无效。其特点是除能静注外，还可用于肌注，因其毒性小。

2. 用法用量

25% 氯解磷定注射注，肌注或静注一次量，鸡为每千克体重 10～20 毫克，水禽为 45 毫克，各种家畜为每千克体重 15～30 毫克/次，犬、猫为每千克体重 20 毫克/次。

3. 注意事项

与解磷定相同。

## （五）双复磷

1. 解毒性能

作用与解磷定相同，但其能通过血脑屏障，能用于中枢神经的症状解除。

2. 用法用量

12.5%注射液，肌注或静注一次量，家禽40～60毫克/每千克体重/次。

3. 注意事项

与解磷定相同。

## （六）解氟灵（乙酰胺）

1. 药物性状

白色透明结晶，易潮解，极易溶于水，难溶于乙醇，在甘油、氯仿中溶解。

2. 解毒性能

本品的化学结构与杀鼠药氟乙酸相似，能与之竞争性地争夺酰胺酶，阻止氟乙酸的产生，从而防止其干扰体内正常的三羧酸循环过程，用于有机氟化合物中毒的解救。

3. 用法用量

50%乙酰胺注射液，肌注一次量，猪禽0.1克/每千克体重/次。

4. 注意事项

解毒宜在早期应用，并给予足量。严重中毒时须配合应用氯丙嗪或巴比妥钠等镇静剂。

## （七）硫代硫酸钠（大苏打）

1. 药物性状

本品为无色透明或结晶状粉末，有吸潮性，易溶于水，水溶液呈弱碱性。

2. 解毒性能

具有还原剂性能，能与金属、类金属形成无毒的硫化物由尿排出而解毒，但效果不如二巯丙醇。用于重金属中毒的解救。

3. 用法用量

5% 注射液，肌注一次量，每只禽 0.32 克；马、牛 5～15 克/次；羊、猪 1～3 克/次；犬 1～2 克/次。

4. 注意事项

应避光保存，发生混浊或沉淀时不可供注射用。

## （八）二巯丙醇（巴尔）

1. 药物性状

本品的注射液为无色或淡黄色的澄明油状液体。

2. 解毒性能

本品为竞争性解毒药，可与进入机体的重金属或类金属结合，并夺取已与组织中巯基酶系统结合的金属，形成不易解离的无毒络合物，从尿中排出体外。对铅、银中毒效果最佳，在家禽中多用于铜、砷等金属中毒的解救。

3. 用法用量

10% 注射液，肌注禽每千克体重 2.5～5 毫克，第 1 天 4～6 小时 1 次，从第 3 天每天 2 次，7～14 天为一疗程。羊、猪 2～3 毫克/千克体重/次；犬 4 毫克/千克体重/次。

4. 注意事项

为方便家禽使用，可将 10% 浓度稀释为 1% 浓度，肌注用量为每千克体重 0.25～0.5 毫升。必须在早期足量使用、反复给药。本品有毒性应控制用量，对注射部位有刺激性。如混浊或结块，加温溶解后使用。

## 第十章

# 猪禽的法定疫病及其防控、扑灭措施

# 第一节 猪禽的法定疫病

## 一、猪禽的法定疫病

2020年《中华人民共和国动物防疫法（修订草案）》规定，根据动物疫病对养殖业生产和人体的危害程度，将法定动物疫病分为三类：一类疫病是指对人畜危害严重需要采取紧急、严厉的强制预防、控制、扑灭措施的；二类疫病是指可造成重大经济损失、需要采取严格控制、扑灭措施，防止扩散的；三类疫病是指常见多发、可能造成重大经济损失、需要控制和净化的。

## 二、猪禽法定疫病名录

猪禽法定疫病的病种名录由原农业部1999年2月12日以农业部第96号公告形式予以公布；2008年12月11日，原农业部又以第1125号公告重新进行了修订公布。

### （一）一类动物疫病

口蹄疫、猪水泡病、猪瘟、非洲猪瘟、高致病性猪蓝耳病、高致病性禽流感、新城疫。

### （二）二类动物疫病

多种动物共患病（9种）：狂犬病、布鲁氏菌病、炭疽、伪狂犬病、魏氏梭菌病、副结核病、弓形虫病、棘球蚴病、钩端螺旋体病。

猪病（12种）：猪繁殖与呼吸综合征（经典猪蓝耳病）、猪乙型脑炎、猪细小病毒病、猪丹毒、猪肺疫、猪链球菌病、猪传染性萎缩性鼻炎、猪支原体肺炎、旋毛虫病、猪囊尾蚴病、猪圆环病毒病、副猪嗜血杆菌病。

禽病（18种）：鸡传染性喉气管炎、鸡传染性支气管炎、传染性法氏囊病、马立克氏病、产蛋下降综合征、禽白血病、禽痘、鸭瘟、鸭病毒性肝炎、鸭浆膜炎、小鹅瘟、禽霍乱、鸡白痢、禽伤寒、鸡败血支原体感染、鸡球虫病、低致病性禽流感、禽网状内皮组织增殖症。

### （三）三类动物疫病

多种动物共患病（8种）：大肠杆菌病、李氏杆菌病、类鼻疽、放线菌病、肝片吸虫病、丝虫病、附红细胞体病、Q热。

猪病（4种）：猪传染性胃肠炎、猪流行性感冒、猪副伤寒、猪密螺旋体痢疾。

禽病（4种）：鸡病毒性关节炎、禽传染性脑脊髓炎、传染性鼻炎、禽结核病。

## 第二节 猪禽重大疫病的防控、扑灭措施

### 一、发生一类动物疫病时的控制措施

（一）当发现有一类动物疫病时，当地县级以上地方人民政府农业农村（畜牧兽医）主管部门应当立即派人到现场，划定疫点、疫区、受威胁区，调查疫源，及时报请本级人民政府对疫区实行封锁。疫区范围涉及两个以上行政区域的，由有关行政区域共同的上一级人民政府对疫区实行封锁，或者由各有关行政区域的上一级人民政府共同对疫区实行封锁。必要时，上级人民政府可以责成下级人民政府对疫区实行封锁。

（二）县级以上地方人民政府应当立即组织有关部门和单位采取封锁、隔离、扑杀、销毁、消毒、无害化处理、紧急免疫接种等强制性措施。

（三）在封锁期间，禁止染疫、疑似染疫和易感染的动物、动物产品流出疫区，禁止非疫区的易感染动物进入疫区，并根据需要对出入疫区的人员、运输工具及有

关物品采取消毒和其他限制性措施。

## 二、发生二类动物疫病时的控制措施

（一）当地县级以上地方人民政府农业农村（畜牧兽医）主管部门应当划定疫点、疫区、受威胁区。

（二）县级以上地方人民政府根据需要组织有关部门和单位采取隔离、扑杀、销毁、消毒、无害化处理、紧急免疫接种、限制易感染的动物和动物产品及有关物品出入等措施。

## 三、发生三类动物疫病时的防控措施

发生三类动物疫病时，县级、乡级人民政府应当按照动物疫病预防计划和国务院畜牧兽医行政管理部门的有关规定，组织防治和净化。

二类、三类动物疫病呈暴发性流行时，依照一类动物疫病办法办理。

为控制、扑灭重大动物疫情，动物防疫监督机构可以派人参加当地依法设立的现有检查站执行监督检查任务；必要时，经省、自治区、直辖市人民政府批准，可以设立临时性的动物防疫监督检查站，执行监督检查任务。

# 第三节 人畜共患的主要疫病

2009年1月19日农业部会同卫健委以农业部1149号公告形式公布了我国《人畜共患传染病名录》。

牛海绵状脑病、高致病性禽流感、狂犬病、炭疽、布鲁氏菌病、弓形虫病、棘球蚴病、钩端螺旋体病、沙门氏菌病、牛结核病、日本血吸虫病、猪乙型脑炎、猪Ⅱ型链球菌病、旋毛虫病、猪囊尾蚴病、马鼻疽、野兔热、大肠杆菌病（O157、

H7）、李氏杆菌病、类鼻疽、放线菌病、肝片吸虫病、丝虫病、Q 热、禽结核病、利什曼病。

因动物疫病包括传染病和寄生虫病两大类，故人畜共患疫病也可细分为人畜共患传染病和人畜共患寄生虫病。

## 一、人畜共患的主要传染病

从上节三类法定的动物疫病中，属于人畜共患的传染病主要有：

牛海绵状脑病、高致病性禽流感、狂犬病、炭疽、布鲁氏菌病、沙门氏菌病、牛结核病、猪乙型脑炎、口蹄疫、猪水泡病、猪Ⅱ型链球菌病、马鼻疽、野兔热、大肠杆菌病（O157、H7）、李氏杆菌病、类鼻疽、放线菌病、Q 热、禽结核病、利什曼病、鸡新城疫、伪狂犬病、副结核病。

## 二、人畜共患的主要寄生虫病

从上节三类法定的动物疫病中，属人畜共患的寄生虫病主要有：

弓形虫病、棘球蚴病、钩端螺旋体病、日本血吸虫病、旋毛虫病、猪囊尾蚴病、肝片吸虫病、丝虫病。

## 三、有关概念

### （一）动物

是指人工饲养、合法捕获的家畜家禽。

### （二）动物疫病

是指动物的传染病和寄生虫病。

### （三）动物产品

是指动物的生皮、原毛、精液、胚胎、种蛋以及未经加工的肌体、脂肪、脏器、血液、绒毛、骨、头、蹄等。

### （四）动物防疫

是指动物疫病的预防、控制、净化、消灭，动物、动物产品的检疫如病死动物、病害动物产品的无害化处理。

### （五）动物、动物产品检疫

是指为了预防、控制动物疫病，防止动物疫病传播、扩散和流行，保护养殖业生产和人体健康。由法定的机构和人员依照法定的检疫项目、标准和方法，对动物、动物产品进行检查、定性和处理的一项带有强制性的技术行政措施。

### （六）封锁

指在发生严重危害人畜健康的动物传染病时，由政府将动物发病地点及其周围一定范围的地区封闭起来，禁止随意出入，以切断动物传染病的传播途径、迅速扑灭疫情的一项严厉的行政措施。

### （七）隔离

隔离是在扑灭动物疫病时常用的强制性措施，其基本做法是：将患病动物、疑似患病动物或患病动物的同群动物同健康动物隔离开来，并限制其移动，以防疫情扩散。

### （八）扑杀

是指对患严重危害人畜健康的传染病的病动物，有的还包括其同群动物进行强行宰杀的动物防疫行政措施。

### （九）销毁

是指为扑灭动物疫病采取的彻底灭绝病原微生物的强制性措施。销毁的对象一般为染疫动物、动物产品及有关的物品。

## 四、发生人畜共患病时的防控措施

发生人畜共患传染病时,卫生健康主管部门应当组织对疫区易感染的人群进行监测,并采取相应的预防、控制措施。

疫区内有关单位和个人,应当遵守县级以上人民政府及其农业农村(畜牧兽医)主管部门依法作出的有关控制动物疫病的规定。

# 参考文献

1. B.W.卡尔尼克. 禽病学：第九版［M］. 北京：北京农业大学出版社，1991.
2. 李佑民. 家畜传染病学：第一版［M］. 北京：蓝天出版社，1993.
3. 费恩阁. 动物传染病学：第一版［M］. 长春：吉林科技出版社，1995.
4. 张洪让. 临床禽病防治精选：第一版［M］. 北京：中国农业科技出版社，1995.
5. 于恩庶，徐秉锟. 中国人兽共患病：第一版［M］. 福州：福建科技出版社，1998.
6. 卞耀武. 中华人民共和国动物防疫法释义：第一版［M］. 北京：法律出版社，1998.
7. 张秀美. 禽病防治完全手册：第一版［M］. 北京：中国农业出版社，2005.
8. 张秀美. 新编兽药实用手册：第一版［M］. 济南：山东科技出版社，2006.
9. 农业部兽医局. 简明禽病防治技术手册：第一版［M］. 北京：中国农业出版社，2005.
10. 重大动物疫情应急条例释义编写组. 重大动物疫情应急条例释义［M］. 北京：中国法制出版社，2005.
11. 郭定宗. 兽医临床检验技术：第一版［M］. 北京：化学工业出版社，2006.
12. 张洪让. 晚霞报春：第一版［M］. 北京：学苑出版社，2015.